空气及空气泡沫驱油机理

杨怀军　徐国安　张　杰　蒋有伟　等著

石油工业出版社

内 容 提 要

本书阐述了空气及空气泡沫驱油技术的基本原理，实验研究包含了减氧空气及空气泡沫驱油机理，定量分析了低温氧化及气体排驱作用对驱油效率的贡献，较为深入的探究了空气与原油的氧化热动力学行为、相态特征及空气泡沫在多孔介质中的渗流特性，研究测试了空气泡沫的增黏、流变黏弹等八项基本特征，通过大量宏观和微观物理模拟实验综合研究，验证了空气泡沫流度控制、扩大波及体积以及超低界面张力耦合式空气泡沫驱大幅度提高采收率机理。

本书适合于从事油田开发提高采收率的专业技术人员、科研人员、管理人员及大学院校师生参考阅读。

图书在版编目（CIP）数据

空气及空气泡沫驱油机理／杨怀军等著 .—北京：
石油工业出版社，2018.1
ISBN 978-7-5183-2448-4

Ⅰ．①空… Ⅱ．①杨… Ⅲ．①空气泡沫－泡沫驱油－驱油机理Ⅳ．① TE357.4

中国版本图书馆 CIP 数据核字（2017）第 319205 号

出版发行：石油工业出版社
　　　　　（北京安定门外安华里 2 区 1 号　　100011）
　　　　　网　　址：http://www.petropub.com
　　　　　编辑部：（010）64523537
　　　　　图书营销中心：（010）64523633
经　　销：全国新华书店
印　　刷：北京中石油彩色印刷有限责任公司

2018 年 1 月第 1 版　　2018 年 1 月第 1 次印刷
787×1092 毫米　　开本：1/16　　印张：18.75
字数：460 千字

定价：150.00 元
（如出现印装质量问题，我社图书营销中心负责调换）

序

自 20 世纪 80 年代起，中国石油依据国内陆相沉积油藏的地质及开发特征，开展了以聚合物驱为主体的化学驱三次采油技术攻关与矿场试验，历经国家"七五""八五"重点攻关，聚合物驱提高采收率技术在大庆、胜利、大港等油田成功推广应用，到了"九五""十五"时期，开始了聚合物/表面活性剂二元复合驱、碱/聚合物/表面活性剂三元复合驱技术攻关与现场试验，两项技术均已进入工业化试验阶段。经过近 40 年技术攻关，中国的化学驱提高采收率技术已经达到世界领先水平，高含水开发后期主力油田在整体推广应用，这些成熟的化学驱油技术尚不适用渗透率小于 0.05D、温度大于 90℃、矿化度大于 20000mg/L、钙镁离子含量大于 100mg/L、地层原油黏度大于 100mPa·s 的中低渗透、高温、高盐及稠油油藏，为解决这类油藏提高采收率的问题，中国石油组织开展了油田开发战略性接替技术研究，在驱替介质、驱油方法、驱油机理等方面进行了创新性尝试，在保持大幅度提高采收率的基础上，最大限度地降低成本，提高经济效益，扩大技术推广应用空间，逐渐形成了以空气为介质的 EOR 技术体系，低渗透油藏减氧空气驱、油藏温度大于 90℃的高温、高盐油藏空气泡沫驱均可提高采收率 20%。

《空气及空气泡沫驱油机理》一书，系统地总结了空气驱及泡沫驱的基本原理，基本建立了适合空气驱及空气泡沫驱的油藏分类标准，研究了减氧空气驱低温氧化对驱油效率的贡献及油层物性、注气参数对提高采收率的影响，通过宏观及微观物理模拟实验证明了高的流度控制能力是空气泡沫驱提高采收率的主要作用机制，建立了系统的空气泡沫驱室内实验研究方法和评价标准，突破了超低界面张力发泡能力弱的双刃剑问题，发明了耦合式空气泡沫驱油方法。同时，通过空气在油藏中的氧化热动力学及相态特征研究，证实了空气低温氧化作用对提高驱油效率有一定的贡献值，减氧空气驱及空气泡沫驱作为一项绿色环保、高效、低成本的提高采收率技术，将成为油田开发的战略性接替技术。

杨怀军等著的《空气及空气泡沫驱油机理》一书，总结归纳了近 6 年重大开发试验的专题研究成果，系统地研究分析了空气驱及空气泡沫驱的全部作用机理，对空气泡沫驱先导试验的推进发挥着关键性的作用。该书可作为油田开发、三次采油专业技术人员及大学院所的教师和学生的参考，是油田三次采油的专业用书，相信该书的出版必将对三次采油技术的发展和应用产生深远的影响。

2017 年 8 月

前　　言

面对老油田高含水、高采出程度、单井日产量不断下降等日趋复杂的油田开发形势，中国石油天然气集团公司于 2005 年启动重大开发试验项目，目的是解决已开发油田整体提高采收率问题。目前，油藏温度小于 90℃的中高渗常规油藏，正在推广应用聚合物驱，试验聚合物/表面活性剂二元复合驱、三元复合驱，然而，对于温度大于 90℃的高温高盐油藏、低渗透油藏，尚没有适合的提高采收率（EOR）技术。解决这两类极端条件油藏提高采收率的技术思路，首先要考虑的是绿色环保，其次是选择的注入介质对温度不敏感，同时对低渗透储层无伤害，综合考虑只有空气满足这些基本要求，且空气来源广、随时可取且无成本。中国石油重大开发试验项目部署中国石油大港油田公司牵头，联合多个攻关单位，历时 5 年，对空气及空气泡沫驱油机理以及关键技术问题展开了实验研究，低渗透油藏对应以空气泡沫辅助空气驱，高温、中—高渗透油藏实施空气泡沫驱或空气泡沫复合驱，研究了空气低温氧热动力学、泡沫的增黏和流度控制、泡沫的渗流及相态特征等核心技术问题，为大港油田空气泡沫驱现场试验方案的制订和实施提供了理论和技术支持。

在全面总结室内实验研究成果的基础上，编著了《空气及空气泡沫驱油机理》一书，全书由杨怀军、徐国安、张杰、蒋有伟等著，共分六章，参加各章节编著的作者还有，第一章：章扬、李冉；第二章：潘红、曹仁义、程海鹰、崔丹丹、蒲万芬、杨德华；第三章：李宜强、庄永涛、崔泩珲、刘天洋、李冉；第四章：庄永涛、章扬、叶安平、贾虎、柳敏；第五章：赵仁宝、李冉、柳敏；第六章：蒲万芬、崔丹丹、贾虎、孙琳。承担实验研究的单位及研究人员有中国石油大港油田公司的张杰、郭志强、柳敏、程海鹰、杨德华、潘红、王伟、崔丹丹、庄永涛、汪娟娟、于娣、张景春、梁雁滨、程丽晶、李辉；中国石油勘探开发研究院的蒋有伟、王伯军，中国石油大学（北京）李宜强、赵仁宝、程林松、曹仁义、孔德彬；西南石油大学蒲万芬、贾虎、孙琳、叶安平；活化能测定实验在斯坦福大学能源与资源工程系 Anthony R Kovscek 教授实验室完成；本书由中国石油天然气股份有限公司廖广志教授审阅并提出了宝贵的修改意见，石油工业出版社的章卫兵、李中对本书的出版工作付出了辛勤劳动。

在此，对所有参加《空气及空气泡沫驱油机理》研究的科研人员以及支持本书出版的单位和专家、学者一并表示感谢。

由于笔者水平有限，本书难免存在不足和疏漏之处，敬请读者批评指正。

杨怀军

2017 年 8 月

目　　录

第一章　空气及空气泡沫驱油技术概论

第一节　气驱方法综述

注气提高采收率技术一般包括混相驱和非混相驱两种方式，根据注入气体类型的不同，气驱可分为烃类驱和非烃类驱，其中烃类驱包括贫气驱、富气驱及液化石油气（LPG）段塞驱等，非烃类驱包括二氧化碳驱、氮气驱、烟道气驱及空气驱等。

一、烃类驱

烃类驱是将较轻的碳氢化合物注入油层形成混相驱的提高采收率方法，包括高压干气驱、富气驱（凝析气驱）、液化石油气（LPG）段塞驱（一次接触混相）等类型。

高压干气驱是指在高压条件下将干气连续注入到油层，通过干气与原油多次接触，不断从原油中抽提出 C_2—C_6 中间组分进行富化，使其组成与接触原油的组成接近，从而达到混相的驱替过程。干气是指甲烷含量超过 85% 的天然气。高压干气驱方法的优点在于成本低且干气可循环注入。但高压干气驱必须在具有很高的注气压力，同时原油中富含 C_2—C_6 组分的条件下，才能达到混相，因此，其适用性较差；此外，重力分异效应较严重，尤其在非均质油藏中更为突出。

富气驱是指向油层中注入富含 C_2—C_6 中间组分的烃类气体段塞，然后再注入干气段塞，通过富气与原油多次接触达到混相的驱替过程。富气是富含丙烷、丁烷和戊烷的烃类气体。注入富气与原油接触时，注入气中的 C_2—C_6 组分凝析而进入油相，形成混相带。富气成本要比干气高，但其所要求的混相压力相对较低。富气驱也存在重力超覆、黏性指进现象严重、波及效率较低的缺点。

LPG 段塞驱是指首先注入能与地下原油达到一次接触混相的液化石油天然气段塞，然后注入天然气、惰性气体或水的驱替过程。LPG 段塞驱具有原油采收率高、混相压力低及适应性强等优点，但同时成本高、波及效率低、注入的液化石油气不能全部采出等因素限制了该方法的应用。

烃类混相驱提高采收率机理是在凝析和蒸馏过程中实现混相，增加原油体积，减小原油黏度，强化重力泄油等。

二、二氧化碳驱

二氧化碳驱是将二氧化碳注入油层中以提高原油采收率的技术。标准状况下，二氧化碳是一种无色无味、比空气重的气体。当温度、压力高于临界点时，二氧化碳的性质发生变化，形态近于液体，黏度近于气体，扩散系数为液体的 100 倍，此时的二氧化碳是一种很好的溶剂。

1. 二氧化碳驱油主要机理

二氧化碳驱油技术的作用机理可分为二氧化碳混相驱和二氧化碳非混相驱的机理。一般情况下，稀油油藏主要采用二氧化碳混相驱，稠油油藏主要采用二氧化碳非混相驱。

在稀油油藏中，二氧化碳易与原油发生混相，在混相压力下，处于超临界状态下的二氧化碳可以降低所波及油水间的界面张力；二氧化碳注入浓度越大，油水相界面张力越小，原油越容易被驱替；通过调整注入气体的段塞使二氧化碳与原油形成混相，可以提高原油采收率。

二氧化碳非混相驱开采稠油的机理主要是降低原油黏度，改善油水流度比，使原油膨胀、乳化作用及降压开采。二氧化碳在油中的溶解度随压力增加而增加，当压力降低时，二氧化碳从饱和二氧化碳的原油中析出并驱动原油，形成溶解气驱；二氧化碳渗入地层与地层水反应产生的碳酸，能有效改善井筒周围地层的渗透率，提高驱油效率。

二氧化碳驱油的具体机理如下：

（1）降低原油黏度。

二氧化碳溶于原油后，降低了原油黏度，原油初始黏度越高，黏度降低幅度越大。原油黏度降低后，流动能力提高，从而提高了原油采收率。

（2）改善原油与水的流度比。

大量的二氧化碳溶于原油和水，将使原油和水出现碳酸化，原油碳酸化后，其黏度降低，流度增加；而水碳酸化后，水的黏度提高，流度降低，油水流度比相对改善，从而扩大了波及体积。

（3）使原油体积膨胀。

二氧化碳大量溶于原油中，可使原油体积膨胀，原油体积膨胀的大小不仅取决于原油相对分子质量的大小，还取决于二氧化碳的溶解量。二氧化碳溶于原油，使原油体积膨胀，也增加了液体内的动能，从而有利于驱油效率的提高。

（4）高溶混能力驱油。

尽管在地层条件下二氧化碳与许多类型的原油只是部分溶混，但当二氧化碳与原油接触时，一部分二氧化碳溶解在原油中，同时，二氧化碳也将一部分烃类从原油中抽提出来，这就使二氧化碳被烃类富化，最终导致二氧化碳溶混能力大幅提高。这个过程随着驱替前缘不断前移得到加强，驱替演变为混相驱，这也使二氧化碳混相驱油所需要的压力要比其他任何一种气态烃所需要的混相压力都低得多。气态烃与轻质原油混相需要的压力为27～30MPa，而二氧化碳的混相压力只需要9～10MPa即可满足。

（5）分子扩散作用。

非混相二氧化碳驱油机理主要建立在二氧化碳溶于原油引起原油特性改变的基础上。为了最大限度地降低原油黏度和增加原油体积，以获得最佳驱油效率，必须在油藏温度和压力条件下，有足够的时间使二氧化碳饱和原油。但地层基岩是复杂的，注入的二氧化碳也很难与油藏中的原油完全混合，多数情况下，二氧化碳是通过分子的缓慢扩散作用溶于原油的。

（6）降低界面张力。

二氧化碳驱油的主要作用是萃取和汽化原油中轻质烃类，大量的二氧化碳与烃类混合，大大降低了油水界面张力，也大大降低了残余油饱和度，从而提高了原油采收率。

（7）溶解气驱作用。

大量的二氧化碳溶于原油中，具有溶解气驱作用。溶解气驱作用与降压采油机理相似，随着压力下降，二氧化碳从液体中逸出，液体内产生气体驱动力，提高了驱油效果。另外，部分二氧化碳驱替原油后，占据了一定的孔隙空间，形成束缚气，也可使原油增产。

（8）提高渗透率。

碳酸化的原油和水，不仅改善了原油和水的流度比，还有利于抑制黏土膨胀。二氧化碳溶于水后可形成显弱酸性的碳酸，可以溶解部分胶结物质和岩石，从而提高地层渗透率。

2. 二氧化碳驱油方式

1）二氧化碳混相驱

受地层破裂压力等条件的限制，二氧化碳混相驱只适用于 API 重度较高的轻质油藏，总结国内外现场应用效果，二氧化碳混相驱主要对开采水驱效果差的低渗透油藏、水驱完全枯竭的砂岩油藏、接近开采经济极限的深层轻质油藏及利用二氧化碳重力稳定混相驱开采多盐丘油藏具有重要意义。

2）二氧化碳非混相驱

当地层及其中流体的性质决定油藏不能采用二氧化碳混相驱时，利用二氧化碳非混相驱的开采机理，也能达到提高原油采收率的目的，主要应用包括：一是对于低渗透油藏，在不能以经济速度注水或驱替溶剂段塞来提高油藏压力时，采用注二氧化碳方式可恢复枯竭油藏能量；二是用于开采高倾角且垂向渗透率高的油藏；三是用二氧化碳驱开采重油，可改善重油流度，从而改善水驱效率。

3）单井非混相二氧化碳"吞吐"开采技术

相对来说，二氧化碳吞吐增产措施具有投资低、返本快的特点，通常适用于在经济上不可能打许多井的小油藏，强烈水驱的块状油藏也可以采用。

三、氮气驱

氮气是惰性气体，不易燃烧、干燥、无爆炸性、无毒且无腐蚀性；在空气中所占体积比约为 78%；在压力为 0.101MPa、温度为 21℃时，氮气的密度为 $1.16kg/m^3$。氮气的压缩系数高，有利于补充地层能量；膨胀性大，有利于渗流驱油；体积系数大，注入同体积气体可驱替出更多的油气；临界温度低，受温度的影响小；密度随压力升高而增大，随温度的升高而降低，可利用重力分异作用驱替构造高部位的剩余油；氮气的表面张力低，驱油效率高；导热性差，可配合蒸汽混注开采稠油。

氮气驱优点较多，适用于低渗透油田开发，主要驱替方式有氮气泡沫驱油和氮气驱，后者还可分为纯氮气驱和氮气—水交替驱。

1. 纯氮气驱

1）主要驱油机理

（1）氮气的非混相驱替作用。

（2）氮气的重力分异驱替作用：在向油层注入氮气后，由于重力分异，注入的氮气会进入微构造高部位形成次生小气顶，从而增加了附加的弹性能量，驱替顶部原油向下移动，延缓了油水界面的恢复。

（3）氮气不溶于水，较少溶于油，且具有良好的膨胀性，驱油时弹性能量大，能保持地层压力，为地层补充能量。

（4）氮气能够进入水波及不到的微孔隙。

2）纯氮气驱优缺点

优点：（1）氮气波及面积大，纯氮气驱注气速度大、强度高，氮气推进快，油井见效快；（2）注纯氮气的扩散范围和驱替范围大；（3）能解决注水困难和水敏性油藏的许多问题。

缺点：（1）渗流阻力小，易发生气窜；（2）氮气有效利用率偏低；（3）波及面积推进不稳定。

2. 氮气—水交替驱

1）主要驱油机理

（1）重力分异作用：氮气上浮驱替油层顶部的剩余油，可提高垂向驱替效率。

（2）贾敏效应：增大了流体在大孔道内的渗流阻力，迫使部分流体进入低渗透层段和小孔道，扩大了波及面积。

（3）氮气为非润湿相，在孔道中部呈活塞式推进，驱替孔道中部的原油，由于活塞不密效应，会在孔隙表面形成残余油。由于润湿性及润湿性反转，储层基本上偏亲水性，注入水沿孔隙表面推进，驱替孔隙表面的原油。

2）氮气—水交替驱优缺点

优点：（1）氮气有效利用率高；（2）波及面积稳步扩散；（3）水进入相对高孔隙度、高渗透率地层，氮气驱替低渗透率处剩余油；（4）有效防止气窜。

缺点：（1）交替驱见效偏慢；（2）水敏地层效果不好；（3）交替注水时，注水启动压力大。

3. 氮气泡沫驱

1）主要驱油机理

（1）保持地层压力，增加弹性能量。

（2）稀释降黏：在高压下，氮气能部分溶解于原油，使原油膨胀，降低原油黏度；同时，氮气溶解使原油体积膨胀，将水挤出孔隙空间，使相对渗透率转换，形成有利于油流流动的环境。

（3）遇油消泡、遇水稳定：泡沫易溶于油，不起泡，不堵塞孔隙喉道，提高油相渗透率，在水层能发泡、增黏，降低水相渗透率，有效地提高波及系数及驱油效率。

（4）堵大不堵小，即泡沫优先进入高渗透率的大孔道。

（5）提高驱油效率，起泡剂本身是一种活性很强的表面活性剂，能较大幅度地降低油水界面张力，改善岩石表面润湿性，使束缚状的油成为可流动的油。

（6）调剖作用：①泡沫对高渗透带的选择性封堵；②泡沫对高含水层的选择性封堵；③泡沫封堵后能产生液流转向作用；④泡沫中的气组分在气泡破裂后产生重力分异，上升到渗透率更低且注入水难以到达的油层顶部，扩大了波及体积，提高了驱油效率。

2）氮气泡沫驱优缺点

优点：（1）堵水不堵油；（2）选择性封堵；（3）可将束缚油变成流动油；（4）调剖作用。

缺点：（1）起泡剂降解和吸附，使得阶段采出程度降低；（2）泡沫体系的气液比要求高；（3）高矿化度降低泡沫体系封堵调剖能力。

四、烟道气驱

烟道气称惰性气体，是天然气或原油等有机物在完全燃烧后生成的产物，通常含80%～85%的氮气和15%～20%的二氧化碳及少量杂质，也称排出气体。处理过的烟道气可用作驱油剂，较好地改善稠油开发的驱油效果；其化学成分不固定，性质主要取决于氮气和二氧化碳在烟道气中所占的比例。烟道气具有可压缩性、溶解性、可混相性及腐蚀性等性质。

烟道气的驱油机理主要表现在以下 4 个方面：

（1）增溶作用：烟道气主要成分为氮气和二氧化碳。在同一压力条件下，二氧化碳在原油中的溶解度最高，氮气的溶解度最低，烟道气的溶解度介于二者之间，且随着二氧化碳组分比例的增加而略有提高。烟道气溶于原油之后，会使原油体积膨胀，从而增加了弹性能量。气体使原油体积膨胀的效果与气体在原油中的溶解度有关，溶解度越高，原油体积膨胀效果越好，获得的弹性能量就越高。单纯的蒸汽几乎是不溶于原油的，而烟道气的溶解性增加了原油的弹性能量，从而有利于原油的采出。

（2）降黏作用：烟道气与原油混溶后，由于二氧化碳的酸化作用，使原油黏度降低，从而改善了流度比，有利于提高重质原油的采收率。

（3）强化蒸馏作用：在注蒸汽过程中，原油和水的汽化压力随温度升高而升高，当油和水的汽化压力等于油层当前压力时，原油中的轻质组分汽化成气相，产生蒸汽蒸馏作用。如果在蒸汽驱的过程中同时加入烟道气，则混注汽化压力将会降低，且由于气体是热的不良导体，从而增强了蒸汽的携热能力，可减少热损失、保持蒸汽温度、减缓蒸汽干度的降低速度，进而强化了对原油中轻质组分的蒸馏效应。

（4）增强岩石的渗透能力：烟道气中的二氧化碳溶于地层水中可形成弱酸——碳酸，碳酸的酸化作用会使岩石中一些矿物成分（如方解石、白云石等）被溶蚀，使得矿物颗粒间孔隙变大，增强了岩石的渗流能力。

五、空气驱

由于来源广泛，空气驱成为了提高采收率的新工艺技术之一，既可用于重油（稠油）油藏，也可用于轻—中等密度油藏。注空气到重油油藏也称为层内燃烧或火驱，而注空气到轻油油藏通常被称为高压注空气，特别适合在高压、低渗透率油田应用。

当将空气注入油藏时，空气中的氧气与烃类发生了多种类型的氧化和燃烧反应，产生了二氧化碳和热量，前缘温度迅速提高。因此，高压注空气存在多种提高采收率机理，Clara 等提出的主要机理是：（1）烟道气驱降低了残余油饱和度；（2）注入的气体、低温氧化反应使油藏温度升高，都会使油藏压力回升；（3）原油的膨胀（主要是依靠层内二氧化碳和氮气在油藏原油中的溶解）；（4）二氧化碳溶于原油使原油黏度降低；（5）烟道气驱替了原油中的轻质组分；（6）氧化和燃烧反应产生的热效应。

第二节 空气驱提高采收率基本原理

由于气源丰富且成本廉价，空气驱已成为了前景良好的提高采收率工艺技术之一。当将空气作为驱替介质注入油藏后，一方面，空气驱具有氮气驱维持油藏压力、非混相排驱作用、提高油藏微构造高部位波及系数等提高采收率机理；另一方面，空气中的氧气还能与地层中的原油发生复杂的氧化和燃烧反应，产生二氧化碳和热量，从而进一步提高采收率。

一、空气驱综述

1. 空气驱油藏筛选

建立空气驱相关的油藏筛选标准，对项目实施可行性论证和最终效果有着重要影响，影响空气驱选择的主要参数包括油藏物性、油藏压力和原油性质等。

1）储层物性

储层物性基本特征是油藏筛选的首要标准，研究发现，高地层倾角、均质的油藏更适合空气驱，当地层倾角低于10°或者地层非均质性强，如存在裂缝发育或窜槽时会产生非常高的流度比，过早发生气窜，影响开发效果。

Ren 等指出实施空气驱的储层渗透率应大于50mD，中国石油勘探开发研究院的张义堂教授课题组通过采用物理模拟和数值模拟相结合的方法，对渗透率为 0.2 ~ 1mD，平均值为 0.6mD 的低渗透油藏注空气开发的驱油机理进行了系统性的研究，研究结果表明：空气驱能有效改善低渗透油藏的开发效果，并提高采收率。

2）油藏压力

在空气驱方案设计中，油藏压力也是重要的考虑因素之一，不同学者对此进行了大量的研究，得出的结论是，在其他条件相同的前提下，油藏压力或空气注入压力越高，原油低温氧化反应所需的活化能越低，越有利于在原油氧化中持续放热直到实现自燃。

3）原油性质

原油性质影响着空气驱效果，其中黏度是首要考虑的因素。空气驱适合的原油黏度范围较宽，可以实施低黏气驱和高黏火驱。20 世纪 80 年代之前，国外学者给出的火驱筛选标准中，将地层温度下原油黏度的上限设定为 1000mPa·s，80 年代以后，美国石油学会将这一标准放宽至 5000mPa·s。

2. 空气驱技术瓶颈

制约空气驱发展的两大关键技术瓶颈为爆炸和腐蚀。

1）爆炸

注空气过程中，遇到可燃气体时，空气作为助燃气体可能会发生爆炸，影响爆炸的因素包括可燃气体种类、压力、温度、惰性气体等。

大量实验结果表明，随着可燃气体中的乙烷、丙烷等含量上升，爆炸极限所需氧含量上升，反之，随着甲烷含量上升，爆炸临界氧含量下降；随着压力的升高，爆炸所需可燃气体下限变小，上限升高，临界氧含量降低；随着氮气和二氧化碳等惰性气体含量的增加，爆炸所需可燃气体上限迅速下降，下限上升，爆炸所需氧含量平稳上升。

2）腐蚀

腐蚀是周围环境对材料（通常是金属）作用而造成的破坏，是材料与环境之间的物理化学作用，这种作用会引起材料性能的变化，导致金属、环境或其构成的技术体系发生功能性损害，主要包括金属质量的减少、尺寸的变化及材料性质发生变化。

为了有效预防注气过程中造成的爆炸和腐蚀风险，重要举措之一就是进行减氧空气的注入。

3. 安全应用边界

为有效保障空气驱注气安全，在注气过程中有在油藏温度低于100℃的中低温油藏，空气驱的含氧量应减至低于10%；在油藏温度高于100℃的高温油藏，空气驱可不减氧。

4. 应用方式

目前空气驱注入过程中的主要应用方法包括连续气驱、水气交替驱、脉冲注气、空气泡沫驱和空气火驱等。

在均质油藏中，主导技术为连续气驱；稠油油藏中，主导技术为空气火驱；非均质油藏中，多使用水气交替驱、空气泡沫驱和脉冲注气等。且气体作为主导因素，水气交替和空气泡沫中水相和泡沫相可作为择性封堵剂，以防止发生气窜。

二、空气驱油机理

空气的主要成分包括约78%的氮气和约21%的氧气，其余气体组分含量约占1%，因此，空气驱油机理与氮气驱油机理相似，不同之处主要在于空气中的氧气会与原油发生氧化反应，会对空气驱提高采收率效果产生影响。

1. 空气排驱原理

首先，在部分注水注不进去的低渗透油藏，通过注气可有效提高和维持地层压力，且气驱能驱替水驱波及不到的 $1 \sim 10 \mu m$ 的微细裂缝中的剩余油（水驱波及的裂缝宽度下限为 $10 \mu m$，气驱波及的裂缝宽度下限为 $1 \mu m$）；其次，对于厚油藏或倾斜油藏，在油藏顶部注空气能够产生重力驱替作用。

2. 空气驱低温氧化反应驱替机理

当原油与空气接触时，可以同空气中的氧发生低温氧化（LTO）反应，当空气被注入到地层到达前缘的时候，氧气进入一部分烃类化合物中，能够在较低的温度条件下使烃类物分子的部分不稳定键断裂，低温氧化原理如图1-1所示。

低温氧化反应驱油机理具体包括以下几方面：

（1）原油低温氧化反应消耗掉氧气，形成氮气驱。

（2）烟道气驱效应：在油藏温度条件下，注入油藏中的空气能够和原油发生低温氧化反应，消耗掉空气中的氧气，实现间接烟道气驱；同时，在较高的油藏压力下，烟道气可与原油之间实现混相驱。氧化反应产生的烟道气在注入压力下，较易溶解于原油中，使原油密度降低，易于驱动。

（3）低温氧化反应热效应：空气和原油的氧化反应会产生热效应，可以降低原油黏度，增加原油的流动性和流度，提高驱油效率。

图 1-1　原油与空气低温氧化反应原理图

（4）氧化反应产生的二氧化碳的溶胀效应：二氧化碳易溶于原油，可以显著降低原油黏度，降低界面张力，使原油体积膨胀，启动盲端及喉道处的残余油，具有溶解气驱作用。

（5）氧化反应产生的二氧化碳对原油中轻质组分的抽提作用：驱动前缘的原油可在一定程度上提高驱油效率。同时，由于抽提作用，残留下的原油重组分增加，不利于后续原油的流动。

（6）氧化反应产生的二氧化碳易溶于水产生弱酸，对碳酸盐岩层起到酸化作用。

3. 空气火驱机理

1）直井井网火驱开发技术机理

火驱，又称就地燃烧，它主要是利用地层原油本身的部分燃烧裂化产物作为燃料，利用外加的氧气源和人为加热点火手段把油层点燃，并维持其不断燃烧状态，实现复杂的驱动作用。其驱油机理为：（1）用空气作为氧源，向注入井注入热空气把油层点燃，主要燃烧参数是焦炭的燃点；（2）控制注入气的温度略高于焦炭的燃点并按一定的通风强度不断注入空气，会形成一个慢慢向前移动的燃烧前缘及一定大小的燃烧区，当确信油层已被点燃后，可停止对注入井的加热，燃烧区的温度会随时间延长而不断增高，最高温度的燃烧区可视为移动的热源；（3）在燃烧区前缘的前方，原油在高温热作用下，不断发生各种高分子有机化合物的复杂化学反应，如蒸馏、热裂解、低温氧化和高温氧化反应，其产物也是复杂的，除液相产物外，还有燃烧生成的烟气（一氧化碳、二氧化碳、天然气等）；（4）热水、热气都能把热量携带或传递给前方的油层，从而形成热降黏、热膨胀、蒸馏汽化、气驱、高温改变相对渗透率等一系列复杂的驱油作用。一般认为，燃烧前缘附近是裂解的最后产物——焦炭形成的结焦带，再向外依次是蒸汽和热水（反应生成水、原生水及湿烧的注入水等）形成的热水蒸气带，被蒸馏的轻质烃类油带，以及最前方的已降黏的原始富油带。火烧油层法有众多驱油机理的联合作用，故其可获得较高采收率。

2）水平井火驱辅助重力泄油技术机理

近年来，国外学者提出了从水平井的"脚趾"到"脚跟"的注空气火烧油层技术（THAI），可以利用水平井实现火驱辅助重力泄油。这种开采方式的原理类似于水平井条件下的蒸汽辅助重力泄油（SAGD）技术，特别适用于在常规井网条件下难以实现注采井间有效驱替的特稠油油藏和超稠油油藏。THAI 技术的提出，突破了火驱技术应用的地层原油黏度上限，大幅拓展了火驱技术应用的油藏范围，使火驱开发特稠油油藏和超稠油油藏成为可能，这种方式将一组水平生产井平行地布于稠油油藏底部，垂直注入井布在距离水平井端部一段距离的位置，垂直井的打开段选择在油层的上部，应用 THAI 技术时，将在燃烧前缘前方形成一个较窄的移动带，在移动带内可动油和燃烧气将流入水平生产井射孔段。

第三节　空气泡沫驱油机理

　　泡沫是以液体为连续相、气体为分散相的多孔介质，储油层是以岩石固相为连续介质，以部分孔隙为分散相或连续相的拓扑学空间，泡沫驱就是液/气多孔介质在一个拓扑学空间的岩石多孔介质中驱替原有流体的一种复杂渗流过程。

　　空气泡沫驱油技术通过在注入空气的过程中加入起泡剂，将空气驱油和泡沫驱油两种提高采收率的方式结合在了一起，对提高油田的最终采收率具有重要的理论意义和实际意义。

一、空气泡沫宏观驱油机理

　　注空气泡沫提高采收率技术是将空气驱和泡沫驱技术有机结合起来的一项新技术，它综合了空气驱和泡沫驱的双重优点，可以实现提高波及系数和驱油效率的双重作用，达到大幅度提高采收率的目的。空气泡沫驱在宏观上有两个主要的驱油机理。

　　1. 扩大波及体积机理

　　扩大波及体积是泡沫驱的主要作用机理，在提高采收率机理中发挥主导作用，泡沫在油层中渗流运移，产生以下 5 个扩大波及体积的作用机制。

　　1）调整吸水剖面作用机制

　　陆相沉积储层的非均质变异系数高，层内及平面上渗透率差异大，地下原油黏度高，造成注水开发层间吸水差异大，平面上注水指进现象严重；对于低渗透油藏，由于存在多成因、多方向裂缝，导致方向性水窜、水淹，油藏平面波及系数低。由于泡沫能够在高渗透层、大孔道、微裂缝中产生较大的流动阻力，产生了有效的封堵作用，改变了平面及纵向上的吸水量，调整了吸水剖面（图1-2）。

　　2）空气超覆作用机制

　　空气气泡破裂后，气体上升到渗透率较低、注入水难以到达的油层顶部，置换出注水未波及到的孔隙中的剩余油（图1-3）。

　　3）泡沫的选择性封堵作用机制

　　泡沫具有遇水稳定、遇油消泡的特性，向地层注入泡沫后，泡沫首先进入高渗透层，而高渗透层的含水饱和度较高，含油饱和度较低，泡沫可相对稳定地渗流运移，增加了高渗透层的渗流阻力，使得驱替相的流度得到控制；当泡沫进入到低渗透层时，由于低渗透层的含油饱和度高，泡沫稳定性差，泡沫很快消失，形成气驱和水驱，气、水单相渗流在低渗透层的渗流阻力减小，如果低渗透层处于原始含油饱和度状态，则泡沫迅速消失，从而实现了泡沫在油层中"堵水不堵油、堵大不堵小"的选择性封堵机制。

4）提高表观黏度作用机制

泡沫的干度在一定范围内时，其黏度大幅高于基液的黏度，从而改善了驱替液与油的流度比，具有类似于聚合物驱的高流度控制能力，抑制了黏性指进，大幅提高了波及系数。

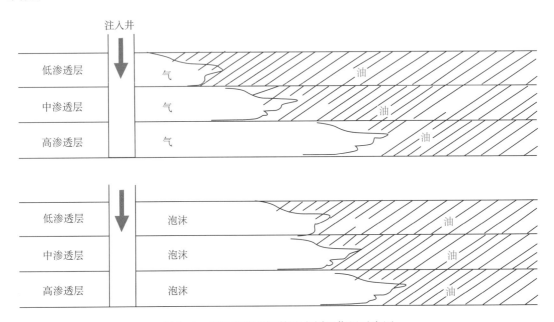

图1-2　空气泡沫驱调整吸水剖面作用示意图

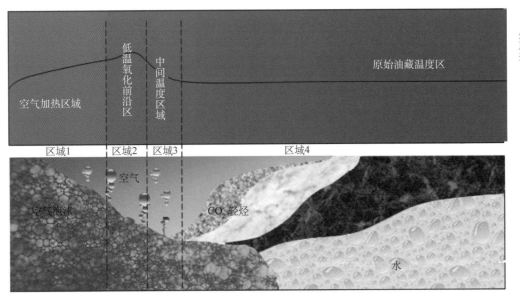

图1-3　空气泡沫驱空气超覆作用示意图

5）大气泡封堵大孔道作用机制

泡沫在流动状态下，由于黏滞力的作用，气泡会被拉伸变形，再加上孔隙的不规则性，造成气泡两端曲率存在差异，产生叠加的贾敏效应，造成大气泡变大，流动阻力也大，而小气泡变小，流动阻力也相对较小，所以气泡在多孔介质中运移时，大气泡运移速度要比小气泡运移速度慢，进而大气泡堵塞大孔道，同时，小气泡、水相、油相和因活性剂存在而生成的乳状液，则从中小孔隙向前渗流，改变了微观波及面积，最大限度地提高了波及体积，有利于驱动、剥落小孔隙内及残余在孔隙岩壁的原油，有利于提高采收率。

2. 提高驱油效率机理

空气泡沫驱可以降低水驱残余油饱和度并提高驱油效率，主要包含以下三个方面的驱油作用机制。

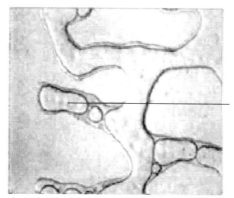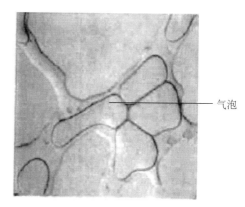

（a）盲端孔隙中泡沫挤压与占据作用　　　　（b）泡沫和气柱堵塞大孔道的作用

图 1-4　空气泡沫驱微观驱油机理

1）起泡剂降低油水界面张力作用机制

注空气泡沫时起泡剂本身就是活性很强的表面活性剂溶液，在地层中能够大幅度降低油水界面张力，减小了油滴通过狭窄孔喉的阻力，残余油滴易被驱动并在油层中逐渐聚集形成油墙，油水界面张力越低，油层孔隙中的残余油滴越易被驱动，驱油效率越高。

2）改变岩石润湿性作用机制

表面活性剂具有亲水基和亲油基两种基团，这两种基团不仅具有防止油水互相排斥的功能，还能够吸附在岩石的表面上，从而降低液固界面能。选择合适的表面活性剂可以将呈束缚状态附着在岩石和孔隙盲端的原油乳化，可以将岩石表面由亲油性转变为亲水性，降低原油在岩石表面的黏附力，提高驱油效率（图 1-5）。

3）乳化、携带作用机制

起泡剂一般是阴离子表面活性剂，在地层中，不仅可以起到改变岩石润湿性的作用，还具有乳化原油的效果，在泡沫体系渗流过程中，泡沫需要降低（克服）原油与孔壁间的黏附力，才能将油滴整体驱动，一般情况下，黏附力小于原油的内聚力，油膜、油滴将被气泡层层剥离，并形成乳状液，在通过喉道时聚并成大油滴，逐步形成油墙向前推进。

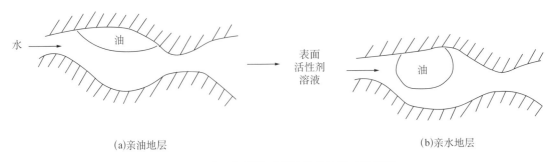

图 1-5 岩石润湿性对驱油效率的影响示意图

二、空气泡沫微观驱油机理

1. 泡沫活塞式驱油机制

当泡沫被注入油藏后，将以活塞的形式在不规则的连通孔道中聚集与运移，在渗流过程中不断被挤压和剪切，泡沫在通过喉道后，随孔隙形状的变化发生变形，泡沫的膨胀作用会挤压孔隙中的残余油，在油水界面张力下降的同时，残余油被启动，起到提高微观驱油效率的作用。

2. 泡沫挤压与占据作用机制

当泡沫注入地层后，在一般较规则的连通孔道中，泡沫起到活塞的作用，挤压和剪切孔隙中的残余油，同时将富集的原油不断向前推进，然后占据孔道。对于盲端孔隙来说，快速移动的大气泡可以把小气泡不断向里挤压进入盲端入口，并占据原来油滴的位置，同时挤压盲端里的油沿气泡液膜流出。

3. 扩大微观波及体积作用机制

在低渗透层内的小泡沫及与原油生成的乳状液，从中、小孔隙向大孔隙和大孔道方向渗流，留下的孔隙空间被后续的气体占据，在驱动压力下，气体和起泡剂驱替低渗透带中小孔隙中的油相，扩大了微观波及体积。

此外，延时作用机制在空气泡沫驱过程中也会发挥积极的作用，泡沫的贾敏效应对空气具有较强的封窜作用，能够增加空气在地层的贮留时间，延迟空气的突破时间，确保空气与原油有足够的时间实现低温氧化反应，使注入空气的氧含量降低到安全极限范围之内。

三、空气泡沫的低温氧化反应机制

空气泡沫在多孔介质中运移时，液体为连续相，气体为非连续相，与空气驱类似，空气泡沫驱过程中也存在空气与原油的低温氧化反应，但氧化反应对提高驱油效率相对较弱，这主要是由于在空气泡沫的运移过程中，"水包泡"使得水相液膜首先与原油接触，随着体系的遇油消泡，气泡破裂，气体与原油接触发生低温氧化反应。本书第四章中专题研究了减氧空气驱低温氧化反应对提高采收率的贡献，第五章专题研究了空气与原油的氧化热动力学。

四、超低界面张力耦合式空气泡沫驱油机理

在前文叙述空气泡沫宏观驱油机理中的提高驱油效率机理中，提到发泡体系存在一个双刃剑问题，即发泡能力强的表活剂则不能产生超低界面张力，产生超低界面张力的表面活性剂的发泡能力弱，这是目前泡沫驱技术的技术瓶颈之一，意味着发泡能力强的泡沫体系，在油层中流度控制、调整吸水剖面、扩大波及体积的作用强，仅能发挥一些泡沫驱提高微观驱油效率的作用，但油水界面张力最多仅能降至 10^{-1} mN/m 数量级，缺乏超低界面张力作用大幅提高驱油效率的作用。

为此，大港油田的杨怀军等人提出了"超低界面张力耦合式空气泡沫驱油方法"其申请发明专利号为 201110423327。

该驱油方法中应用了两种发泡体系，一种是强空气泡沫 A 体系：空气＋起泡剂（含起泡剂 A 和稳泡剂），发泡率为 550%，油水界面张力为 10^{-1} mN/m 数量级，油敏性弱；另一种是超低界面张力空气泡沫 B 体系：空气＋起泡剂（含起泡剂 B 和稳泡剂），发泡率为450%，油水界面张力为 10^{-3} mN/m 数量级，油敏性强，遇油消泡。

设计理念：在常规空气泡沫驱的基础上，立足增大渗流阻力，扩大波及体积，兼顾考虑超低油水界面张力提高驱油效率，采用 A、B 体系段塞交替注入方式，在油层内的高、中、低渗透层界面实现耦合交汇，可实现智能化选择性驱油，达到大幅提高采收率的目的。

1. 超低界面张力耦合式空气泡沫驱实施步骤

第一步，先注入超低界面张力起泡剂 B（不注空气），该单剂被注入到油层后，首先进入中高渗透层，由于超低界面张力和高效洗油作用，可使中高渗透层的残余油饱和度进一步降低，可清洗中高渗透层的残余油，实现提高驱油效率的作用。

第二步，注入空气泡沫 A 体系，该体系仍然进入中高渗透层，由于 B 表面活性剂已对油层进行了清洗，可确保注入的 A 体系在中高渗透层高效发泡，可对中高渗透层发挥有效的泡沫驱作用，增加渗流阻力。

第三步，注入空气泡沫 B 体系，在前方 A 体系对中高渗透层进行了有效封堵后，迫使后续的 B 体系主要进入中低渗透层，当 B 体系进入到含油饱和度高的低渗透层时，B 体系遇油消泡，失去泡沫封堵的作用，此时，在低渗透层中出现空气驱和超低界面张力驱的协同作用，实现大幅提高低渗透层驱油效率的目的；如果 B 体系进入到高渗透层，则仍然和 A 体系共同发泡，发挥流度控制作用；但由于 B 体系的泡沫稳定性弱，A 体系在中高渗透层的作用将被 B 体系减弱，为了将强中高渗透层的流度控制作用，需要补充 A 泡沫体系。

第四步，继续注入 A 体系，增强中高渗透层的泡沫强度，提升渗流阻力，继续加强流度控制作用，在注入压力上升至设定值或达到设定的孔隙体积 PV 数时，转入下一步。

第五步，再次注入 B 体系，实现第三步的驱替作用。

根据油藏的孔隙体积大小，通过室内物理模拟实验和空气泡沫驱油藏数值模拟，最终确定注入空气泡沫孔隙体积 PV 数及 A、B 体系交替注入的轮次。

2. 超低界面张力耦合式空气泡沫驱机理描述

注入形式：强发泡 A 体系与超低张力 B 泡沫体系以段塞形式交替注入（图 1-6）。

首先，注入第一个轮次的强发泡 A 体系，如图 1-6 中（b）所示，其进入中高渗透层且主体进入高渗透层，此刻在高渗透层产生的高渗流阻力发挥着流度控制并扩大波及体积的机理，在强发泡 A 体系完成流度控制作用后，泡沫同样要进入到中低渗透层，由于 A 泡沫的耐油稳定性，在中低渗透层中会产生更大的渗流阻力，注入井压力升高，剖面得到一定改善。

其次，在 A 泡沫使注入剖面得到一定改善后，注入第一个轮次超低界面张力 B 泡沫体系，如图 1-6 中（c）所示，B 泡沫体系发挥两个作用，一是 B 体系进入中高渗透层，与 A 体系共同在多孔介质剪切作用下继续产生泡沫，使得高渗透层持续保持高的渗流阻力，二是进入到中低渗透层，B 体系与 A 体系相比，在 A 体系调整注入剖面后，B 体系进入低渗透层的体积一定大于 A 体系，同时，B 体系进入到低渗透层后，由于低渗透层保持有较高的含油饱和度，B 体系必定要与残余油和大量的剩余油相遇，相遇后即刻消泡，变成空气和超低界面张力液体，此刻，在低渗透层内形成气、液两相渗流，空气会在低渗透层向前突破，形成部分气驱，空气以活塞形式通过喉道后占据孔道，将孔隙中的原油排驱出向前推进，随后跟进的 B 溶液与残余油产生超低界面张力，启动残余油，降低油相在喉道处的毛细管力，由此产生了空气在低渗透层的排驱机理和超低界面张力驱油机理（说明：如果单纯注空气，空气只能沿着高渗透层窜流，而无法进入到低渗透层驱油，只有耦合式空气泡沫驱能实现这一双重作用）。

然后，再次注入第二个轮次的泡沫体系，如图 1-6 中（d）所示，由于 B 泡沫体系在高、中、低渗透层内发挥的作用不同，在低渗透层发挥提高驱油效率的作用，在中渗透层既有提高驱油效率又兼具流度控制的作用，在高渗透层主要发挥流度控制的作用，提高驱油效率的作用相对较弱，在 B 泡沫驱替一个段塞后，由于 B 泡沫的遇油消泡特性（见第二章第一节空气泡沫的基本特征），高渗透层的渗流阻力会逐步减弱，为此，需要再注入 A 泡沫体系段塞，以提高整体驱动压差，调整驱替剖面；在驱替剖面得到调整后，注入第二个轮次的超低界面张力 B 泡沫体系，如图 1-6 中（e）所示，继续发挥 B 泡沫体系降低残余油饱和度和空气驱的双重作用。

其后，可根据油层厚度、渗透率变异系数、井距等油藏参数，按照空气泡沫驱数值模拟的结果，实施 N 轮次注入，如图 1-6 中（f）所示，经过多轮次交替注入 A、B 泡沫体系，驱替剖面得到调整，残余油饱和度降低，实现了超低界面张力耦合式空气泡沫驱提高采收率的机理。

耦合作用是指 A、B 泡沫体系在交替注入后，会形成强弱泡沫过度界面和高界面张力与超低界面张力的过渡界面，同时形成低渗透层未动用的高含油饱和度区的气驱和超低界面张力驱的双重驱替作用，这些特有的驱替作用及泡沫的特性会在过度界面和高、中、低渗透层衔接面产生有利于驱油和流度控制的相互纠缠和支撑，这一作用称为耦合作用，并称为耦合式驱油方法，使得高渗透层渗流阻力不断地增加、流度得到有效控制，低渗透层不断被空气和超低界面张力表活剂驱替，实现了超低界面张力提高驱油效率与空气泡沫流度控制（扩大波及体积）的协同作用，从而实现大幅提高采收率。

本书第二章第三节中专题研究了耦合式空气泡沫驱油机理宏观物理模拟实验研究。

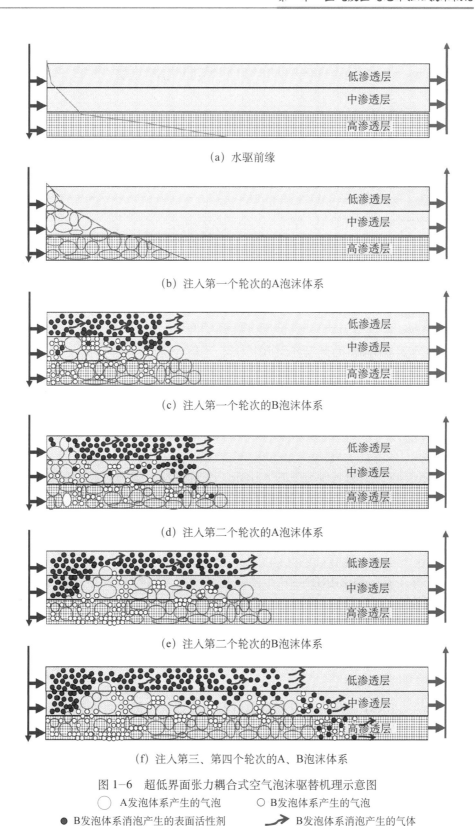

(a) 水驱前缘

(b) 注入第一个轮次的A泡沫体系

(c) 注入第一个轮次的B泡沫体系

(d) 注入第二个轮次的A泡沫体系

(e) 注入第二个轮次的B泡沫体系

(f) 注入第三、第四个轮次的A、B泡沫体系

图1-6 超低界面张力耦合式空气泡沫驱替机理示意图

○ A发泡体系产生的气泡　　○ B发泡体系产生的气泡

● B发泡体系消泡产生的表面活性剂　　⟿ B发泡体系消泡产生的气体

第四节　空气及空气泡沫驱油藏分类

空气驱及空气泡沫驱技术在国内外油田进行了大量的现场试验，并取得了较好的提高采收率效果，本节对国内外空气驱及空气泡沫驱技术的实施状况进行了大量调研，并对两项技术的油藏适应条件进行了总结。

一、国内外空气及空气泡沫驱实施状况

1. 空气驱

1）Buffalo 油田

Buffalo 油田位于南达科他州西北部，Williston 盆地的西南侧，地层主要由石灰岩和白云岩组成，Buffalo 油田主产油层为 RedRiver 组的"B"层，该油田的 3 个高压注空气单元（BRRU、SBRRU、WBRRU）作业区总面积为 134km³，油藏深度约为 2591m，净产油层平均厚度为 4.6m，地层倾角为 1°～2°，储层平均孔隙度为 16%，平均空气渗透率为 10mD，原始油藏压力为 24.8MPa，油藏温度为 101.7℃，平均含水饱和度为 50%，油藏原油泡点压力为 2.1MPa，重度为 32°API，原油溶解气油比为 30.8m³/m³，体积系数为 1.17，饱和原油黏度为 2.4mPa·s。

Buffalo 油田的一次采出程度很低，实施空气驱二次采油技术，Buffalo 油田以高达 118.9×10⁴m³/d 的注气量和 30.4MPa 的注入压力在该油田 3 个高压注空气单元（BRRU、SBRRU、WBRRU）注空气 28 年（至 2007 年），以 90.6×10⁴m³/d 的注气量向 22 口注气井注气，截至 2007 年 12 月累计注气 6.79×10⁹m³。采油量从 1978 年 12 月的 25.8m³/d 上升到 1991 年 6 月的最高产量 473.7m³/d；2007 年 12 月，63 口井的采油量为 306.1m³/d。从开始注气至 2007 年 12 月，3 个高压注空气单元共采出原油约 2.99×10⁶m³，占原始储量的 10.27%，预计其最终采收率约为 18%。

Buffalo 油田实施空气驱开采过程中应用的压缩机设备包括：

（1）1979 年 1 月，向 BRRU2-16 井注高压空气，用 447.6kW 电动机驱动 6 级往复式空气压缩机在 27.5MPa 的压力下以 4.16×10⁴m³/d 的注气量注入空气，最高排出温度为 177.2℃。

（2）1980 年、1981 年，BRRU 单元安装了 3 台 6 级往复式空气压缩机，每台由 746kW 电动机驱动，在 34.5MPa 的压力下以 6.51×10⁴m³/d 的注气量注入空气，最高排出温度为 177.2℃。

（3）1982 年，BRRU 添加 2 台 7 级往复式空气压缩机，每台由 1492kW 双燃料发动机（重新额定到 1119kW）驱动，用该压缩机在 34.5MPa 的压力下以 7.07×10⁴m³/d 的注气量注空气，设计排出温度为 121℃。

（4）1984 年，SBBRU 单元安装 2 台 7 级往复式空气压缩机，用 1977kW 天然气发动机驱动，每台在 37.95MPa 的压力下以 14.15×10⁴m³/d 的注气量注入空气。

（5）1987 年，组建了 WBBRU 单元，在 BRRU 和 SBBRU 压缩机站之间用一条交叉管线（直径 101.6mm）把压缩空气输送到 WBBRU。

（6）1992 年，BRRU 又添加 1 台压缩机，在 37.95MPa 的压力下以 37.6×10⁴m³/d 的注气量注入空气，这一压缩机组包括两台压缩机：入口压缩机（3 级转速为 3560r/min 离心式空气压缩机，2238kW 电动机驱动）用于把空气从大气压压缩到 1.66MPa；第二台（4 级转速为 900r/min 离心式空气压缩机，2238kW 电动机驱动）把空气压力从 1.66MPa 提高到 37.95MPa，最后一级排出温度为 143℃；1994 年，SBRRU 安装了一个相同压缩机组，由两台压缩机组成。3 个单元的总压缩机能力为 101.6×10⁴m³/d。

　　2）MPHU 单元

　　MPHU 油藏位于北达科他州 Williston 盆地的西南侧，属于深层、高温、高压、低渗透碳酸盐岩油藏，与 Buffalo 油田 BRRU 单元油藏性质相近，主要产油层为 RedRiver 组的"B"层、"C"层，该单元作业区面积为 38.9km³。油藏平均埋深为 2896m，油层厚度为 5.5m，地层倾角为 1°～2°，油藏温度为 110℃，原始油藏压力为 28.4MPa，含油饱和度为 57%，原始含水饱和度为 42%，渗透率为 5mD，孔隙度为 17%，原始地质储量为 636×10⁴m³，原油密度为 0.829g/cm³，泡点压力为 15.5MPa，溶解气油比为 93.5m³/m³，地层体积系数 1.4，泡点压力下原油黏度为 0.48mPa·s，原油重度为 39°API。

　　MPHU 油田一次采收率低（约为 15%），该油藏在 1985 年 6 月有 13 口生产井，采用面积井网开发。于 1987 年 10 月开始大规模实施高压注空气开发试验，注气 15 个月后见效，原油产量稳步增长；1992 年前后，7 口注入井空气注入量为 25.5×10⁴m³/d，注入压力为 30.3MPa，产油稳定在 176m³/d。截至 1994 年 12 月，统计总注入量为 4.22×10⁸m³。项目进行到 2016 年，采收率提高 14.2%。

　　该项目的高压空气是由 1986 年安装的两台 WhiteSuperiorMW68 型七级压缩机提供。每台压缩机都是由一台 1865kW 的 Superior16SGTA 型完全燃烧、火花点火、涡轮增压的燃气发动机驱动的。通过每级压缩后，压缩空气流经级间冷却器和涤气器以控制吸入温度并除去水分。需要两台压缩机来保证不间断注气，以有效避免注气早期由于井筒附近地层原油回流引起的注入井爆炸。该工程方案设计额定容量为在 27.6MPa 的排出压力下提供 14.716×10⁴m³/d 的高压空气。

　　3）美国西 Hackberry 油田

　　Hackberry 油田位于路易斯安那州西南，是盐丘背斜油田，为高渗透砂岩油藏，埋深 2286～2743m，天然水驱采收率可达到地质储量的 50%～60%，主力层为渐新世 Camerina 砂岩层，孔隙度为 24%～30%，渗透率为 300～1000mD，水驱残余油饱和度为 26%，原油重度为 30°API，油藏温度为 93℃，在油藏温度条件下原油黏度为 0.9mPa·s。

　　Hackberry 油田的空气注入量 113.2×10⁴m³/d，这些气被分注到西斜坡高压油藏（17.2～22.7MPa）和北斜坡低压油藏（2.06～4.1MPa）。生产动态显示，在地层倾角大的低压油藏中注空气，可以明显提高原油采收率，其中的目标油藏之一显示在注空气开始 6 个月时，日产油量比开始注空气时提高了 35%。据估计该项目可以得到 24% 的投资内部收益率。

　　在天然水驱条件下，油藏曾于 1993 年水淹，在 1994 年，Amoco 公司开始向油层注空气，以利用重力作用驱替剩余油，将侵入的含水带驱回原始油水接触面。采收率增量为预计的重力泄油采收率 90%，油藏显示为具有次生气顶，残余油饱和度（8%）与水驱采出程度（50%～60%）之差。

1996 年 6 月，西北坡低压油藏最早开始注空气，经 16 个月注空气试验，NorthFlank 油田两个低压油藏的 6 口井已经增产原油 $1.1 \times 10^4 m^3$，截至 2007 年 12 月，这 6 口井的总采油速度比注空气前正常水平高 $39.75 m^3/d$。

美国 Hackberry 油田注空气项目，工程最初设计要求是在西坡高压油藏所需要的最高地表压力为 29.68MPa 的条件下，压缩机排量要达到 $113.2 \times 10^4 m^3/d$。空气通过七级压缩，它由一台串联的两级 Atlas-CopcoZR-6 型螺旋式压缩机和一台 ArielJGK-4 型五级往复式压缩机组成。

4）HorseCreek（HC）油田

HorseCreek（HC）油田位于美国北达科他州 Williston 盆地南部，其产层为奥陶系的红河层，是碳酸盐岩油藏。原油地质储量为 $726 \times 10^4 m^3$，井深为 2896m，净产层平均厚度为 6.1m，孔隙度介于 12% ~ 20% 之间，平均值为 16%，空气渗透率为 10 ~ 20mD，油藏温度为 93℃，地层倾角为 1° ~ 2°，原油密度为 $0.82 g/cm^3$，地层体积系数为 1.205，含水饱和度小于 50%，含水率为 60%，原油重度为 30° API。

HC 油田于 1972 年 11 月钻了第一口井——Carlolson1-13 井而发现石油，目前共有 15 口生产井。注气前一次采出程度在 7% 左右，预计最终一次采收率为 9.9%。1996 年 5 月 17 日，美国 Total Minatome（TMC）公司在该油田实施了注高压空气项目，注气 6 个月后共注入 $15.89 \times 10^8 ft^3$ 的空气，产量增加 10% 以上。该区有生产井 11 口，注空气井 3 口，井距为 1066.8m，注气压力为 32.4MPa，注气量为 $24 \times 10^4 m^3/d$；注气 9 个月，油层压力平均上升 3.8MPa，产量由 $40 m^3/d$ 提高到 $55 m^3/d$；产量将达 151 ~ $178 m^3/d$，将增产 $100 \times 10^4 t$。该油田注高压空气项目的采收率可比注氮气提高 10%。

美国 HC 油田注空气项目的压缩气由两台 White Superior MW68 型七级压缩机提供。采用涡轮增压气体发动机驱动，发动机额定功率 2650kW，转速 900r/min，工程方案设计标准是在 34.5MPa 的压力下供气 $2.83 \times 10^6 m^3/d$。

2. 空气泡沫驱

1）广西百色油田石灰岩油藏空气泡沫驱

广西百色油田百 4 块油藏位于百色盆地田东凹陷上法中潜山中部，储层为碳酸盐岩风化壳，属于裂缝—孔隙型油藏，储层及流体特征见表 1-1。含油面积为 $1.8 km^2$，地质储量为 $169 \times 10^4 t$，可采储量为 $38 \times 10^4 t$，水驱最终采收率为 22.5%。百 4 块西区 1996 年 9 月至 1997 年 8 月在百 4-4X 井和百 4-16X 共施工 4 次，累计注入泡沫液 $1851 m^3$、空气 $96938 m^3$，折算地下体积为 $7506 m^3$。百 4 块东区 1997 年 4 月至 7 月在百 4-10 井共施工 3 次，累计注入泡沫液 $2053 m^3$、空气 $232176 m^3$，折算地下体积 $15577.5 m^3$（地层压力以 2.0MPa 计）。

油藏开采初期，油井具有一定的自喷生产能力，单井稳定产量 70 ~ 80t/d，采油速率保持在 2.5% 以上。由于注水水窜无法进行水驱，注水井于 1995 年全部停注。注泡沫前（1996 年 9 月）油藏压力只有 2.0MPa，可采储量采出程度为 79.4%，综合含水率为 87.1%，地层压力已接近枯竭（2.5MPa）。1996 年 9 月至 2004 年 8 月在百 4 块 5 口井上累计注入空气泡沫和空气 31 井次，累计注入泡沫液 $3.43 \times 10^4 m^3$、空气 $843 \times 10^4 m^3$，累计增油 $1.48 \times 10^4 t$，累积投入产出比约 1：4.49。

表 1-1 百色油田百 4 块油藏储层及流体特征

项目	数值	项目	数值
平均有效孔隙度（%）	16	地下原油黏度（mPa·s）	1.09
平均中深（m）	1362	油藏原始压力（MPa）	13.4
平均有效厚度（m）	26.8	饱和压力（MPa）	7.1
平均渗透率（mD）	230	原始气油比（m³/m³）	45.5
原始含油饱和度（%）	75	原油密度（g/cm³）	0.860
地层温度（℃）	79	地层水型/矿化度（mg/L）	NaHCO₃ 型 /6970

2）广西子寅油田砂岩油藏空气泡沫驱

广西百色子寅油田仓 16 块储层，主要属于石英细砂岩和粉砂岩，以石英为主，储集空间主要为次生粒间溶蚀孔、原生粒间孔和溶蚀微缝，平均有效孔隙度 19%，渗透率为 72mD。油藏中深为 870m，油藏温度为 49.5℃；地面原油性质：密度为 0.863g/cm³，黏度为 14.29mPa·s，凝固点为 33.3℃，含蜡量为 24.9%，胶质沥青含量为 16.32%。地层水为 NaHCO₃ 型，总矿化度为 4760mg/L，储层及流体特征见表 1-2。截至 2003 年 12 月，仓 16 块累计产油 26.9×10⁴t，累计产水 96.06×10⁴m³，累计注水 163.32×10⁴m³，累积注采比 1.21，地质储量采出程度为 25.87%，年底综合含水率为 96.3%。2004 年 5 月 11 日，仓 16-7 井开始注泡沫和混气水，分 5 个段塞注入，到 7 月 8 日累计注入空气 28183×10⁴m³，泡沫液 600m³，清水 1820m³，折算地下体积 6024m³。试验区储层总孔隙体积为 25124×10⁴m³，注入地下混气水（含泡沫液）体积为 1024PV。两个井组试验累计增油 509.6t，投入产出比 1∶3.54。泡沫辅助气—水交替方式能增加原油产量、降低含水率，最终采收率可提高 5%～8%。

表 1-2 子寅油田砂岩油藏储层及流体特征

项目	数值	项目	数值
面积（km²）	1.0	地质储量（10⁴t）	104
平均中深（m）	870	油藏原始压力（MPa）	8.6
平均有效厚度（m）	9.3	饱和压力（MPa）	4.8
平均有效孔隙度（%）	19	原始气油比（m³/m³）	28.9
平均渗透率（mD）	72	原油密度（g/cm³）	0.863
原始含油饱和度（%）	73	地下原油黏度（mPa·s）	5.91
地层温度（℃）	49.5	地层水型	NaHCO₃ 型

3）中原油田胡 12 块空气泡沫驱

中原油田在东濮凹陷胡 12 块开展空气泡沫调驱试验，试验区储层非均质性严重，渗透率变异系数为 0.86。胡 12 试验区块沙三中 86-8 层系含油面积为 1.1km²，地质储量为 112×10⁴t，油藏埋深为 2200m，油藏温度为 87℃，原始地层压力为 22.3MPa，饱和压力为 7.69MPa，原始气油比为 36.27m³/t。油层渗透率为 235.5mD，孔隙度为 21%，地面原油黏度为 43.17mPa·s，地面原油密度为 0.872g/cm³，地下原油黏度为 3 ~ 9mPa·s，地层水矿化度为 20.16×10⁴mg/L，标定采收率为 27.0%。储层以石英砂岩为主，胡 12 块结构上有一定的倾角，有利于重力稳定驱替。

通过对胡 12 块油藏精细描述，选取胡 12 块沙三中 86-8 层系为试验区块，含油面积为 1.1km²，地质储量为 112×10⁴t，累计产油 27.6×10⁴t，剩余可采储量 9.36×10⁴t，采出程度为 24.8%，含水率达 97.18%。2007 年 5 月至 9 月，在胡 12 块的胡 12-152 井组进行了注空气泡沫调驱第一口井现场试验，共注入空气 43×10⁴m³、泡沫液 2001m³，气液比 1.07 : 1，最高注气压力 34.6MPa，折合地下体积约为 0.1PV；然后转为后续注水。胡 12-152 井注水压力由空气泡沫调驱前 11.5MPa 上升到 20.8MPa；产油量由 7.65m³/d 上升到 18.6m³/d，含水率由 96.6% 下降到 89%，部分井组实施效果统计见表 1-3。

表 1-3 实施效果统计

试验井组	泡沫注入压力（MPa）	注水压力（MPa）	
		试验前	试验后
H12-17	23.1	13	15.1
H12-152	25	11.5	20.8
H12-65	26.4	12	14.2
H12-9	27.9	11	14.6

4）延长油矿甘谷驿唐 80 井

延长油矿甘谷驿采油厂的唐 80 井区长 6 储层，油层埋深为 479 ~ 544m，渗透率为 0.87mD，孔隙度为 8.85%，油层平均温度为 24.8℃，地层压力为 4.016 ~ 5.812MPa。原油密度为 0.824g/cm³，在 50℃时原油黏度为 3.37mPa·s，凝固点为 4.5℃，平均含硫量为 0.15%。饱和烃含量为 61.24%，芳香烃含量为 9.82%，非烃含量为 2.07%，沥青质含量为 0.26%，含蜡量为 3.62%，原油性质好，油层为强酸敏、弱水敏。唐 80 井区于 2001 年开始采用不规则反九点法井网同步注水开发，压裂投产。试验前平均单井日注水量为 4.7m³，平均井口压力 7.61MPa，年综合含水 24.47%，年综合含水上升率 2.02%。累积注采比为 0.57。

唐 80 井区空气 / 空气泡沫驱先导试验井在丛 54 井和丛 55 井两口井同时进行，2007 年 9 月 11 日至 2008 年 6 月 25 日累计注入泡沫液 1091.8m³，累计注气 160226m³，折算地下注气体积 3932m³，气液比 3.6 : 1，注气压力 11 ~ 14MPa。经济评价结果显示，投入产出比为 1 : 2.75，预计投入产出比可大于 1 : 3。

丛 54 井单井注泡沫液量为 10m³/d，单井注空气量为 10m³/d（储层工况），折算标准大气压下空气体积为 500m³/d。采用注一天泡沫液段塞、注三天空气段塞的交替注入方式。设备工艺流程上包括空气压缩机、配气间、泡沫泵等装置。主要装备为橇装式 250 型 5 级空气压缩机一台，额定排气压力为 25MPa，排量为 3.5m³/min、吸气温度不大于 55℃，水泵驱动闭式循环水冷却，油泵输油和高压注油器注油润滑。泡沫泵采用排量为 2.5m³/h 的注水泵。

5）长庆马岭油田空气泡沫驱

试验井组木 12-9 井组位于马岭油田北三区，油层中深 1560m，油层温度 70℃，油藏平均有效孔隙度为 15.0%，含油饱和度为 65.0%，原始地层压力为 13.48MPa，平均油层厚 4.9m，有效渗透率为 30mD。井组综合含水高达 91.2%，井组累计采油 83137t，地质储量采出程度仅 13.7%，井组累计注采比仅为 0.34。截至 2006 年 10 月，木 A 井组累计采油 63927t，地质储量采出程度为 57.2%，综合含水率为 87.3%，木 B 井组 6 口井日产油量仅为 6.5t，综合含水率高达 91.2%。2006 年 7 月至 11 月，在该井共注起泡剂 2022m³，注空气 330582m³；实际注入介质折合地下体积 5886m³，气液比 1.9∶1；注水压力由试验前 11.0MPa 上升到 16.8MPa，上升了 5.8MPa。2006 年 11 月统计资料显示，对应五口生产井日产液量由试验前的 63.98m³ 上升到 65.73m³，日产油量由 4.74t 上升到 10.21t，增加了 5.47t，综合含水率由 91.64% 下降到 79.16%，下降了 12.44%。11 月中旬 3 口生产井套管气组分检测发现各采样井含有 3%～6% 的 CO_2，没有检测到氧，该井组有效期 8 个月，累计增油 647t。

6）长庆油田五里湾长 6 油藏空气泡沫驱

试验区位于五里湾 ZJ53 区柳 74-60 井、柳 76-60 井、柳 76-62 井此 3 个井组，平均油层厚度 15.7m，孔隙度为 11.6%，渗透率为 3.67mD，油层温度为 54.4℃，原始地层压力为 12.26MPa，地面原油黏度为 4.97mPa·s。三个井组累计采油 22.45×10⁴t，累积注采比为 0.42，地质储量采出程度 11.1%，低于区块平均采出程度为 13.34%，综合含水率为 44.6%，高于全区综合含水率 33%。

2009 年 10 月优选柳 76-60 井组开展泡沫驱先导试验，累计注入 41090kg 的起泡剂和泡沫稳泡剂、泡沫液液量 7471m³、地下空气体积 9626m³，注入井压力提高显著，日注入量由 50m³ 下降到 20m³；主向井液量和含水率下降明显，三口侧向井柳 77-60 井、柳 77-61 井、柳 76-61 井也开始见效；对应 17 口井有 12 口见效，日增油 10.79t，见效幅度达到 70.6%。

7）文明寨油田明 15 块空气泡沫驱

明 15 块位于文明寨油田西南部，是明 15 断层与明 62 断层所夹持的垒块，构造相对简单，油藏埋藏较浅，油层单一，储层变化大，平均孔隙度为 23.2%，平均渗透率为 143.1mD，地层倾角为 5°～10°，主要含油层位沙二下$_{1-3}$，含油面积 2.03km，平均有效厚度为 5.3m，石油地质储量为 167.79×10⁴t，标定采收率 27.0%。试验区共实施空气泡沫驱 4 个井组，截至 2010 年 8 月底，年注入空气量 102.36×10⁴m³，累计注入空气 131.96×10⁴m³、活性液 16043m³、水 12261m³，对应油井见效 5 口，年增油 4067.3t，累计增油 4704.62t。

二、空气及空气泡沫驱油藏分类

总结归纳国内外文献报道的注空气及空气泡沫驱现场试验的油藏条件（表 1-4）。按技术类别分为以下两类。

1. 空气驱

注空气驱油技术对油藏的埋深、渗透率、油藏温度等参数并没有严格的上限界定，但就单纯注气驱技术本身的特性来讲，它只适合于低渗透油藏，统计现场试验实例储层渗透率在 0.3 ~ 20mD，地下原油黏度为 0.48 ~ 3.37mPa·s 而且储层的非均质性较弱，国内外开展过注空气试验的油藏，也出现过渗透率大于 70mD、原油黏度小于 130mPa·s 的油藏状况；油藏温度为 24 ~ 121℃，油藏埋深为 544 ~ 2896m。

综合分析空气驱的特点及限定条件：

（1）适合低渗透油藏提高采收率，地层原油黏度小于 5mPa·s 为宜，最终要依据物理模拟试验确定是否可行。

（2）油藏温度不做限定条件，温度越高，低温氧化反应效果越好。

（3）油藏埋深和油藏压力，油藏越深、油藏压力越高，对于地面工程和技术的经济可行性将产生不利因素，可能会造成无法匹配适合的空气压缩机，或因为空气压缩比太大而造成经济上不可行。

2. 空气泡沫驱

空气泡沫驱油技术的研究与试验主要在国内，主要原因是中国陆上沉积油藏储层非均质性严重，且大部分主力开发区已经进入高含水开发后期，亟待扩大波及体积、提高驱油效率的大幅度提高采收率技术，而空气泡沫驱技术的机理完善、提高采收率的幅度大，特别是对油藏温度和地层水矿化度没有特别限制，可在化学驱不能涉足的区域，即油藏温度 80 ~ 110℃ 范围内或更高温度的油藏条件下实施。

经过大量的文献调研并在总结国内空气泡沫驱矿场试验实施效果的基础上，建立了空气泡沫驱技术油藏筛选推荐标准（表 1-5）。

表 1-4　国内外空气驱、空气泡沫驱试验油藏条件对比表

技术类别	国家地区	油藏埋深（m）	油藏压力（MPa）	空气渗透率（mD）	原油黏度（mPa·s）	地层温度（℃）	原油密度（g/cm³）
空气驱	美国	2500 ~ 2896	24.8 ~ 28.4	2 ~ 20	0.48 ~ 2.06	110 ~ 121	0.8291 ~ 0.875
	中国	544 ~ 2250		0.3 ~ 3.5	2.13 ~ 3.37	24.8 ~ 72	
	参数均值	544 ~ 2896	24.8 ~ 28.4	0.3 ~ 20	0.48 ~ 3.37	24.8 ~ 121	
空气泡沫驱	参数均值	870 ~ 2250	小于 25	72 ~ 1568	5.24 ~ 130	49.5 ~ 89	

表 1-5　空气泡沫驱油藏参数筛选推荐标准

序号	油藏参数	国内外矿场试验油藏参数	推荐油藏参数筛选指标	备注
1	井距	—	>150	考虑气体的窜流
2	井网	—	五点，反九点	未见文献报道
3	岩性	砂岩	砂岩，碳酸盐岩，砂砾岩	
4	油层净厚（m）	5 ~ 14	>5	

续表

序号	油藏参数	国内外矿场试验油藏参数	推荐油藏参数筛选指标	备注
5	油藏埋深（m）	540 ~ 2896	＞500	
6	平均渗透率（mD）	0.3 ~ 1568	＞0.3	
7	渗透率变异系数	0.7 ~ 0.8	＞0.5	
8	温度（℃）	25 ~ 121	＞50	
9	油藏压力（MPa）	24.8 ~ 28.4		
10	地下原油黏度（mPa·s）	0.48 ~ 130	＜130	
11	原油相对密度（g/cm³）	0.8291 ~ 0.9655	＜0.98	

第二章 空气泡沫驱油机理实验

空气泡沫驱提高原油采收率，主要有以下三个方面的机理：一方面是利用起泡剂的活性成分降低油水界面张力，提高注入液的驱油效率；第二方面是利用泡沫在油藏多孔介质中渗流通过喉道所产生的贾敏效应，增加渗流阻力，提高油藏的驱动压差，扩大波及体积；第三个方面是空气与原油发生低温氧化反应，产生二氧化碳及热量，具有烟道气驱的作用。本书的第四章、第五章、第六章专门研究原油低温氧化反应机制对提高驱油效率的贡献。

第一节 空气泡沫基本特征

泡沫是气体分散在液体中的分散体系，其中气体为分散相、液体为连续相。一般来说，纯液体不会产生泡沫，在纯液体中产生的气泡相互接触或从液体中逸出时，就立即破裂。一般说来，纯水甚至纯的表面活性剂，由于表面和内部的均匀性，不可能形成弹性膜，所以其泡沫总是不稳定的。

泡沫是不溶性气体在外力作用下，进入到低表面张力的液体中，并被液体隔离所造成的。在液体泡沫中，液体薄膜（液体和气体的界面）起着重要的作用，仅有一个界面的称为气泡，具有多个界面的气泡聚集体则称为泡沫。

如果在液体内部吹一个气泡，有气泡就有了气液界面，有表面活性剂时，就会发生表面活性剂在界面的吸附作用。当气泡在液体内部时，这种界面吸附层就会对气泡与气泡的相撞和合并起阻碍作用；当气泡因浮力作用而升出液面时，由于气泡有内外两个气液界面，气泡膜上就会形成活性剂的双层吸附层，这种双层吸附层对气泡膜有保护作用。

能够稳定泡沫的原因有以下几点：（1）由于双吸附层的覆盖，气泡膜中的液体不易挥发，并且由于表面活性剂分子间的吸引力，使双吸附层具有一定的强度；（2）表面活性剂分子中的极性基在水中水化，使液膜中水的黏度增大，流动性变差，从而保持液膜具有一定的厚度而不易破裂；（3）表面活性剂分子中的亲油链之间吸引，会提高吸附层的机械强度；（4）对于离子型活性剂，其亲水基在水中电离而产生静电斥力，阻碍液膜变薄破裂，从而增加了泡沫的稳定性。

石油工程领域中应用的泡沫除了具有常规泡沫的特征外，还具有一些独特的性能，这些特有的性能都可以在多孔介质渗流过程中体现出来，在空气泡沫驱方案筛选起泡剂的过程中，需要一个基本的指标衡量尺度，为此，中国石油组织多个研究机构编制了空气泡沫驱起泡剂的技术规范，规范参数主要包括有水分含量、闪点、发泡率、析液半衰期、表面张力和界面张力等（表2-1）。

本节对空气泡沫的基本特征进行了归纳总结，具代表性的有8个方面的特征：（1）剪切发泡特征；（2）泡沫破灭再生特征；（3）泡沫增黏特征；（4）泡沫流变特征；（5）泡沫黏弹特征；（6）超低表/界面能特征；（7）油敏感特征；（8）油藏配伍特征。

表 2-1 泡沫驱用起泡剂的技术规范参数

项目		指标
水分含量（%）	固体起泡剂	<5.0
	液体或膏状起泡剂	<70.0
闪点（℃）		≥60.0
发泡率 ψ（%）		≥400.0
析液半衰期 $t_{1/2}$（s）		≥100.0
抗吸附性	发泡率 ψ（%）	≥390.0
	析液半衰期 $t_{1/2}$（s）	≥80.0
耐油性	发泡率 ψ（%）	≥350.0
	析液半衰期 $t_{1/2}$（s）	≥80.0
表面张力（mN/m）		≤30.0
界面张力（mN/m）		≤1.0

以大港油田常规油藏港东二区五断块空气泡沫驱为工程依托，开展了对空气泡沫 8 个方面特征的实验研究。

实验模拟港东二区五断块油藏条件：温度 65.7℃，地下原油黏度 58.7mPa·s，注入水矿化度 6150mg/L，注入水水质参数见表 2-2。

表 2-2 港东二区五地层水水质参数表

离子	K^++Na^+	Mg^{2+}	Ca^{2+}	Cl^-	SO_4^{2-}	HCO_3^-	总矿化度
离子含量 （mg/L）	1452	21	40	1401	12	3224	6150

一、剪切发泡特征

1. 起泡剂的发泡性能

用港东二区五断块现场注入水，配制一系列不同质量浓度（0.1%、0.3%、0.4%、0.5%和 0.7%）的起泡剂溶液各 100g，在室温条件下采用吴茵（WARING）搅拌器（转速约6500r/min）搅拌起泡剂溶液 1min 后，立即倒入 1000mL 的量筒中，用保鲜膜封住量筒口，开始计时，记录停止搅拌时泡沫的体积 V（即泡沫发泡体积，单位是 mL）以及从泡沫中析出 50mL 液体所需要的时间 $t_{1/2}$（即泡沫析液半衰期，简称半衰期，单位是 s）；用发泡率 $\psi=(V/100)\times100\%$ 表示发泡能力，用 $t_{1/2}$ 表示泡沫的稳定性，泡沫的发泡率和析液半衰期的测定误差为 ±5%，ψ 越大，表明起泡剂的发泡能力越强，$t_{1/2}$ 越大，表明泡沫的稳定性越好。实验结果见表 2-3。

表 2-3　不同起泡剂的发泡率数据表

浓度（%）	发泡率（%）			
	GFPA-1	GFPJ-1	GFPA-2	ODS-1
0.1	440	450	400	350
0.3	521	530	480	450
0.4	535	530	520	500
0.5	540	540	530	530
0.7	570	570	550	550

实验结果分析：（1）对于相同起泡剂，随着浓度增加，气液界面张力降低，发泡率增大，浓度达到 0.4% 后，浓度增大导致发泡率增加效果不明显。（2）相同浓度条件下，GFPA-1 与 GPFJ-1 体系的发泡率相差不大；GFPA-2 和 ODS-1 体系在低浓度下发泡性能稍差，浓度增大到 0.4% 后发泡率与另外两种体系接近，都能达到 400% 以上。

2. 泡沫的衰变特性

起泡剂经过高速剪切发泡后，在大气压条件下静止放置，泡沫会逐渐破灭，同时液体逐渐析出，泡沫半衰期和析液半衰期是评价泡沫稳定性的重要参数。

1）析液半衰期

对不同起泡剂体系在不同浓度条件下的析液半衰期数据进行分析：（1）随着浓度增加，气液界面张力降低，析液半衰期略有上升，但是总体来看，析液半衰期在 2.5 ~ 5.5min 之间；（2）对比四种不同发泡体系可发现，相同浓度条件下的析液半衰期基本相当，只是 ODS 体系相对较低。

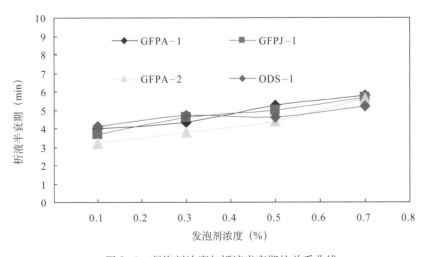

图 2-1　起泡剂浓度与析液半衰期的关系曲线

2）泡沫半衰期

实验结果表明：（1）相同浓度下 GFPA-2 的泡沫半衰期明显长于 GFPA-1、GFPJ-1 和 ODS-1 体系。（2）对于相同起泡剂体系，随着浓度增加，气液界面张力降低，体系泡沫半衰期提高，起泡剂浓度在达到 0.4% 以后，浓度继续增加，起泡剂体系的泡沫半衰期增幅减小。

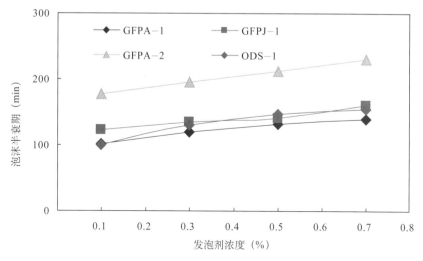

图 2-2　起泡剂浓度与泡沫半衰期的关系曲线

二、泡沫破灭再生特征

泡沫流体在多孔介质中并不是以整体形式流动的，在多孔介质的持续剪切作用下，气泡不断地破灭和再生，组成泡沫的气相和液相则以液膜破裂和再生成的方式在多孔介质中渗流。为了表征这种剪切作用对泡沫的再生性能的影响，实验采用吴茵搅拌器对同一起泡剂进行多次剪切，测量剪切后的发泡率及析液半衰期，以评价泡沫液的剪切在发泡性能。

用港东二区五断块现场注入水配制质量浓度为 0.4% 的起泡剂溶液 100g，在室温条件下采用吴茵搅拌器搅拌 2min 后，立即倒入 1000mL 的量筒中，用保鲜膜封住量筒口，开始计时，记录停止搅拌时泡沫的起泡体积和析液半衰期。然后将析出的 50mL 液体及未破灭的泡沫全部倒入吴茵搅拌器中，按以上步骤重复四次测试，测量不同剪切次数条件下的泡沫起泡体积析液半衰期，评价泡沫体系的破灭再生特征，实验结果如图 2-3 所示。

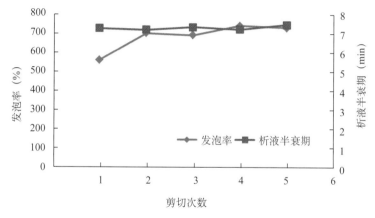

图 2-3　泡沫发泡率和析液半衰期与剪切次数关系曲线

实验结果分析：（1）随着剪切次数增加，起泡剂的发泡率增加，分析原因可能为第一次搅拌时起泡剂溶液中溶解的空气量相对较少，且搅拌过程中起泡剂溶液与环境中的空气接触有限，因此形成泡沫的发泡率仅为560%。而进行第二次搅拌起泡时，将析出的50mL起泡剂溶液倒入了搅拌器中，这部分溶液溶解了比第一次更多的空气，在搅拌时更易产生泡沫，同时，由于将第一次搅拌产生的未破灭泡沫倒入了搅拌器中，两部分泡沫量超过了第一次搅拌产生的泡沫量，从而导致了发泡率的增大。（2）随着剪切次数增加，实验测量的泡沫析液半衰期最低值和最高值分别为7.18min和7.45min，相差3.7%，泡沫析液半衰期变化不大，分析认为剪切次数对于泡沫稳定性影响不大，这主要是由于实验所用的起泡剂为小分子表面活性剂，其结构不会受到剪切作用的破坏，因此形成泡沫的稳定性变化不大。本实验证明了空气泡沫消泡后的溶液具有无限次的剪切再生功能，该功能表明了空气泡沫在油藏深部的消泡及连续再生性，只要有渗流速度泡沫就不会消失。

三、泡沫增黏特征

本节的第三、四、五部分实验研究采用的起泡剂型号均为JBT–Y，主要成分为烷基甜菜碱，有效含量为40%，稳泡剂为缔合聚合物AP–P3，实验用水为港东二区五断块注入污水，矿化度为4645mg/L。实验用主要仪器有HAAKE Rheostress 600型流变仪、LVDV–Ⅲ数字式黏度计、HAAKE K10恒温水浴、CP8210电子天平及吴茵搅拌器等。

1. 定浓搅拌泡沫增黏实验

1）实验程序

（1）实验描述

固定起泡剂浓度及搅拌时间，改变搅拌速度，优化产生稳定泡沫（即胶束泡沫）的最佳搅拌速度或搅拌速度区间。

（2）实验步骤

用现场注入水配制起泡剂浓度为0.4%的溶液，将起泡剂溶液100g加入吴茵搅拌器，分别以1000r/min、2000r/min、4000r/min、6000r/min、8000r/min、10000r/min、12000r/min的转速搅拌起泡剂溶液2min后，立即倒入1000mL的量筒中，计量起泡体积（计算出发泡率及泡沫特征值），即刻取20mL泡沫加入LVDV–Ⅲ数字式黏度计同轴圆筒内，在25℃的温度条件下以6r/min转速测量泡沫黏度，实验结果如图2–4、表1所示。

2）结果与讨论

（1）随着转速由1000r/min增加到2000r/min，发泡率由150%快速增长到450%，黏度由1.07mPa·s增至165mPa·s，转速增加到4000r/min时，发泡率达到550%，泡沫黏度增至197mPa·s，转速继续增加，发泡率的增加速率上升缓慢，为此确定第一临界转速为4000r/min。要得到相对稳定的泡沫，其与空气混合的搅拌转速不能低于4000r/min；当低于临界转速时，生成的泡沫结构不稳定，发泡率和黏度均很低。

（2）当转速在6000～8000r/min之间时，发泡率均大于600%，黏度达到最大值200mPa·s以上，表明这一转速区间为泡沫生成的拟平台区转速，该转速期间的泡沫体系结构最稳定（即已形成胶束泡沫），本结论在泡沫的流变性及黏弹特性实验中同样得到证实。

（3）转速继续增加至10000r/min、12000r/min时，发泡率和黏度均有规律地呈比例下降，发泡率降至 500%、400%，黏度降至 175.3mPa·s、84.3mPa·s。为此将 10000r/min 定义为第二临界转速，大于第二临界转速后，稳定的泡沫结构受到破坏，形成了不稳定的泡沫体系。

（4）泡沫中气体体积与泡沫总体积的比值称为泡沫特征值，当泡沫特征值超过 0.78 时，发泡率为 450%，泡沫的黏度达到 158mPa·s，当泡沫特征值达到 0.83 时（表 2—4），泡沫的黏度将大于 200mPa·s，要确保空气泡沫的高黏度，泡沫特征值不能小于 0.7。

综上所述，当转速为 8000r/min 时，泡沫体系的发泡率和黏度最高，所以在后续的研究工作中，选定 8000r/min 为实验转速。

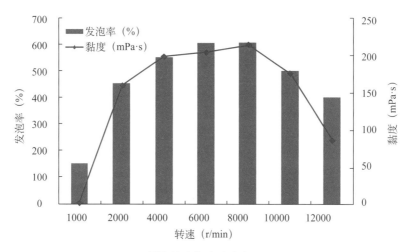

图 2—4 搅拌转速与泡沫黏度的关系曲线

表 2—4 转速与泡沫特征值及黏度的关系表

序号	转速（r/min）	发泡率（%）	泡沫特征值	黏度（mPa·s）
1	1000	150	0.33	1.07
2	2000	450	0.78	158.7
3	4000	550	0.82	197.1
4	6000	600	0.83	202.7
5	8000	600	0.83	213.3
6	10000	500	0.80	175.3
7	12000	400	0.75	84.3

注：泡沫特征值即泡沫中气体体积与泡沫总体积的比值。

2. 定速搅拌泡沫增黏实验

1）实验程序

（1）实验描述。

固定搅拌转速，改变发泡剂浓度，测定不同发泡剂浓度条件下的泡沫黏度，研究泡沫剂浓度对增黏性的影响，找出形成胶束泡沫的起泡剂浓度。

（2）实验步骤。

空气泡沫制备：用现场注入水，配制浓度分别为 0.02%、0.04%、0.06%、0.08%、0.16%、0.24%、0.32%、0.4%、0.6% 和 0.8% 的起泡剂溶液，取起泡剂溶液 100g 加入吴茵搅拌器，以转速 8000r/min 搅拌 2min 后立即倒入 1000mL 的量筒中，计量起泡体积，并计算出发泡率。

空气泡沫黏度测试：即刻取制备好的空气泡沫 20mL 加入 LVDV－Ⅲ数字式黏度计同轴圆筒内，在 25℃的温度条件下以转速 6r/min 测量泡沫黏度，实验结果如图 2-5、表 2-5 所示。

2）结果与讨论

（1）泡沫剂浓度由 0.02% 增至 0.08% 时，发泡率由 150% 快速增至 220%，黏度由 0mPa·s 快速增至 7.47mPa·s，泡沫体系的发泡率和黏度增长不大，表明浓度低于 0.08% 时，生成的泡沫结构不稳定，泡沫体系成泡率低，泡沫特征值仅为 0.33，但增黏特性初步体现。

（2）泡沫剂浓度由 0.08% 增至 0.4%，黏度由 7.47mPa·s 迅速增至 202.7mPa·s，泡沫特征值达到 0.83（表 2-5），发泡率快速增至 400%，将起泡剂浓度 0.4% 确定为临界胶束浓度，即溶液表面张力减至最小时对应的表面活性剂浓度，当起泡剂浓度小于临界胶束浓度时，泡沫的黏度随浓度的增加而显著增加。

（3）泡沫剂浓度大于 0.4% 临界胶束浓度后，每个气泡液膜内的表面活性剂分子的排列密度达到最大值，此时的液膜强度达到最大值，发泡率和黏度将不再继续增加。

综上所述，本实验证明空气泡沫体系存在一个临界胶束浓度，所以在本节后续的试验中，选定 0.4% 为发泡实验浓度，不同的泡沫剂的胶束浓度不同，在加入泡沫助剂或稳定剂后，泡沫剂的胶束浓度会随之降低，在空气泡沫驱的实际应用过程中，泡沫剂的胶束浓度越低，技术的经济效果越好，研究工作期望得到最低的泡沫胶束浓度。

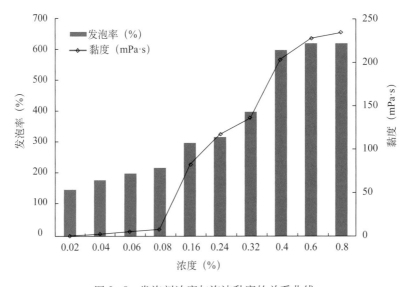

图 2-5　发泡剂浓度与泡沫黏度的关系曲线

表 2-5 浓度与泡沫特征值及黏度的关系表

序号	浓度（%）	发泡率（%）	泡沫特征值	黏度（mPa·s）
1	0.02	150	0.33	0
2	0.04	180	0.44	2.13
3	0.06	200	0.50	5.33
4	0.08	220	0.55	7.47
5	0.16	300	0.67	82.13
6	0.24	320	0.69	117.3
7	0.32	400	0.75	135.5
8	0.4	600	0.83	202.7
9	0.6	620	0.84	227.2
10	0.8	620	0.84	233.6

注：泡沫特征值即泡沫中气体体积与泡沫总体积的比值。

3. 搅拌时间增黏实验

1) 实验程序

(1) 实验描述。

固定泡沫剂浓度和搅拌转速，改变搅拌时间，在常温条件下测定不同搅拌时间下的发泡率和泡沫黏度，观察搅拌时间对空气泡沫成泡强度的影响，优化出最佳发泡搅拌时间。

(2) 实验步骤。

用现场注入水配制起泡剂浓度为 0.4% 的溶液，将起泡剂溶液 100g 加入吴茵搅拌器（转速为 8000r/min），搅拌时间分别确定在 5～240s 区间内，搅拌后立即倒入 1000mL 的量筒中，记录起泡体积并计算发泡率，并即刻取 20mL 泡沫在室温（25℃）条件下加入 LVDV- Ⅲ 数字式黏度计同轴圆筒内，以 6r/min 转速测量泡沫黏度，实验结果如图 2-6 所示。

2) 结果与讨论

(1) 搅拌发泡时间位于 5～20s 区间时，随着搅拌发泡时间的增加，发泡率和黏度快速增大，发泡率由 300% 快速增长到 600%，黏度由 5.33mPa·s 快速增长至 200.5mPa·s，搅拌时间继续增加，发泡率和黏度增加不大，为此确定第一临界搅拌时间为 20s。要得到相对稳定的泡沫，搅拌时间不能低于 20s；当低于临界搅拌时间时，生成的泡沫结构不稳定，发泡率和黏度均很低。

(2) 搅拌发泡时间位于 30～240s 区间时，随着搅拌发泡时间的增长，发泡率没有明显变化，表明搅拌发泡时间对发泡率影响不大。搅拌发泡时间位于 90～120s 区间时，形成的泡沫细腻均匀，泡沫稳定性强。起泡剂溶液的黏度明显偏高，表明搅拌时间在 90～120s 区间，是在泡沫胶束浓度条件下，形成胶束泡沫的第二个充分必要条件。

综上所述，搅拌发泡时间为 120s 时，所以在后续的试验中，选定 120s 为实验搅拌发泡时间。

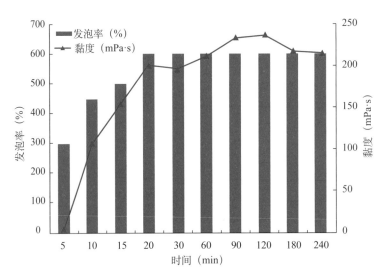

图 2-6　搅拌时间与泡沫黏度的关系曲线

　　泡沫的产生需要具备一定条件，首先是气液两相互相接触，其次是气体与液体必须连续且充分地接触，才有可能产生泡沫，这是泡沫产生的必要条件但并非充分条件。充分条件是发泡速度高于破泡速度，它决定了泡的寿命，无论向纯净的水中如何充气，也不可能得到泡沫而只能出现单泡，因为纯水产生的泡的寿命大约在 0.5s 之内，浮出水面后只能瞬间存在，因此不可能得到稳定的泡沫。

　　要想得到稳定的泡沫，就必须在水中加入少量的起泡剂。一般条件下形成的泡沫并不稳定，只有"胶束泡沫"才真正具备实际应用的条件。通过以上三项实验，确定了形成胶束泡沫必备的三要素，即起泡剂浓度、搅拌速度、搅拌时间，这三要素构成了形成胶束泡沫的充分必要条件。

四、空气泡沫流变特征

1. 剪切速率对流变特性的影响

1）泡沫流变性实验

（1）空气泡沫制备。

用现场注入水配制起泡剂浓度为 0.4% 的溶液，取起泡剂溶液 100g 加入吴茵搅拌器，搅拌时间 2min，分别以 2000r/min、8000r/min、12000r/min 的转速搅拌制备三种空气泡沫，不同转速得到的空气泡沫性能不同。

（2）流变性测定模式。

空气泡沫是在转速为 2000 ~ 12000r/min 的条件下生成，泡沫生成后静止放置即开始衰变，析液半衰期一般为 2.5 ~ 5.5min，如果流变性的剪切速率从 $0.01s^{-1}$ 开始测定，泡沫样品在装入流变仪测量筒开始测定后即可开始衰变，所测定出的流变性参数则不是泡沫的真实值，为了真实地测定泡沫液的流变特性，本实验采用两种测定模式：一是正向剪切，即剪切速率起始由低到高，剪切速率区间为 $0.01 ~ 1000s^{-1}$；二是反向剪切，即剪切速率起始由高到低，剪切速率区间为 $1000 ~ 0.01s^{-1}$。

每个样品均在吴茵搅拌器高速搅拌生成泡沫液后，立即装入 HAAKE Rheostress 600 型流变仪恒温（25℃）同轴圆筒内，以正向或反向剪切模式测定泡沫液的流变曲线，实验结果如图 2-7 所示。

2）实验结果与讨论

（1）2000r/min 转速条件下生成泡沫的流变特性。

黏度与剪切速率的关系曲线如图 2-7（a）所示，在此转速条件下生成的泡沫量小且泡沫不稳定，泡沫衰变的速度快。当剪切速率为 $0.01 \sim 0.1s^{-1}$ 时，随着剪切速率的增大，黏度曲线呈现出先上升再下降的趋势，线性波动大，正向剪切和反向剪切的曲线基本吻合，表现出剪切变稀的特征；当剪切速率为 $0.1 \sim 10s^{-1}$ 时，泡沫体系成泡率降低，泡沫强度稳定性变差，反向剪切低于正向剪切时的黏度，且差值较大；当剪切速率为 $10 \sim 100s^{-1}$ 时，随着剪切速率的增大，黏度缓慢下降，黏度曲线正向剪切与反向剪切基本吻合，说明此阶段泡沫强度稳定性增强；当剪切速率为 $100 \sim 1000s^{-1}$ 时，黏度随着剪切速率的增大逐渐上升，黏度曲线正向剪切与反向剪切时基本吻合，表明发生了二次发泡，此阶段泡沫强度增加。

应力变化曲线如图 2-7（a）所示，正向剪切当剪切速率为 $0.01 \sim 10s^{-1}$ 时，随着剪切速率的增大，应力缓慢上升，线形波动极不稳定，当剪切速率超过 $10s^{-1}$ 以后，剪切应力快速上升，最大达到 2.67 Pa。反向剪切当剪切速率为 $10 \sim 1000s^{-1}$ 时，剪切应力快速下降，正向剪切与反向剪切的应力基本重合，当剪切速率低于 $10s^{-1}$ 以后，应力曲线缓慢下降，反向剪切的应力曲线在此区间波动比较大，表明泡沫稳定性比较差。

（2）8000r/min 转速条件下生成泡沫的流变特性。

黏度与剪切速率的关系曲线如图 2-7（b）所示，该转速条件下生成的泡沫细腻均匀，泡沫体系中产生的气泡都是均匀的小气泡，气泡尺寸较小时，气泡的强度和弹性较好，受剪时不易变形，表现出液膜强度高且泡沫稳定的特点。剪切速率为 $0.01 \sim 0.1s^{-1}$ 时，正向剪切高于反向剪切时的黏度，剪切速率大于 $0.1s^{-1}$，泡沫体系黏度正反向剪切曲线基本重合，正反向剪切对体系黏度无影响，黏度随剪切速率增加而缓慢下降。当剪切速率大于 $445.6s^{-1}$，黏度曲线开始分叉，反向剪切高于正向剪切时的黏度。不同剪切速率条件下的黏度曲线均表现出剪切变稀特征，证实空气泡沫属于假塑性流体。该实验同时表明此搅拌转速下生成的泡沫强度大且稳定。

剪切应力变化曲线如图 2-7（b）所示，当剪切速率小于 $0.1s^{-1}$ 或大于 $445s^{-1}$ 时，应力曲线分叉，剪切速率小于 $0.1s^{-1}$ 时，正向剪切高于反向剪切时的应力，剪切速率大于 $445s^{-1}$，反向剪切高于正向剪切时的应力；剪切速率大于 $0.1s^{-1}$ 小于 $445s^{-1}$，正反向剪切应力曲线基本重合，应力随剪切速率的增加而缓慢上升。

（3）12000r/min 转速条件下生成的泡沫液的流变特性。

黏度与剪切速率的关系曲线如图 2-7（c）所示，在此搅拌转速条件下生成的泡沫，因搅拌速度过快，泡沫整体不均匀，表层的大气泡液膜强度低，受剪切时极易变形甚至消泡，使泡沫整体稳定性下降。当剪切速率为 $0.01 \sim 2s^{-1}$ 时，正向剪切黏度高于反向剪切的黏度，当剪切速率为 $2 \sim 1000s^{-1}$ 时，反向剪切的黏度高于正向剪切时黏度，该实验现象表明，12000r/min 的搅拌速度已经将胶束泡沫打破，就形成正反测试泡沫黏度的较大差异，为此，生成稳定的胶束泡沫需要适合的搅拌转速和泡沫剂浓度，两个条件的任意一个不满足，则不能形成稳定的胶束泡沫。

剪切应力变化曲线如图 2-7 (c) 所示，当剪切速率为 $0.01 \sim 2s^{-1}$ 时，正向剪切高于反向剪切的应力，当剪切速率为 $2 \sim 1000s^{-1}$ 时，反向剪切高于正向剪切时应力。正向剪切与反向剪切的应力曲线只有交叉点，没有重合，表明搅拌转速太快，形成的泡沫极不稳定。

（4）剪切速率与黏度的关系。

其曲线如图 2-7 (d) 所示，不同强度泡沫的流变曲线显示，红色和绿色曲线分别为搅拌转速 2000r/min 和 12000r/min 生成泡沫的流变曲线，线形波动极不稳定，且在尾部曲线上翘，这两种泡沫类型均为非稳定的假塑性泡沫流体；蓝色曲线为搅拌速度 8000r/min 生成泡沫的流变曲线，该曲线正反向测试完全重合，黏度随剪切速率的增加而降低，体现了典型的假塑性流体特征。通过该实验分析，证实空气泡沫的胶束黏度为 0.4%，胶束泡沫搅拌速度为 8000r/min。

2. 发泡剂浓度对流变特性的影响

1）泡沫流变性测定实验

（1）空气泡沫制备。

用现场注入水配制浓度分别为 0.04%、0.1%、0.4% 的起泡剂溶液，取起泡剂溶液 100g 加入吴茵搅拌器，以转速 8000r/min 搅拌 2min 泡沫液样品。

（2）流变性测定模式。

空气泡沫是在浓度为 0.04% ~ 0.4% 条件下生成的，泡沫生成后静止放置即开始衰变，析液半衰期一般为 2.5 ~ 5.5min，如果流变性的剪切速率从 $0.01s^{-1}$ 开始测定，考虑到空气泡沫在装入流变仪测量筒后就开始衰变，在稳态流变测试过程中，泡沫在高速剪切条件下既存在消泡作用，同时又存在泡沫的剪切再生作用，所以，同轴圆筒中是泡沫体系的消泡和再生的平衡过程，这个平衡过程与剪切速率呈正相关。由于泡沫在同轴圆筒中是一个开放的体系，泡沫的表面与空气接触，为真实地测定泡沫液的流变特性，实验采用两种测定模式：一是正向剪切，即剪切速率起始由低到高，剪切速率区间为 $0.01 \sim 1000s^{-1}$；二是反向剪切，即剪切速率起始由高到低，剪切速率区间为 $1000 \sim 0.01s^{-1}$。

将制备好的空气泡沫即刻装入 HAAKE Rhcostress 600 型流变仪同轴圆筒内，在恒温条件（25℃）下进行稳态流变实验，实验结果如图 2-8 所示。

2）结果与讨论

（1）浓度为 0.04% 时的泡沫液的流变特性：泡沫溶液浓度低，泡沫体系成泡率低，泡沫强度差。当剪切速率为 $0.01 \sim 0.1s^{-1}$ 时，随着剪切速率的增大，黏度曲线呈先上升再下降的趋势，正向剪切和反向剪切基本吻合，表现出剪切变稀的特征；应力曲线的变化趋势也是先上升再下降，正向剪切和反向剪切基本吻合。当剪切速率为 $0.1 \sim 10s^{-1}$ 时，正向剪切与反向剪切时的黏度曲线上下交替，表明泡沫体系不稳定。应力曲线线形波动极不稳定，呈先上升再下降的趋势。当剪切速率为 $10 \sim 110s^{-1}$ 时，随着剪切速率的增大，黏度缓慢上升，黏度曲线正向剪切与反向剪切时基本吻合，表明此阶段泡沫强度稳定性变好；当剪切速率超过 $10s^{-1}$ 时，应力曲线随着剪切速率的增大，应力缓慢上升，正向剪切和反向剪切基本吻合。当剪切速率为 $100 \sim 1000s^{-1}$ 时，随着剪切速率的增大，黏度逐渐上升，黏度曲线正向剪切与反向剪切时基本吻合。应力曲线正向剪切与反向剪切时基本吻合，当剪切速率超过 $197s^{-1}$ 时，应力快速增大；表明发生了二次发泡，此阶段泡沫强度加强了。

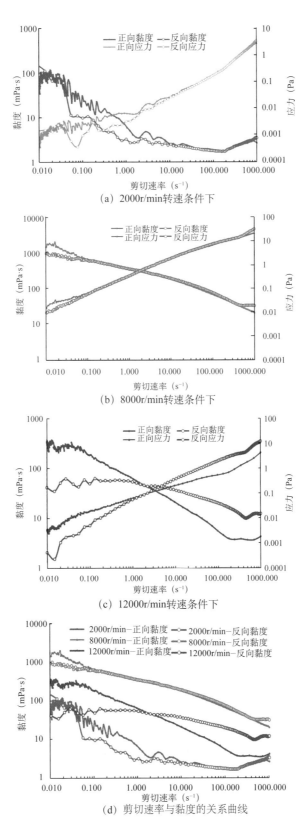

(a) 2000r/min转速条件下

(b) 8000r/min转速条件下

(c) 12000r/min转速条件下

(d) 剪切速率与黏度的关系曲线

图 2-7 搅拌速度与泡沫流变特性关系曲线

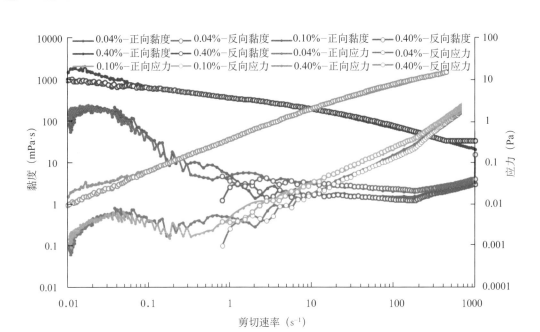

图 2-8　不同浓度下正反向剪切流变特性曲线

（2）浓度为 0.1% 时的泡沫液的流变特性：当剪切速率为 0.01 ~ 0.1s⁻¹ 时，正向剪切随着剪切速率的增大，流变曲线呈先上升再下降的趋势，正向剪切高于反向剪切的黏度；应力曲线也呈先上升再下降的变化趋势，正向剪切和反向剪切基本吻合。当剪切速率为 0.1 ~ 10s⁻¹ 时，正向剪切与反向剪切时的黏度曲线上下交。应力曲线线形波动极不稳定，曲线呈先上升再下降的趋势；说明泡沫体系不稳定。当剪切速率为 10 ~ 110s⁻¹ 时，随着剪切速率的增大，黏度缓慢下降，黏度曲线正向剪切与反向剪切时基本吻合。当剪切速率超过 10s⁻¹ 时，应力曲线随着剪切速率的增大，应力缓慢上升，正向剪切和反向剪切基本吻合。说明此阶段泡沫强度稳定性变好；当剪切速率为 100 ~ 1000s⁻¹ 时，随着剪切速率的增大，黏度逐渐上升，流变曲线正向剪切与反向剪切时基本吻合，表明发生了二次发泡，此阶段泡沫强度有所加强。该浓度的泡沫体系正反向剪切黏度要略高于浓度为 0.04% 时的黏度。应力曲线正向剪切与反向剪切时基本吻合，当剪切速率超过 197s⁻¹ 时，应力快速增大。

（3）浓度为 0.4% 时的泡沫液的流变特性：体系发出的泡沫细腻均匀，发泡率高且强度稳定性好，体系黏度远高于 0.04% 和 0.1% 时的黏度；随着剪切速率的增大，黏度曲线均表现出随剪切速率减小而黏度增加，泡沫体系黏度正反向剪切曲线重合，表明 0.4% 的泡沫已经形成稳定的泡沫体系，强度大且稳定，正、反向剪切对体系黏度无影响；应力曲线当剪切速率为 0.01 ~ 0.1s⁻¹ 时，正向剪切高于反向剪切时的应力。当剪切速率超过 0.1s⁻¹ 以后，正反向剪切应力曲线基本重合。应力随剪切速率变化应力缓慢上升。当剪切速率超过 446s⁻¹ 以后，应力曲线开始分叉，反向剪切高于正向剪切时的应力，剪切应力上升到最大值 32Pa。

综上所述，当浓度为 0.4% 时的泡沫体系发出的泡沫细腻均匀，发泡率高且强度稳定性好，0.4% 是泡沫体系的最佳浓度点，与定速剪切泡沫增黏实验的结论是一致的。

五、空气泡沫黏弹特征

1. 空气泡沫应力振幅扫描实验

1）实验程序

用现场注入水配制起泡剂浓度为 0.4% 的溶液，将起泡剂溶液 100g 加入吴茵搅拌器，以 8000r/min 的转速搅拌 2min 生成泡沫液后，立即装入 HAAKE Rheostress 600 型流变仪恒温（25℃）平行板测量头上，将频率固定于 1Hz，施加 0.01～100Pa 应力进行应力振幅扫描，确定线性黏弹区域，实验结果如图 2-9 所示。

2）结果与讨论

空气泡沫应力振幅扫描实验曲线并不像聚合物溶液那样有明显的线性黏弹区域，复合模量 G^* 随着应力的增大，先是快速下降，随后缓慢下降。表明空气泡沫在应力的作用下分子内部的结构遭到破坏，当应力大于 12Pa 时，空气泡沫的结构趋于稳定，随着应力的增大，复合模量 G^* 变化不大。

（1）非线性黏弹区域。

在应力位于 0.01～11.81Pa 区间时，复合模量 G^* 由 1.8Pa 快速下降到 0.29Pa，这个区间属于非线性黏弹区域，泡沫在低应力下发生消泡反应，分子或聚集体内部的瞬时键遭到破坏，施加的能量大部分变成热量而不可逆地被损耗掉。

（2）拟线性黏弹区域。

拟线性黏弹区域可限定为复合模量 G^* 比较恒定的振幅区域内。在应力位于 12～63Pa 区间时，随着应力的增加，复合模量 G^* 基本保持恒定，表明这个区间为拟线性黏弹区域。在此区域内泡沫强度比较稳定，为了确保实验的覆盖面广，确定剪切应力分别为 1Pa、10Pa、30Pa、45Pa 进行下一步频率扫描振荡实验，测试样品的黏弹特性。

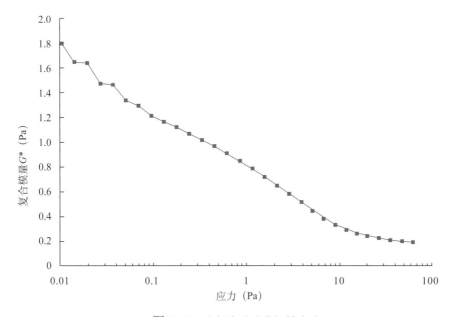

图 2-9　空气泡沫应力扫描实验

2. 空气泡沫动态振荡实验

1）实验程序

用港东二区四五断块现场注入水，配制 0.4% 起泡剂溶液 100g，将起泡剂溶液 100g 加入吴茵搅拌器以 8000r/min 的转速搅拌 2min 生成泡沫液后，立即装入 HAAKE Rheostress 600 型流变仪恒温（25℃）平行板测量头上，分别在 1Pa、10Pa、30Pa、45Pa 的应力条件下以 0.1 ～ 100Hz 的频率进行振荡扫描，为了实验结果便于比较，把 0.1 ～ 100Hz 换算成角速度则是 0.63 ～ 464rad/s，换算关系为角速度 $\omega = 2\pi f$。实验结果如图 2-10 所示。

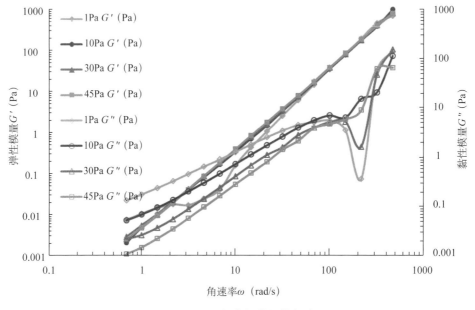

图 2-10 频率振荡扫描实验

2）结果与讨论

（1）弹性模量 G'、黏性模量 G'' 与角速度的关系。

①弹性模量 G'。

实验结果表明，分别在 10Pa、30Pa、45Pa 应力条件下的弹性模量 G' 的线形基本重合，表明分别在 10Pa、30Pa、45Pa 应力条件下的弹性特性基本一致。弹性模量 G' 不断上升，表明随着角速度的增加，泡沫弹性快速增大。1Pa 应力条件下的弹性模量 G' 在角速度 2.15 ～ 46rad/s 的区间内偏离其线形，表明低应力条件下，泡沫强度不稳定，弹性成分比较弱，弹性随着角速度的增加逐渐增大。

②黏性模量 G''。

黏性模量 G'' 在低频区是呈发散状的，黏性模量 G'' 线形从小到大（1Pa＞10Pa＞30Pa＞45Pa）依次排列。随着角速度的增加，黏性模量 G'' 不断增大，当角速度增至 147rad/s 时汇聚在一起再发散的过程。表明角速度增大到一定程度，泡沫的黏性成分不稳定。随着剪切速率增加，体系发泡率增加，泡沫间弹性作用增强，弹性模量超过黏性模量。

（3）复合模量 G^*、相移角与角速度的关系。

图2−11为复合模量 G^*、相移角与角速度的关系曲线。

①复合模量 G^*。

复合模量 G^* 代表泡沫物质反抗施加应变的总阻力，表达式为 $G^*=\tau_0/\gamma_0$（式中 τ_0 为应力振幅，γ_0 为应变振幅），施加应变产生同步的应力响应为弹性。随着角速度的逐渐增加，泡沫的应变总阻力逐渐增大，表明泡沫由黏性优势转化为弹性优势。四种应力条件下的复合模量 G^* 在低频区呈发散状，复合模量 G^* 线形从大到小（1Pa＞10Pa＞30Pa＞45Pa）依次排列。当角速度增大到32rad/s时，复合模量 G^* 汇聚到一点后，四条线重合，随着角速度的增加，复合模量 G^* 增大，在高频区四种应力条件下的弹性特性一致。

②相移角。

相移角是应力响应与应变响应相位相差的角度。相移角 δ 为0°时为纯弹性，即施加应变产生同步的应力相应，相移角 δ 为90°时为纯黏性，即施加应变与应力响应相差90°；相移角 δ 在 $0°<\delta<90°$ 范围之内为黏弹性。

在角速度为0.7rad/s时，四个应力测试条件的相移角 δ 基本相同。汇聚到一点83°，随着角速度的增加，曲线簇慢慢发散，相移角从大到小（1Pa＞10Pa＞30Pa＞45Pa）依次排列，当角速度增加到100rad/s时，相移角 δ 再次由发散状汇聚到一点7°，而这一点也正好和复合模量 G^* 相交。当角速度增加到215rad/s时，相移角 δ 降至最低随着角速度的逐渐增加表现为纯弹性状态，随后相移角 δ 线形又急剧上升，其中线形下降最剧烈的是1Pa，其次是30Pa，再次是45Pa。相移角 δ 由大到小变化，表明泡沫液由黏性为主变为弹性为主。在低剪切应力1Pa条件下，随着角速度的逐渐增加，复合模量 G^* 与相移角 δ 变化不大，在高剪切应力条件下，角速度的逐渐增加，相移角快速下降，泡沫表现出向弹性状态转化，相移角小于1°后，接近纯弹性物质。

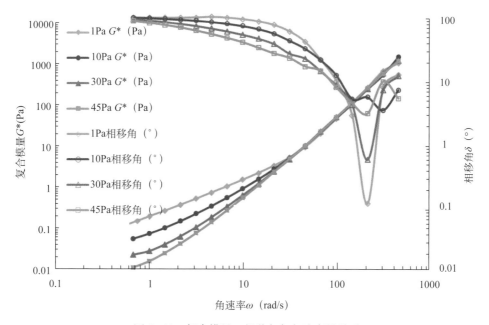

图2−11 复合模量、相移角与角速度的关系

（4）黏弹性与角速度的关系。

泡沫的黏弹性可用弹性模量与黏性模量的比值 M 来评价，其表达式为 $M=G'/G''$，当 $M<1$ 时，以黏性特征为主；当 $M>1$ 时，以弹性特征为主。通过 M 与角速度的关系曲线，可以表达泡沫溶液的黏弹性特征。

图 2-12 为不同应力条件下的 M 与角速度的关系曲线。将 $M=1$ 时的角速度定义为黏弹性临界角速度，不同应力下的临界角速度不同，1Pa 应力的临界角速度为 32rad/s，10Pa 应力的临界角速度为 22rad/s，30Pa 应力的临界角速度为 10rad/s，45Pa 应力的临界角速度为 4.64rad/s，应力增加，临界角速度降低，在 $M<1$ 的红线区域，泡沫以黏性特征为主；在红线区域以外 $M>1$，泡沫以弹性特征为主。

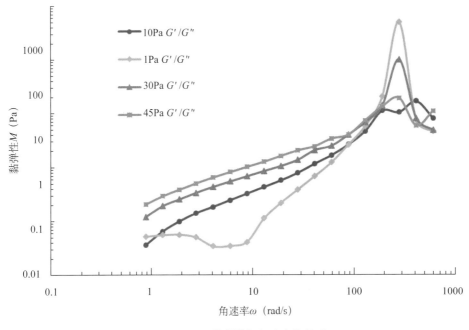

图 2-12　黏弹性与角速率的关系

（5）复合黏度 $\eta*$ 与角速度的关系。

复合黏度 $\eta*$ 代表泡沫物质对动态剪切的总阻抗，表达式为 $\eta*=G*/\omega$（$G*$ 为复合模量，ω 为角速度）。

图 2-13 为复合黏度 $\eta*$ 与角速度的关系。复合黏度 $\eta*$ 在低频区间（0.7 ~ 32rad/s），施加应力的复合黏度曲线趋势不同，应力为 1Pa 的线形略有下降，应力为 10Pa 的线形基本保持平稳，应力为 30Pa 的线形先下降后在缓慢上升，应力为 45Pa 的线形缓慢上升。在低频区以复合黏度 125mPa·s 汇聚点向左发散，复合黏度从高到低排列顺序为 1Pa＞10Pa＞30Pa＞45Pa。

当角速度增大到 32rad/s 的高频区，四个应力的复合黏度 $\eta*$ 曲线汇聚到 125mPa·s 处，随着角速度的增加，复合黏度 $\eta*$ 呈线性增大，四个应力的复合黏度曲线基本重合。

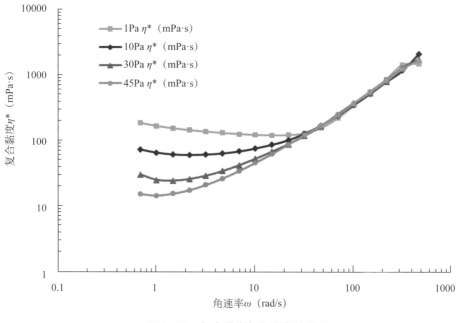

图 2-13 复合黏度与角速率的关系

六、超低表 / 界面能特征

配制浓度分别为 0.1%、0.3%、0.4%、0.5% 和 0.7% 的 GFPA-1、GFPA-2、GFPJ-1 和 ODS-1 四种起泡剂体系各 100g，按照标准 GB/T 22237—2008 中 7.2 节的测定方法，在 65℃ 的温度条件下测定不同体系的表面张力；按照标准 SY/T 6424—2000 中第 4 章的测定方法，测定起泡剂溶液与港东脱水原油间的界面张力，实验结果如图 2-14 和图 2-15 所示。

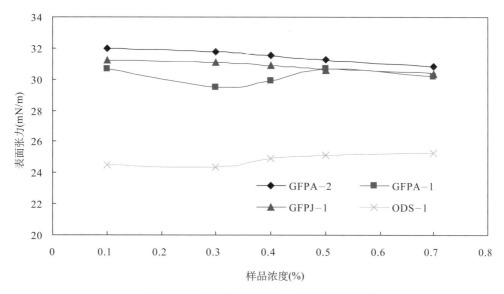

图 2-14 起泡剂浓度与表面张力的关系曲线

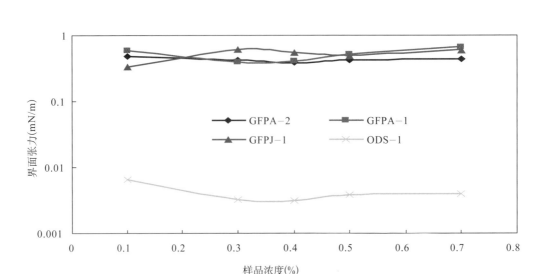

图 2-15　起泡剂浓度与油水界面张力的关系曲线

实验结果分析：（1）评价的四种起泡剂体系与空气的界面能降低，起泡剂浓度对体系表面张力影响不大，GFPA-1、GFPA-2 和 GFPJ-1 三种体系的表面张力都在 30mN/m 左右，ODS-1 起泡剂体系的表面张力达到 25mN/m 左右，四种体系的表面张力比纯水的表面张力降低了一倍。（2）起泡剂体系具有降低油水界面张力的性能，GFPA-1、GFPA-2 和 GFPJ-1 三种体系的溶液与原油间的界面张力在 10^{-1}mN/m 数量级，起泡剂浓度升高对界面张力的变化影响不大，ODS-1 溶液与原油间的界面张力在 10^{-3}mN/m 数量级，达到了化学驱所要求的超低界面张力水平。

七、油敏感特征

使用港东油田注入水配制浓度为 0.4% 的 GFPA-1、GFPJ-1、GFPA-2 和 ODS-1 起泡剂体系各 100g，在相同起泡剂体系溶液中分别加入 0mL、1mL、2mL 和 4mL 港东油出脱水原油，在室温条件下使用吴茵搅拌器以 6500r/min 的转速搅拌起泡剂体系溶液 1min，测定不同体系发泡率、析液半衰期和泡沫半衰期。

1. 原油加量对发泡率的影响

图 2-16 为原油加量对发泡率影响的实验曲线图，由于原油的消泡作用，随着原油加量的增加，GFPA-1、GFPJ-1 和 GFPA-2 三种起泡剂的发泡率均降低，原油加量达到 4mL 时，三种体系的发泡率分别降为 300%、310% 和 270%，比未加原油时下降了 200% 左右。原油加量对 ODS-1 起泡剂的发泡率影响最大。由此可见，原油的加入极大地降低了泡沫体系的发泡率。

2. 原油加量对析液半衰期和泡沫半衰期的影响

泡沫析液半衰期和泡沫半衰期与原油加量的关系曲线分别如图 2-17 和图 2-18 所示，实验结果表明：（1）由于原油的消泡作用，原油的加入使泡沫的析液半衰期和泡沫半衰期均降低；（2）随着原油加量的增加，泡沫的析液半衰期和泡沫半衰期均减小。

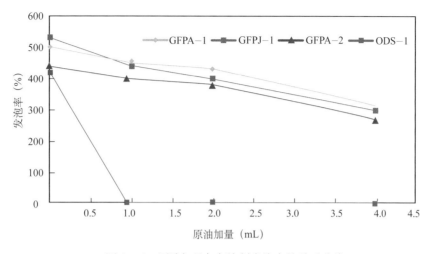

图2-16　原油加量与起泡剂发泡率的关系曲线

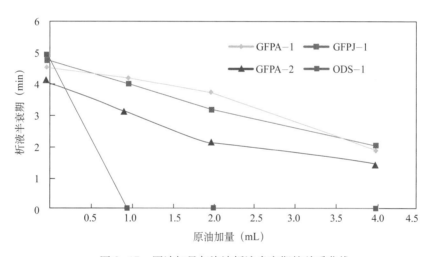

图2-17　原油加量与泡沫析液半衰期的关系曲线

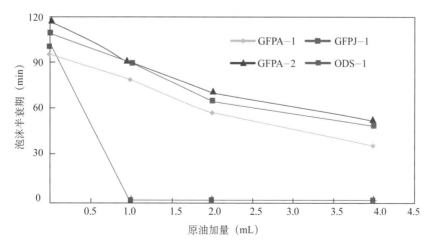

图2-18　原油加量与泡沫半衰期的关系曲线

3. 起泡剂浓度对发泡性能的影响

配制不同浓度起泡剂溶液，分别加入 2mL 油后测定泡沫的发泡率、泡沫半衰期和析液半衰期，实验结果如图 2—19 所示。

实验结果表明：（1）随着起泡剂溶液浓度的增加，泡沫体系的发泡率增大，浓度为 0.1% 的起泡剂体系在加入 2mL 油后基本没有发泡，当浓度增大到 0.3% 后，油的存在对体系发泡率的降低作用减弱；（2）对比不同体系的实验结果可见，ODS-1 体系的耐油性能最差，含油则不能发泡。

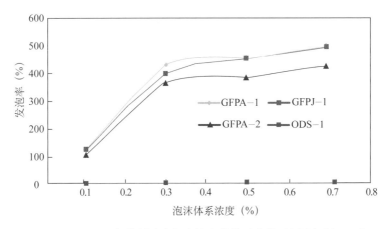

图 2—19　起泡剂浓度与发泡率的关系曲线（原油加量 2mL）

4. 起泡剂浓度对析液半衰期和泡沫半衰期的影响

向不同浓度起泡剂溶液中加入 2mL 油后的析液半衰期和泡沫半衰期如图 2—20 和图 2—21 所示，实验结果表明：（1）随着起泡剂溶液浓度的增加，体系的析液半衰期和泡沫半衰期增大，浓度为 0.1% 的泡沫体系加入原油后析液半衰期和泡沫半衰期的降低作用最显著，当起泡剂浓度由 0.3% 增大到 0.7%，析液半衰期略有增加；（2）对比不同体系的实验结果可见，ODS-1 体系的耐油性能最差。

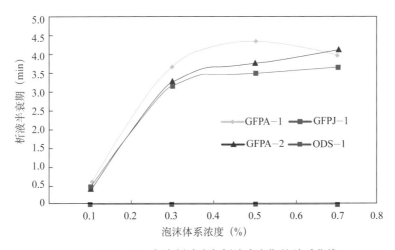

图 2—20　起泡剂浓度与析液半衰期的关系曲线

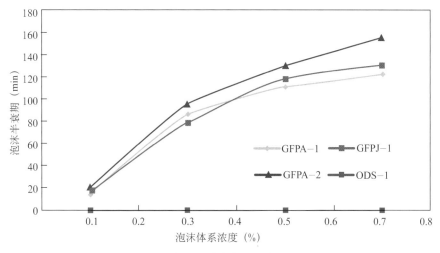

图2-21 起泡剂浓度与泡沫半衰期的关系曲线

八、油藏配伍特征

1.耐温抗盐性

由于泡沫体系的性能对温度、矿化度敏感，在高温、高盐的油藏条件下，普通泡沫体系通常难以发挥良好的泡沫性能。以官15-2油藏条件为依托，温度89℃，地层水矿化度21452mg/L，开展耐温、抗盐起泡剂的评价实验研究。

1）高温发泡性能

用官15-2注入水分别配制浓度为0.3%和0.4%的不同起泡剂溶液，取200mL起泡剂溶液预热至油藏温度89℃，然后用Waring Blender恒速搅拌器以4000r/min的剪切速率搅拌起泡剂体系1min；将生成的泡沫倒入置于恒温箱（恒温89℃）的量筒中，记录泡沫体系的发泡率和泡沫析液半衰期，实验结果如图2-22和图2-23所示。

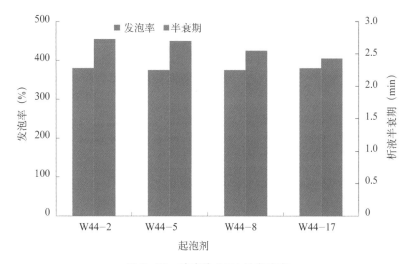

图2-22 浓度为0.3%的发泡率

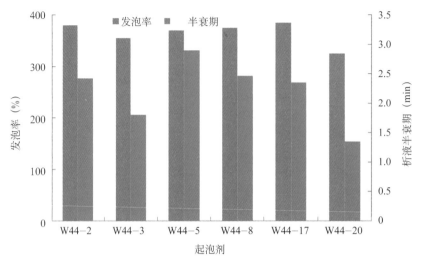

图 2-23　浓度为 0.4% 的发泡率

实验结果分析：（1）起泡剂浓度为 0.4% 时，W44-2、W44-5、W44-8 和 W44-17 四种起泡剂均表现出较好的泡沫性能，将起泡剂浓度降至 0.3% 时，四者的泡沫性能变化不大，且前三者的发泡率均高于 350%，析液半衰期均超过 2.5min；（2）实验过程中发现，并非起泡剂浓度越高，泡沫稳定性越强，例如当起泡剂 W44-2 浓度从 0.3% 增大到 0.4% 时，其析液半衰期反而降低了 20s，分析认为这主要是由于起泡剂浓度增加到一定程度时，其分子在气液界面排列的无序度增加，致使密度降低，造成泡沫液膜强度减弱、稳定性降低。

2）高温泡沫稳定性

以泡沫性能较好的 W44-2、W44-5、W44-8 为主剂，与各种起泡剂复配（复配比例 2：1，总浓度 0.3%），在 89℃ 的温度条件下测试复配体系的泡沫性能。

根据表面活性剂协同作用原理，将不同起泡剂复配可以达到增效或取得单一起泡剂无法取得的效果。阴非离子型起泡剂和两性离子型起泡剂除含有阴离子基团外，还分别含有非离子基团和阳离子基团，将其与阴离子型表面活性剂复配，可使表面活性剂分子通过氢键、范德华力（两性离子型可通过静电引力）等作用更紧密地吸附在气液界面上，一方面降低了体系的界面张力，另一方面可增加泡沫的液膜强度，从而发挥出更好的泡沫性能。

由图 2-24 和图 2-25 可见，起泡剂总浓度为 0.3% 时，以 2：1 复配的 2+5 体系、8+5 体系和 5+8 体系显示出更好的泡沫性能，泡沫析液半衰期均在 3min 左右。

3）热—盐稳定性

将起泡剂体系 0.2%W44-2+0.1%W44-5 和 0.2%W44-8+0.1%W44-5 分别与 0.1% 的稳泡剂 WP1、WP4、WP9 复配，然后放入 89℃ 恒温箱中老化，定期取出并测定其泡沫性能。

泡沫体系的热盐稳定性主要表现为体系中的表面活性剂和稳泡剂在高温高盐环境长期作用下的抗老化能力。如果表面活性剂在老化过程中变性则会使体系的起泡能力变差，若稳泡剂在老化过程中发生降解、断链则会使泡沫体系的稳定性降低。

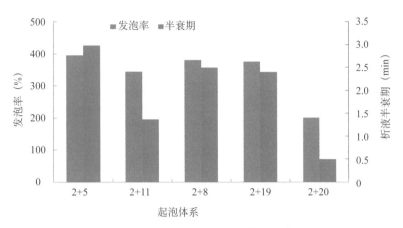

图 2-24　2+X 复配体系的泡沫性能

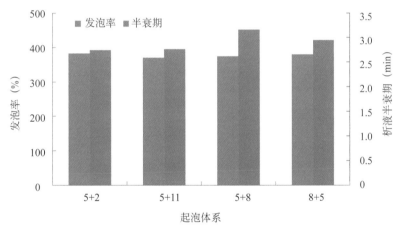

图 2-25　5+X、8+X 复配体系的泡沫性能

图 2-26 至图 2-29 为泡沫体系的热盐稳定性实验，结果表明：

（1）在 89℃的温度条件下老化期间，除 0.2%W44-8+0.1%W44-5+0.1%WP1 体系外，其他泡沫体系的发泡率均未出现明显下降，有的泡沫体系甚至会因体系黏度降低而表现出更好的起泡能力。可见，起泡剂复配体系的抗温抗盐能力较强，能在长时间的老化过程中保持稳定的性质。

（2）由于稳泡剂在老化过程中发生了热降解、盐降解及氧化降解反应，致使泡沫液膜的黏度降低、强度变差，最终导致泡沫的析液半衰期缩短。

（3）三种稳泡剂中，以 WP9 稳泡剂的抗老化能力最强，尤其在与 0.2%W44-8+0.1%W44-5 复配时，老化 93d 后体系的发泡率仍可达到 340%，析液半衰期可达到 8.8min。因此，优选出的空气泡沫体系配方为：以 2∶1 复配的 W44-8+W44-5 作起泡剂（代号 F85），以 0.1%WP9 作稳泡剂，并将该体系命名为 EF859，同时以起泡剂的总浓度指代体系的浓度，即 0.3%EF859 体系的组成为 0.2%W44-8+0.1%W44-5+0.1%WP1。

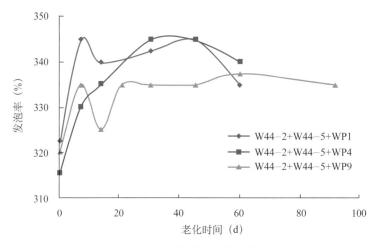

图 2–26　W44–2+W44–5 稳泡体系发泡率与老化时间的关系曲线

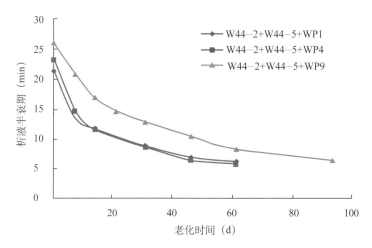

图 2–27　W44–2+W44–5 稳泡体系析液半衰期与老化时间的关系曲线

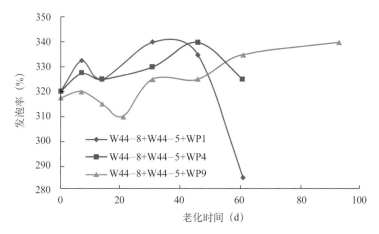

图 2–28　W44–8+W44–5 稳泡体系发泡率与老化时间的关系曲线

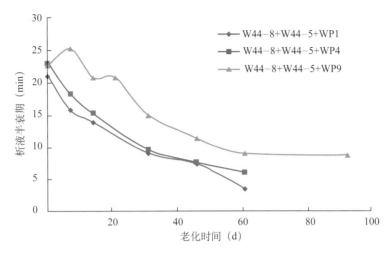

图2-29　W44-8+W44-5稳泡体系析液半衰期与老化时间的关系曲线

2. 抗吸附性

使用港东二区五现场注入水配制浓度分别为0.1%、0.4%和0.7%的GFPA-2和ODS-1起泡剂体系，在150mL起泡剂溶液中分别加入50g和100g油砂（港东二区五地层砂），静置24h和48h后测定经过油砂吸附后的起泡剂体系的发泡率与稳定性，实验结果如图2-30至图2-35所示。

1）静吸附与发泡率的关系

实验结果表明：（1）对于相同浓度起泡剂体系，随着油砂加入量的增加，被吸附的起泡剂量增大，体系的发泡率降低；（2）加入相同油砂量的情况下，随着起泡剂浓度的增加，体系的抗吸附性能增强，起泡剂体系浓度增大到0.4%后，浓度继续增加体系的抗吸附性能提高幅度变小；（3）延长静置时间会降低发泡率，但降低幅度较小（图2-30、图2-31）。

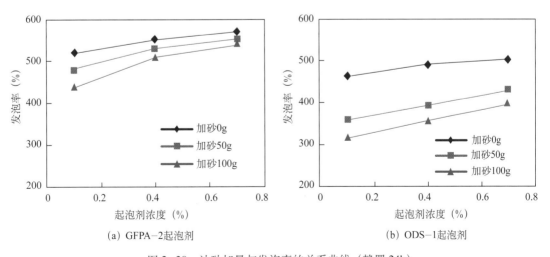

（a）GFPA-2起泡剂　　　　　　　　（b）ODS-1起泡剂

图2-30　油砂加量与发泡率的关系曲线（静置24h）

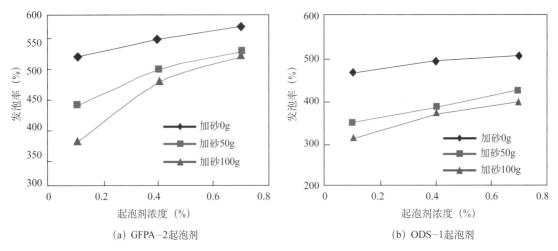

(a) GFPA−2起泡剂　　　　　　　　(b) ODS−1起泡剂

图 2−31　油砂加量与发泡率的关系曲线（静置 48h）

2）静吸附对析液半衰期的影响

实验结果表明：（1）对于相同浓度的起泡剂体系，随着油砂量的增加，被吸附的起泡剂量增大，析液半衰期降低；（2）随着起泡剂体系浓度的增加，体系的抗吸附能力增强，浓度增加到 0.4% 后，抗吸附能力增大的幅度变小；（3）延长静置时间会降低析液半衰期，但降低幅度较小（图 2−32、图 2−33）。

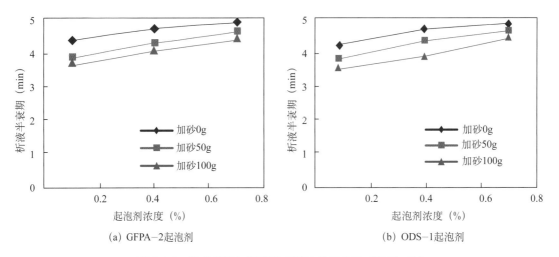

(a) GFPA−2起泡剂　　　　　　　　(b) ODS−1起泡剂

图 2−32　油砂加量与析液半衰期的关系曲线（静置 24h）

3.静吸附对泡沫半衰期的影响

实验结果表明：（1）对于相同浓度的起泡剂体系，随着油砂加入量的增加，被吸附的起泡剂量增大，泡沫半衰期降低；（2）随着起泡剂体系浓度的增加，体系的抗吸附能力增强，浓度增加到 0.4% 后，抗吸附能力增大的幅度变小；（3）延长静置时间会降低泡沫半衰期，但降低幅度较小（图 2−34、图 2−35）。

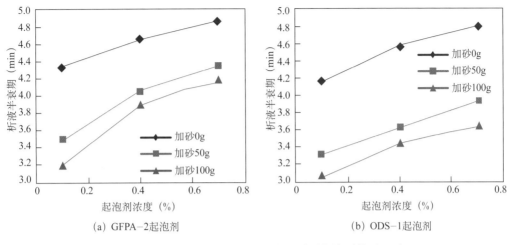

(a) GFPA-2起泡剂　　　　　　　(b) ODS-1起泡剂

图 2-33　油砂加量与析液半衰期的关系曲线（静置 48h）

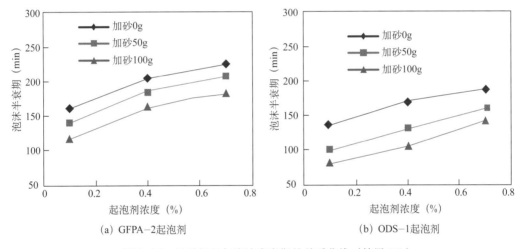

(a) GFPA-2起泡剂　　　　　　　(b) ODS-1起泡剂

图 2-34　油砂加量与泡沫半衰期的关系曲线（静置 24h）

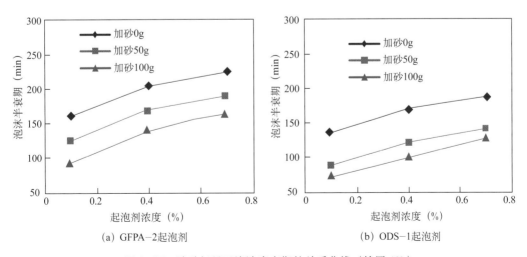

(a) GFPA-2起泡剂　　　　　　　(b) ODS-1起泡剂

图 2-35　油砂加量于泡沫半衰期的关系曲线（静置 48h）

4. 泡沫的稳定性

近年来，泡沫体系的稳定性一直是制约泡沫驱矿场应用发展的最主要因素，其中影响泡沫稳定性的因素主要有以下两种：

（1）重力作用：重力作用促使泡沫中的液体流向泡沫底部，这是造成泡沫不稳定的最重要的因素。

（2）压力差：由于小气泡比大气泡具有更高的压力，使得不同尺寸的气泡间存在压力差，因此泡沫具有自动聚集成大气泡的趋势，从而造成泡沫的破裂。由于高矿化度的盐水会压缩泡沫液膜的表面双电层，从而降低泡沫之间的排斥力，造成泡沫稳定性下降，因此在含有高矿化度盐水的发泡体系中，泡沫能稳定存在的前提是泡沫液膜必须具有较高的黏度和表面弹性。

气泡的稳定性主要取决于液膜的厚度和表面膜的强度，与表面活性剂的表面张力无关，液膜的表面黏度越大，溶液所形成的气泡寿命越长（表 2-6）。因此，提高气泡表面黏度有利于延长气泡寿命，即有利于泡沫的稳定。

表 2-6　气泡寿命与不同参数的关系表

表面活性剂	表面张力 σ（10^{-2}mN/m）	表面黏度 η（10^{-4}NS/m^2）	气泡寿命 t（min）
Triton x-100	3.05	—	60
Santomerse 3	3.25	3.0	440
E607 L	2.56	4.0	1650
月桂酸钾	3.50	39	2200
十二烷基硫酸钠	2.36	55	6100

目前主要是通过加入稳泡剂来实现提高气泡表面黏度的目的，矿场常用的稳泡剂主要是大分子物质，如聚丙烯酰胺、聚乙烯醇等。为适应油田注入水条件，需要筛选抗温、抗盐且具有较高黏度和弹性的聚合物，为了评价体系的稳泡性能，对稳泡剂的浓度和类型对体系稳定性影响进行了实验研究。

1）稳泡剂浓度对发泡性能的影响

分别在浓度为 0.4% 的 ODS-1 和 GFPA-2 两种起泡剂溶液体系中加入浓度为 0.05%、0.1% 和 0.15% 的稳泡剂 AP-P3 和 AP-P4，测量不同稳泡剂浓度下空气泡沫体系的泡沫体积和析液半衰期，实验结果见表 2-7。

表 2-7　不同稳泡剂浓度下的泡沫性能

起泡剂	稳泡剂	稳泡剂浓度（%）	泡沫体积（mL）	析液半衰期（min）
GFPA-2	AP-P3	0	350	7
		0.05	550	34
		0.1	500	104
		0.15	420	199

续表

起泡剂	稳泡剂	稳泡剂浓度（%）	泡沫体积（mL）	析液半衰期（min）
GFPA−2	AP−P4	0	350	7
		0.05	500	6
		0.1	530	10
		0.15	615	27
ODS−1	AP−P3	0	240	1
		0.05	260	8
		0.1	560	21
		0.15	470	31
	AP−P4	0	240	1
		0.05	460	9
		0.1	485	14
		0.15	440	42

　　实验结果表明：由于在泡沫体系中加入稳泡剂提高了泡沫液膜的黏度，从而提高了泡沫体系的稳定性；但若液相黏度继续增大，则会影响气液分散的效果，使得气液的分散性变差（在同等剪切强度下），从而造成泡沫稳定性变差。结合现场使用情况，可以确定稳泡剂的最佳使用浓度为0.1%，在此浓度下泡沫体系能够产生较多的泡沫，且具有较合适的析液半衰期。

　　2）稳泡剂类型对泡沫性能的影响

　　按照稳泡剂浓度0.1%，起泡剂浓度0.4%，分别配制稳泡剂AP−P3和AP−P4，起泡剂GFPA−2和ODS−1组成的泡沫体系，量取配制好的起泡体系100mL，测量泡沫的起泡体积和析液半衰期；同时对比泡沫体系剪切前后的黏度，黏度测试采用布氏黏度计，实验结果如表2−8所示。

表2−8　泡沫体系的起泡体积、析液半衰期和剪切前后黏度数据表

稳泡剂	起泡剂	泡沫体积（mL）	析液半衰期（min）	剪切前溶液黏度（mPa·s）	剪切后析出液黏度（mPa·s）
无	GFPA−2	350	7	0～1.07	0～1.07
	ODS−1	240	1	0～1.07	0～1.07
AP−P3	GFPA−2	500	104	39.5	19.2
	ODS−1	550	21	35.2	14.9
AP−P4	GFPA−2	560	58	21.3	7.47
	ODS−1	485	14	19.2	6.4
HTPW−112	GFPA−2	475/515	84/78	32/33.1	18.1/18.1
	ODS−1	540	17	26.7	12.8

分析表 2-6 中实验数据，得到以下结论：

（1）不加稳泡剂的起泡体系，剪切后黏度无变化，起泡体积较小，析液半衰期较短，泡沫体系极不稳定，泡沫很快破灭；而加入稳泡剂后的起泡体系，在剪切后起泡体积和析液半衰期大幅增加，同时泡沫的稳定性也大幅提高，泡沫的半衰期为 104min。

（2）采用 AP-P3 为稳泡剂时，可以使以 GFPA-2 为起泡剂的泡沫体系的起泡体积增大 1.43 倍，析液半衰期增大 14.9 倍，剪切后析出液体黏度比剪切前下降 51%；而采用同等浓度的 AP-P4 为稳泡剂时，可以使以 GFPA-2 为起泡剂的泡沫体系的起泡体积增大 1.6 倍，析液半衰期增大 8.3 倍，剪切后析出液体黏度比剪切前下降 64.9%；采用 HTPW-112 为稳泡剂时，可以使以 GFPA-2 为起泡剂的泡沫体系的起泡体积增大 1.47 倍，析液半衰期增大 11.14 倍，剪切后析出液体黏度比剪切前下降 45%。

（3）采用 AP-P3 为稳泡剂时，可以使以 ODS-1 为起泡剂的泡沫体系的起泡体积增大 2.29 倍，析液半衰期增大 21 倍，剪切后析出液体黏度比剪切前下降 57.67%；而采用以 AP-P4 为稳泡剂时，可以使以 ODS-1 为起泡剂的泡沫体系的起泡体积增大 2.02 倍，析液半衰期增大 14 倍，剪切后析出液体黏度比剪切前下降 66.67%；采用 HTPW-112 为稳泡剂时，可以使以 ODS-1 为起泡剂的泡沫体系的起泡体积增大 2.25 倍，析液半衰期增大 17 倍，剪切后析出液体黏度比剪切前下降 52%。

综合分析结果表明，评价的几种聚合物产品中，由于小分子缔合聚合物的抗剪切性强，表现出较强的泡沫稳定增强特征。

5. 高温高压空气泡沫形态

1）泡沫形态观察实验

在油藏温度 88℃ 的条件下通过向装有起泡剂体系的可视化装置中注入空气，在不同的压力环境中生成泡沫，从而对相同油藏温度、不同压力条件下泡沫的形态进行观察，实验所用泡沫体系为矿化度 6×10^4mg/L 模拟地层水配制的 0.2%NB95+0.2%BL-4，可视化实验装置如图 2-36 所示。

图 2-36　泡沫可视化实验装置

（1）低压、中温条件下的泡沫形态。

在油藏温度 88℃ 的条件下，对可视化装置分别施加 5MPa 和 10MPa 回压，再以一定的流速向装置中注入空气，形成的泡沫形态如图 2-37 和图 2-38 所示。

图 2-37　回压为 5MPa 条件下的泡沫形态

图 2-38　回压为 10MPa 条件下的泡沫形态

观察实验现象描述：在压力较小的情况下，泡沫体系能够保持较为良好的起泡性能，随着压力升高，起泡体积有所下降，而单个气泡的体积增大是因为当压力升高时，一些小气泡由于内外压力的不平衡而破裂形成较大的气泡，但由于体系拥有较好的泡沫稳定性，因此较大的气泡能够在较高的压力环境中保持稳定。

（2）高温、高压条件下的泡沫形态。

在 110℃ 条件下，对可视化装置分别施加 15MPa 和 20MPa 回压，再以一定的流速向装置中注入空气，形成的泡沫形态如图 2-39 和图 2-40 所示。

观察实验现象描述：当把压力增加到 15MPa 和 20MPa 后，单个气泡的体积进一步增大，但体系仍然具有良好的起泡性能；由此可见，在高温、高压的油藏条件下，NB95+BL-4 复合泡沫体系在地层中流动时产生的剪切作用能够使其充分发挥良好的泡沫性能。

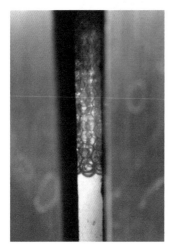

图 2-39　回压为 15MPa 条件下的泡沫形态　　　图 2-40　回压为 20MPa 条件下的泡沫形态

2）高温高压条件下的泡沫性能

在油藏温度、压力条件下的泡沫性能评价实验方法：（1）将 20mL 泡沫体系注入到高温高压反应釜后，向其中充入空气并进行升温，使反应釜内达到实验要求的温度、压力；（2）开启反应釜中的搅拌装置，以 1500r/min 的转速搅拌泡沫体系，搅拌时间为 1min；（3）通过高温高压反应釜的可视化观察窗，记录泡沫体系的起泡体积和泡沫半衰期。实验结果如图 2-41 至图 2-44 所示。用 6×10^4mg/L 矿化度水配制空气泡沫体系。图中的体系序号：1 号为 0.2%NB95+0.2%BL-4；2 号为 0.2%XS+0.2%HT-2；3 号为 0.2%XS+0.1%LY-1。

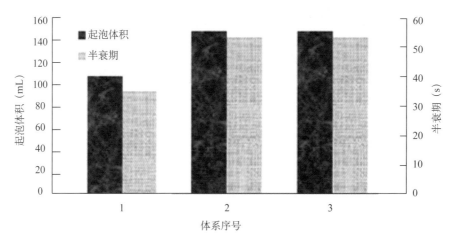

图 2-41　88℃、15MPa 下不同泡沫体系的起泡体积与泡沫半衰期

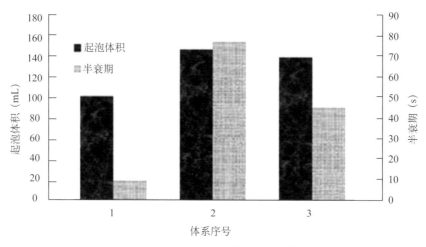

图2-42 110℃、15MPa下不同泡沫体系的起泡体积与泡沫半衰期

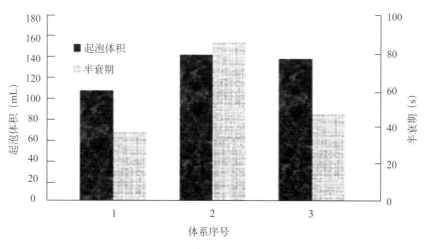

图2-43 88℃、20MPa下不同泡沫体系的起泡体积与泡沫半衰期

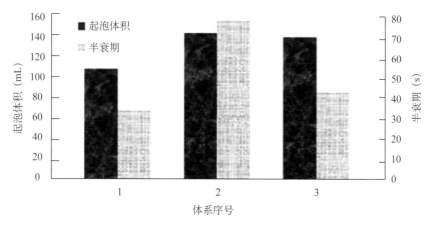

图2-44 110℃、20MPa下不同泡沫体系的起泡体积与泡沫半衰期

对图 2-41 至图 2-44 进行分析结论如下：

（1）三种泡沫体系在高温、高压条件下的起泡性能均非常优异。若将各体系在高压实验条件下的用量（20mL）折算到常压实验条件下的用量（200mL），则各体系的高压起泡体积在 1080～1600mL 之间，较常压下的泡沫体积更大。这是由于随着压力增大，气液相密度差异减小，泡沫体系界面张力降低，起泡能力提高，由此可以推断，在常压条件下具有较好起泡性能的泡沫体系必能在油藏的高压封闭环境中产生丰富的泡沫。

（2）三种泡沫体系中，以 2 号和 3 号的起泡体积相对更大，同时，前者的泡沫半衰期比后者更长。

（3）对泡沫半衰期的观察是在无外力搅动的静态条件下进行的，而在实际驱油过程中，泡沫体系会在多孔介质中不断承受渗流带来的剪切作用，液膜滞后、缩颈分离和液膜分断效应使得泡沫持续产生。因此，即使体系在高压条件下的静态析液半衰期不长，但只要其具有产生大量泡沫的能力（即具有较大的起泡体积），就能保证体系在地层中流动时形成足够丰富的泡沫，进而充分发挥泡沫的驱油作用。

第二节　宏观驱油机理物理模拟实验

将空气与起泡剂溶液同时注入油藏后，二者在岩石多孔介质的剪切作用下形成泡沫，在孔隙喉道产生贾敏效应，提高渗流阻力，研究结果表明，泡沫在高渗透层的阻力系数比低渗透层要高，进而能够扩大波及体积，提高原油采收率。本节通过宏观物理模拟实验，研究了空气泡沫的流度控制作用、提高驱油效率及提高采收率的宏观驱油机理，为实施空气泡沫驱油技术的决策提供依据。

一、空气泡沫流度控制能力

在提高原油采收率机理体系中，流度控制能力是扩大波及体积的必要参数，在实验室内评价驱油体系的流度控制能力的参数是阻力系数。研究发现，影响空气泡沫阻力系数人小的因素除了泡沫的稳定性之外，还包括储层的渗透率、泡沫的注入速度、泡沫体系的气液比、泡沫体系复配物的种类及浓度等。在水驱过程中，水的黏度是不变的，水相流度随着渗透率的增大而增大，这就导致在非均质条件下高渗透层水窜流严重、低渗透层波及系数低的问题。本节通过填砂管岩心实验，研究空气和起泡剂溶液在多孔介质中的发泡能力，同时研究气液比、起泡剂浓度、渗透率、注入速度与建立自力系数的关系。

泡沫在多孔介质中的阻力系数（有些文献称为阻力因子，其物理意义是相同的）计算公式如下：

$$RF = \frac{\Delta p_f}{\Delta p_w} \tag{2-1}$$

式中　RF——阻力系数；

　　　Δp_f——注入泡沫时模型两端压差（即工作压差），kPa；

　　　Δp_w——相同流速下水驱时模型两端压力差（即基础压差），kPa。

1. 空气与起泡剂在多孔介质中的成泡增阻效应

为了研究空气泡沫在多孔介质中的成泡增阻效应，进行了水驱、纯气驱、化学驱和空气泡沫驱的物理模拟实验，观察不同驱替方式下注入压力的变化，即可判断空气和起泡剂在多孔介质中是否产生泡沫。

1）实验设备

实验装置采用室内物理模拟实验装置（图 2-45），除了泵和压力采集系统外，其他设备均置于恒温箱内。

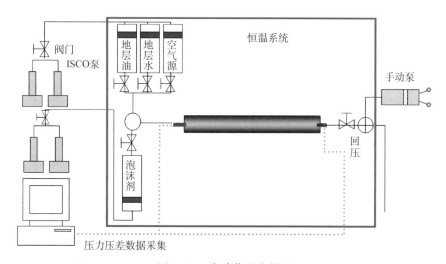

图 2-45　实验装置流程图

2）实验条件

（1）实验温度：65℃。

（2）实验用水：港东油田地层水和油田注入水。

（3）起泡剂：GFPA-2。

（4）实验用气：干燥空气。

（5）模型参数：填砂管模型的模型长度 35cm、直径 2.5cm、渗透率 2.3D。

3）实验步骤

（1）将人工制作的由不同粒径石英砂填充的填砂管模型接入流程。

（2）将石英砂模型抽真空，饱和地层水，测量填砂管水相渗透率。

（3）进行水驱、纯气驱、化学驱和空气泡沫驱的物理模拟实验，流体注入速度为 5m/d，其中空气泡沫驱采用气液比为 1：1，起泡剂与空气同时注入的方式，实时、准确地记录不同驱替方式的注入压力。

（4）通过对比不同注入方式下注入压力曲线（图 2-46），进行空气与起泡剂在多孔介质中的发泡能力评价，实验用起泡剂浓度均为 0.4%。

4）实验结果与分析

（1）连续的单纯注水和单纯注入起泡剂溶液，注入压力均稳定在 0.75mPa。

（2）在注水 2PV 后，转注 1PV 的空气，然后再继续注水，注入压力升高了 0.2MPa，证明空气在喉道处产生了气锁作用。

（3）浓度为0.4%的起泡剂溶液与空气1∶1混合注入后，比单纯水驱、空气驱、水与空气1∶1混合驱的注入压力高约3.5倍，证实了气与起泡剂溶液混注在油藏多孔介质中可实现发泡，在喉道处产生了贾敏效应，大幅度增加了流体的渗流阻力，从而使得注入压力大幅度增加。

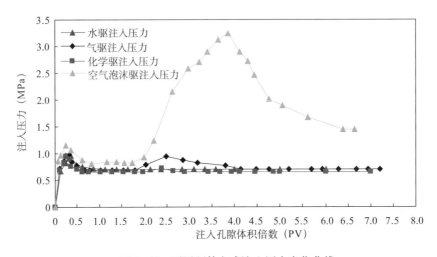

图2-46　不同驱替方式注入压力变化曲线

2. 气液比和起泡剂浓度对阻力系数的影响

1）气液比与阻力系数的关系

泡沫在渗流过程中存在着最佳气液比和起泡剂浓度范围，通过阻力系数实验，在渗透率固定的条件下，最大阻力系数区间的气液比和起泡剂浓度范围为最佳值。固定起泡剂浓度0.3%，改变气液比，绘制注入孔隙体积倍数与阻力系数的关系曲线，选取泡沫注入量为2.0PV时对应的阻力系数值与气液比、注入速度作图进行分析（图2-47、图2-48）。

实验结果分析如下：

（1）对于气液比为0.5∶1的阻力系数曲线，随着泡沫注入量的不断增大，泡沫在孔隙喉道持续产生贾敏效应，增大了流体流动的阻力，提高了注入压力，阻力系数不断升高。在泡沫注入量达到1PV左右后，此时泡沫占据了大部分的孔隙空间，后续注入泡沫在孔隙喉道处不断地破灭，而注入泡沫又再不断地跟进，RF提高幅度减小，阻力系数增大趋势减缓。在注入量达到1.8PV左右后，此时泡沫几乎占据了岩心中的所有孔隙空间，阻力系数趋于稳定，在泡沫注入2PV时阻力系数达到21。同时，与其他气液比的实验结果相比，气液比为0.5∶1时最终所能达到的阻力系数值最低，这是由于相对于注入的起泡剂溶液的量，此时注入空气的量过少，不能有效利用所有的起泡剂形成大量的泡沫，因此产生的阻力系数较小。

（2）对于气液比为1∶1的阻力系数曲线，随着开始向岩心中注入泡沫，阻力系数升高，这是由于注入的起泡剂溶液与空气在岩心孔隙中接触产生了大量致密的泡沫，有效地作用于岩心中的孔隙喉道，大幅提高了注入流体渗流阻力，在泡沫注入量达到1.4PV左右时，泡沫占据了大部分的孔隙空间，后续注入泡沫在孔隙介质中产生的阻力增大趋势减缓。而在注入量达到 1.8PV 左右后，此时泡沫几乎占据了岩心中的所有孔隙空间，阻力系数趋于稳定，在泡沫注入 2PV 时阻力系数达到 45。同时，与其他气液比的实验结果相比，气液比为 1∶1 时最终所能达到的阻力系数值最高，这是由于注入的起泡剂溶液与注入空气的量比例适当，能够有效利用所有的起泡剂和空气形成大量的致密且稳定性好的泡沫，产生的阻力系数较大。

（3）对于气液比为 2∶1 的阻力系数曲线，随着开始向岩心中注入泡沫，阻力系数升高，这是由于大量致密泡沫的作用在孔隙喉道，大幅提高了流体流动阻力，并且随着泡沫的持续注入，迅速提高了注入压力。在泡沫注入量达到 1.4PV 左右后，阻力系数增大趋势减缓。而在注入量达到 2PV 左右后，阻力系数趋于稳定达到 41。同时，相比于气液比为 1∶1 的情况，气液比为 2∶1 时空气注入量过大，所能达到的阻力系数略低于气液比为 1∶1 时的阻力系数，此时，形成的泡沫液膜较薄，强度较低，稳定性相对较差。因此，气液比为 2∶1 时的空气泡沫驱流度控制效果略差。

（4）对于气液比为 3∶1 时的阻力系数曲线，随着泡沫注入量的不断增大，阻力系数不断升高。在泡沫注入量达到 1PV 左右后，后续注入泡沫对孔隙喉道的增阻作用能力提高幅度减小，阻力系数增大趋势减缓。而在注入量达到 1.4PV 左右后，此时泡沫几乎占据了岩心中的所有孔隙空间，增阻能力达到最强，阻力系数趋于稳定，在泡沫注入 2PV 时阻力系数达到约 22。同时，与其他气液比的实验结果相比，气液比为 3∶1 与 0.5∶1 时最终所能达到的阻力系数值接近，这是由于相对于注入的空气的量，此时注入的起泡剂溶液量过少，不能有效利用所有的空气形成大量的泡沫，并且形成的泡沫液膜较薄，强度较低，因此产生的阻力系数较小。

（5）综合以上实验结果可知，合理设计气液比能够有效保障油藏孔隙介质中的泡沫性能，进而提高空气泡沫的流度控制能力，实验优选的最佳气液比为 1∶1 ~ 2∶1。

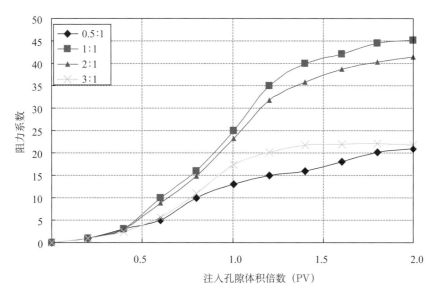

图 2-47　阻力系数与注入孔隙体积倍数的关系曲线

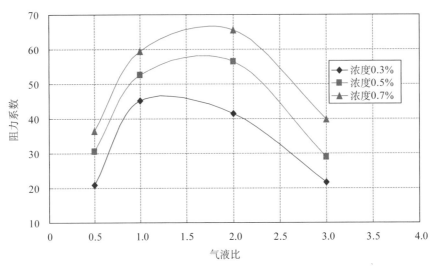

图 2-48 气液比与阻力系数的关系曲线

2）起泡剂浓度与阻力系数的关系

图 2-48 为不同起泡剂浓度条件下气液比与阻力系数的关系曲线。

实验结果表明：（1）对于同一起泡剂浓度，随着气液比的增加，泡沫驱的阻力系数均呈现先增大后减小的趋势，这是由于在气液比较低时（0.5∶1），注入的空气量少，在孔隙介质中形成的泡沫量有限，对地层的渗流阻力较弱；当气液比增大到 1∶1 和 2∶1 时，注入的空气量和起泡剂溶液量达到最佳组合，经多孔介质剪切形成大量致密的泡沫，在地层中形成较高的渗流阻力；当气液比继续增大到 3∶1 时，此时注入的空气量过大，形成泡沫的液膜较薄，液膜强度较弱，对地层的产生的渗流阻力较低；（2）在相同的气液比条件下，高浓度的起泡剂溶液能够获得更高的阻力系数，尽管起泡剂在孔隙介质表面会发生吸附，但仍能保证起泡剂溶液发泡的最佳浓度，与空气接触后形成的泡沫较为稳定，表现为高阻力系数。在现场实施空气泡沫驱时需要综合考虑泡沫驱的流度控制能力与经济成本，合理选择注入起泡剂溶液的浓度和气液比，推荐的气液比为 1∶1 和 2∶1。

3. 渗透率和注入速度对泡沫阻力系数的影响

1）实验设备及条件

实验装置如图 2-45 所示，主要设备有恒速恒压泵、气体质量流量控制器、压力传感器、压力采集系统、精密压力表等。实验在室温条件下进行，用港东二区五断块注入水配制 GFPA-2 和 ODS-1 起泡剂体系，质量浓度均为 0.5%；实验采用填砂管模型，规格为 $\phi 2.5\mathrm{cm} \times 35\mathrm{cm}$，采用地层砂充填，模拟一维均质模型。

2）实验方案

实验共进行 5 组，针对 5 种不同渗透率的模型，在 4 种不同流速下进行了泡沫流度控制能力测试实验，具体实验方案见表 2-8。

3）实验结果与分析

（1）渗透率对泡沫阻力系数的影响。

泡沫在不同渗透率模型上产生的渗流阻力不同，在渗透率分别为 250mD、883mD、

1391mD、1828mD 和 2716mD 的填砂管模型上进行阻力系数实验结果如图 2−49 至图 2−53 所示。

表 2−9　渗透率和注入速度对泡沫流度控制能力影响研究实验方案设计表

填砂管编号	渗透率（mD）	注入速度（mL/min）	折算成地下速度（m/d）	气液比	注入方式
1	250	4	39.12		
2	883	2	19.56		
3	1391	1	9.78	1 : 1	起泡剂、空气混合注入
4	1878	0.5	4.89		
5	2716				

　　在驱替速度相同时，随着渗透率的增加，水驱基础压差逐渐减小；相反地，泡沫的阻力系数逐渐增大，增大到一定程度后，增加幅度变缓。渗透率增大，泡沫渗流阻力增大，流度控制能力增强，表明泡沫在高渗透层的流度控制能力比低渗透层高，其主要机理是泡沫具有剪切变稀的特性，因为低渗透层的平均孔隙半径小于高渗透层的平均孔隙半径，在相同的注入速度下，小孔隙中泡沫的表观黏度小于大孔隙中泡沫的表观黏度，因此，低渗透层中泡沫表观黏度低于高渗透层，导致渗流阻力相对较小，宏观表现为阻力系数较小。

　　从图 2−53 曲线趋势上看，随着渗透率的增加，不同的驱替速度下产生的泡沫阻力系数增大趋势基本相同，呈线性增加趋势。

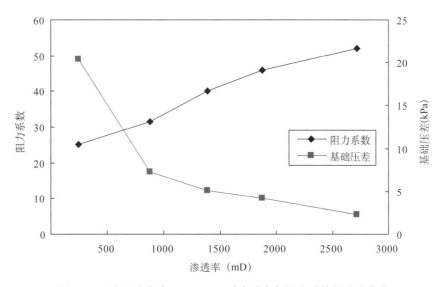

图 2−49　注入速度为 0.5mL/min 时渗透率与阻力系数的关系曲线

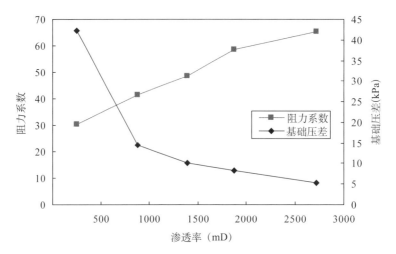

图 2-50　注入速度为 1.0mL/min 时渗透率与阻力系数的关系曲线

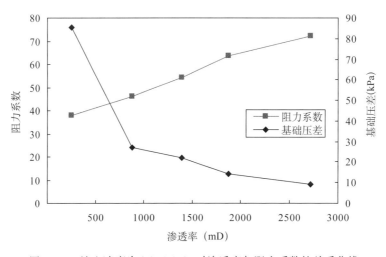

图 2-51　注入速度为 2.0mL/min 时渗透率与阻力系数的关系曲线

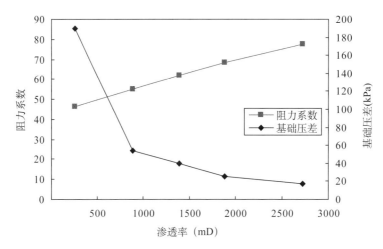

图 2-52　注入速度为 4.0mL/min 时渗透率与阻力系数的关系曲线

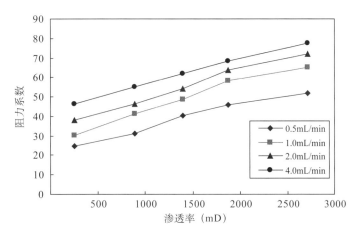

图 2-53　渗透率与阻力系数的关系曲线

（2）注入速度对泡沫阻力系数的影响。

为了研究注入速度对泡沫渗流阻力效果的影响，选择液相的注入流量分别恒定为 0.5mL/min、1.0mL/min、2.0mL/min 和 4.0mL/min（图 2-54）。

实验结果分析如下：

①随着注入速度的增加，阻力系数在不同渗透率下的变化幅度不同，注入流速越大，阻力系数越高。

②当注入流速小于 1.0mL/min 时，在 5 个不同渗透率条件下，气体和液体在喉道处的剪切速率低，不足以产生高阻力系数所需要的泡沫；在此种情况下，产生泡沫数量较少，性能也较差，从而导致阻力系数相对较小。

③当注入流速从 0.5mL/min 增大到 1.0mL/min 时，曲线出现小的拐点，拐点的右侧曲线，泡沫性能较稳定，注入速度增加，阻力系数的增幅也趋于平缓，将该拐点处的流速定义为强泡沫形成的临界孔隙流速，每一种泡沫体系在多孔介质中都存在临界孔隙流速。因此，在现场注泡沫时，可以在条件允许的情况下，尽可能地提高注入速度，这样可以增大泡沫在高渗透层的阻力系数，实现有效控制流度和扩大波及体积。

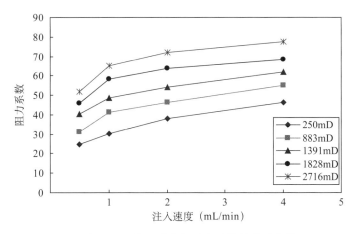

图 2-54　注入速度与阻力系数的关系曲线

4. 长岩心分段空气泡沫流度控制实验研究

长岩心分段评价泡沫流度控制能力实验装置如图 2–45 所示，实验所用填砂管规格为 $\phi 3.8cm \times 60cm$，渗透率 2.3D，以 5.0mL/min 的速度向岩心中注入 A 泡沫（气液比 1 : 1），实时采集各测压点压力变化情况，各个测压点的位置如图 2–55 所示。

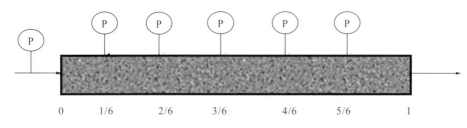

图 2–55 填砂管模型分段测压示意图

表 2–10 中，水驱节点压力为水驱过程中 6 个测压点的压力，水驱分段压差为水驱过程中两个相邻测压点之间的压差；泡沫驱节点压力为空气泡沫驱过程中 6 个测压点的压力，泡沫驱分段压差为空气泡沫驱过程中两个相邻测压点之间的压差，分段阻力系数为泡沫驱分段压差与同测压点的水驱分段压差比值，节点阻力系数为 6 个节点泡沫驱压力与同测压点水驱压力的比值。

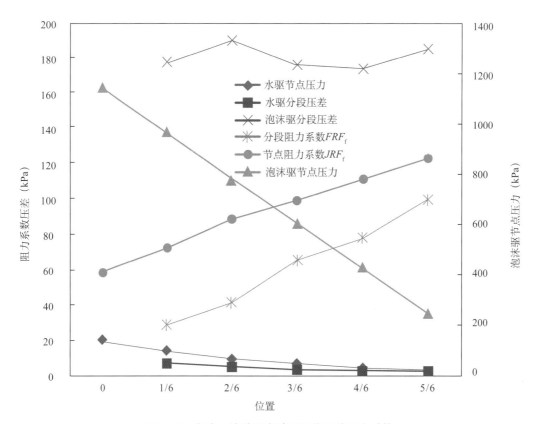

图 2–56 长岩心泡沫驱实验不同位置处阻力系数

表 2-10 长岩心 A 泡沫流度控制实验结果

位置	0	1/6	2/6	3/6	4/6	5/6
水驱节点压力（kPa）	19.64	13.41	8.77	6.07	3.83	1.96
水驱分段压差（kPa）		6.23	4.64	2.70	2.24	1.87
泡沫驱节点压力（kPa）	1146.46	968.42	778.11	601.27	427.06	241.42
泡沫驱分段压差（kPa）		178.04	190.31	176.84	174.21	185.64
分段阻力系数 FRF_f		28.58	40.97	65.62	77.70	99.38
节点阻力系数 JRF_f	58.37	72.21	88.72	99.06	111.50	123.17

实验数据处理：

（1）水驱分段压差 = 水驱相邻节点的高低压之差：1/6 节点处压差 =19.64-13.41=6.23，…

（2）泡沫驱分段压差 = 泡沫驱相邻节点的高低压之差：1/6 节点处压差 =1146.46-968.42=178.04，…

（3）分段阻力系数 FRF_f= 泡沫驱分段压差 / 水驱分段压差：1/6 节点处的分段阻力系数 FRF_f=178.04/6.23=28.58，…

（4）节点阻力系数 JRF_f= 泡沫驱节点压力 / 水驱节点压力：0 节点处阻力系数 JRF_{f_0}=1146.46/19.64=58.37；1/6 节点处阻力系数 $JRF_{f_{1/6}}$ =968.42/13.41=72.21，…

实验数据计算结果见表 2-10 和图 2-56。

实验结果分析如下：

（1）岩心不同位置处泡沫驱的节点压力和节点压差均高于水驱，证明泡沫在多孔介质中的渗流阻力明显高于水水驱，实现了流度的控制效果。

（2）填砂管各段水驱压差从前端至后端不断减小，在各段长度相等的情况下，说明填砂管各段的渗透率从前端至后端不断增大，即填砂管在填制过程中填砂不均匀导致了各段渗透率的差异。

（3）填砂管各段泡沫驱压差从前端至后端变化不大，图 2-56 显示基本上呈一条水平直线，说明泡沫驱在不同渗透率的填砂管段产生了相近的渗流阻力，体现了相同流速的泡沫在不同渗透率的孔隙介质中均具有流度控制的能力。

（4）泡沫驱的节点阻力系数和分段阻力系数从前端至后端，均表现出不断增大的趋势，各节点阻力系数均大于所对应的分段阻力系数，出现两条基本平行的线性上升趋势，越接近岩心的出口端，水驱的基础压差降低、泡沫体系中的气相体积增大，产生的阻力系数越大；这一现象对于空气泡沫驱的油井产出端的流度控制、扩大波及体积可产生有利作用。

二、提高驱油效率实验

宏观物理模拟实验所用模型分为两类：一是均质岩心或均质模型，可以用天然岩心或人造模型，该类岩心或模型在流线垂直端面上的渗透率近似是均匀的，波及系数近似等于一，在均质模型上完成的驱油实验采收率等于驱油效率；二是非均质岩心或模型，目前非均质天然岩心在钻井密闭取心中是取不到的，由于取心的尺寸太小，只能作为均质岩心使用，美国的砂岩露头 Berea 岩心也基本都是均质岩心。非均质模型又分为二维非均质模型和三维非均质模型，二维非均质模型主要是双管、三管并联模型或胶结二、三层非均质模型；三维非均质模型主要是平面非均质模型，可以制作成纵向非均质模型和平面非均质模型，可以在平面上布置井网模拟油藏开发，国内常用的模型制作方法有环氧树脂胶结石英砂模型和填砂模型两种，研究人员可以依据实验目的选择不同类型的模型或制作方法。提高驱油效率实验选择的是人造均值模型。

1. 实验描述

实验以纯水驱为参比，在均质模型上进行空气驱、起泡剂 A 及起泡剂 B 的驱油效率对比试验，实验温度 65℃，用港东油田目的层地层水饱和模型，用模拟油（黏度为 14mPa·s）饱和岩心建立束缚水饱和度。模型长度 35cm、直径 2.5cm，渗透率约为 2.3D。将饱和油的单支填砂管模型放置在恒温箱中老化 24h。

驱替步骤：水驱 2PV 至含水率达到 98%，转注 2PV 单纯起泡剂、GFPA-2 和 ODS-1 空气泡沫后，再转 2PV 水，记录注入压力并计量油水分离器中的产油量和产水量。

2. 实验方案

实验方案见表 2-11，设计了五种不同驱替方式的驱油实验，以研究不同驱替介质对泡沫流度控制能力和驱油效率的影响。实验模型渗透率均为 2.3D 左右，驱替速度为 5m/d。

表 2-11　单管填砂模型驱替实验方案

模型号	长度（cm）	直径（cm）	孔隙度（%）	原始含油饱和度（%）	注入方式	段塞大小（PV）
DZ1	35	2.5	34	77.9	水驱	
DZ4	35	2.5	31	76.2	水驱、GFPA 泡沫驱、水驱	2
DZ5	35	2.5	34	80.1	水驱、ODS 泡沫驱、水驱	2

3. 实验结果与分析

驱油实验结果如图 2-57、图 2-58 所示。

1）注入压力曲线分析

压力数据曲线说明两种起泡剂体系在填砂管模型中的发泡性能有所不同，GFPA-2 在填砂管模型中压力上升的速度比 ODS-1 快，表明 GFPA-2 起泡效果优于 ODS-1，而 ODS-1 在注入初期压差先是小幅度上升至 1.28MPa，而后降低，然后再逐步上升，这主要是由于注入初期体系进入填砂管模型多孔介质中产生泡沫，泡沫的贾敏效应使得压差上升，但是由于该体系在填砂管模型中遇到原油后消泡，故压差有小幅降落，而随着剩余油饱和度的降低，ODS-1 可以继续产生泡沫，压差又逐步升高。

2）驱油效率曲线分析

起泡性能较好的 GFPA-2 的泡沫驱油效率比水驱高 3.9 个百分点，而具有一定起泡能力且可显著降低油水界面张力的 ODS-1 的泡沫驱油效率比水驱高 7.1 个百分点。这主要是由于 ODS-1 不仅可以在多孔介质中发泡产生较高渗流阻力，还兼有一定超低油水界面张力的功能，能够提高驱油效率，所以 ODS-1 在提高采收率方面要高于 GFPA-2。实验表明超低油水界面张力（泡沫液与原油的界面张力在 10^{-2}mN/m 数量级）与高效发泡的协同作用可以增加采收率的提高幅度。

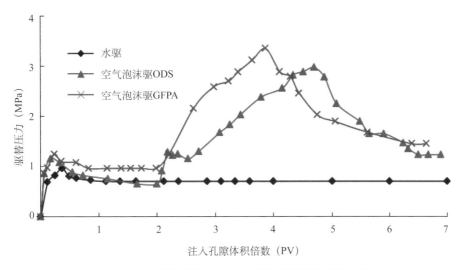

图 2-57　驱替压差与注入孔隙体积倍数的关系曲线

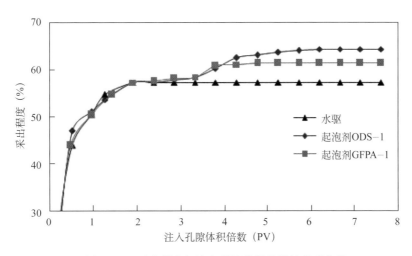

图 2-58　采出程度与注入孔隙体积倍数的关系曲线

起泡效果较好的 GFPA-2 的空气泡沫驱较水驱提高驱油效率 3.9 个百分点；超低油水界面张力起泡剂 ODS-1 的空气泡沫驱可以提高驱油效率 7.1 个百分点。对于提高驱油效率，降低油水界面张力大于泡沫增加渗流阻力的作用。

三、提高采收率实验

空气泡沫驱提高采收率宏观驱油机理物理模拟实验主要研究提高驱油效率和扩大波及体积的协同作用，本节第一部分研究证实了空气泡沫驱具有高的流度控制能力，本节第二部分利用单管模型研究了空气泡沫驱提高驱油效率的能力及幅度，本项实验主要采用双管和三管并联模型研究空气泡沫驱提高采收率的幅度。

1. 双管并联模型驱替实验

利用填砂双管模型，以极限水驱为参比，进行空气驱、水气交替驱和空气泡沫驱的提高采收率对比实验。

1）实验条件

（1）实验温度：65℃。

（2）实验用水：港东油田地层水和油田注入水。

（3）实验用油：港东油田脱水原油。

（4）起泡剂：GFPA-2和ODS-1。

（5）模型参数：双管并联模型，长度均为35cm，直径为2.5cm，单管渗透率分别为2.3D和0.6D。

2）实验步骤

（1）将填砂管模型烘干称重，然后抽真空饱和地层水称湿重，计算填砂管模型孔隙体积。

（2）建立模型束缚水饱和度。

（3）将双管并联模型置于恒温箱内，老化24h后，水驱2PV，空气驱、水气交替驱和空气泡沫驱约5～6PV；实验结果如图2-59、图2-60所示。

3）实验结果分析

（1）空气驱提高采收率约2.0%，水气交替驱提高采收率3.8%，纯表面活性剂驱提高采收率4.75%，ODS-1空气泡沫驱提高采收率18.7%，GFPA-2空气泡沫驱提高采收率19.5%。

（2）空气泡沫驱建立的阻力系数高达20～30，在高渗透模型内产生较强的渗流阻力，高渗透层的流体流度得到有效控制，扩大波及体积效果明显。对于GFPA-2空气泡沫驱而言，提高驱油效率幅度为3.9%（OOIP）（图2-58），提高采收率幅度为19.5%（OOIP）（图2-59），那么该体系扩大波及体积的贡献 =19.5%-3.9%=15.6%（OOIP），贡献率为80%，由此可见，流度控制对非均质程度严重的油藏提高采收率至关重要。

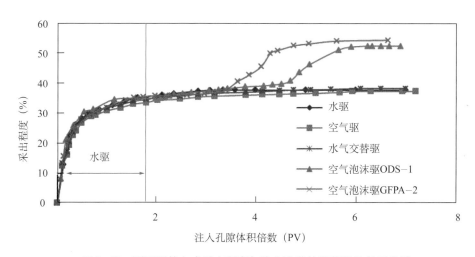

图2-59　不同驱替方式采出程度与注入孔隙体积倍数的关系曲线

（3）图 2-60 为含水率与注入体积的关系曲线，空气驱及水气交替驱的含水率几乎没有明显的变化，而空气泡沫驱的含水率可降低 7 ～ 10 个百分点。

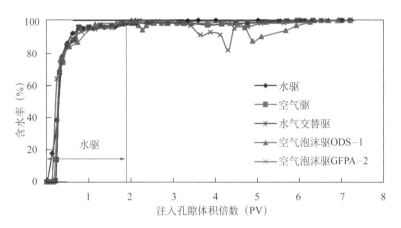

图 2-60 不同驱替方式含水率与注入孔隙体积倍数的关系曲线

2. 三管并联模型空气泡沫驱实验

1）实验概述

（1）实验描述。

三管并联模型驱油提高采收率实验与双管模型的主要区别是扩大波及体积的程度不同，层间数越多，扩大波及体积的程度越大，三管并联可基本模拟目标油藏的沉积韵律和渗透率变异系数。

（2）实验步骤。

①模型制作：制作单只填砂管模型，直径为 2.5cm，长度为 35cm，采用地层砂充填，渗透率分别为 500mD、1000mD、2000mD；

②模型组合方式：三管并联（图 2-61）。

图 2-61 无层间窜流的三管并联模型示意图

③单管模型分别测定水相渗透率，建立束缚水饱和度。

④仅限水驱油实验，计算含水率和水驱油采收率。

⑤重新饱和油，将水驱后的三管重新饱和油（油驱水 5PV），老化 24h。

⑥水驱至产出液综合含水率达 98% 后，转注空气泡沫，含水大幅度下降，直至含水率

再次达到 98% 时，终止实验。

2）实验结果与分析

（1）极限水驱油实验。

水驱油采收率实验曲线如图 2-62 所示，各填砂单管极限水驱采收率计算结果见表 2-12。

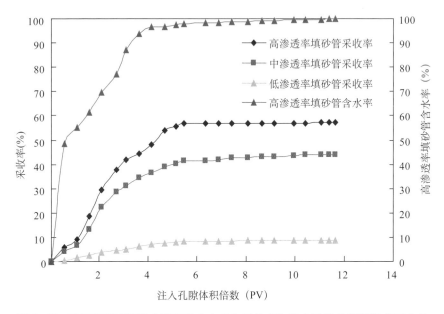

图 2-62　无层间窜流极限水驱实验含水率和采收率与注入孔隙体积倍数关系曲线

表 2-12　单管模型水驱采收率统计结果

填砂管	水驱至含水率 98% 时的采收率（%）	极限水驱采收率（%）
低渗透率填砂管	8.33	8.62
中渗透率填砂管	41.34	44.11
高渗透率填砂管	56.78	57.12
总采出程度	37.64	38.78

驱油效率随注入孔隙体积倍数的增加而逐渐增大，高渗透率填砂管含水率上升速度逐渐加快，至注入约 5.5PV 时，高渗透率填砂管含水率达到 98%，驱油效率达到 56.78%，中渗透率填砂管驱油效率 41.34%，而低渗透率填砂管的油几乎未被动用，驱油效率只有 8.33%，三管模型总的采收率为 37.64%。

水驱至三只模型均不出油，高渗透率填砂管含水率达 100%，高渗透率填砂管采收率 57.12%，中渗透率填砂管采收率 44.11%，低渗透率填砂管采收率 8.62%，三管模型总采收率 38.78%。

注入压力曲线如图 2-63 所示，水驱压力最高升至 875kPa，出口见水后压力逐渐降低，最终趋于平缓，稳定时压力达到 32kPa。

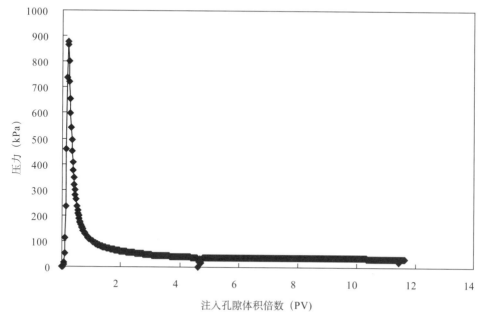

图 2-63　无层间窜流极限水驱实验压力和注入孔隙体积倍数关系曲线

（2）水驱 + 连续 A 空气泡沫驱。

水驱至含水率达到 98% 以后，转 A 体系空气泡沫驱油实验数据见表 2-13，不同渗透率填砂管模型驱油效率曲线如图 2-64 所示，统计各填砂管水驱转空气泡沫驱后采收率见表 2-14 所示，注入压力曲线如图 2-65 所示。

表 2-13　水驱 + 连续 A 空气泡沫驱实验结果

注入孔隙体积倍数（PV）	泡沫驱高渗透率填砂管驱油效率（%）	泡沫驱中渗透率填砂管驱油效率（%）	泡沫驱低渗透率填砂管驱油效率（%）	泡沫驱高渗透率填砂管含水率（%）
0	0	0	0	0
0.54	6.02	4.05	0.49	48.63
1.08	9.21	6.5	1.47	55.38
1.58	18.94	13.1	2.46	61.35
2.1	29.81	22.6	3.69	69.87
2.69	37.5	28.53	4.42	77.27
3.12	41.81	31.11	5.16	86.95
3.66	44.35	34.32	6.39	93.58

续表

注入孔隙体积倍数 （PV）	泡沫驱高渗透率 填砂管驱油效率 （%）	泡沫驱中渗透率 填砂管驱油效率 （%）	泡沫驱低渗透率 填砂管驱油效率 （%）	泡沫驱高渗透率 填砂管含水率 （%）
4.15	48.23	36.35	6.88	96.53
4.7	53.76	39.17	7.43	96.88
5.15	55.42	40.22	8.05	97.32
5.47	56.9	41.34	8.33	98.07
6.35	57.6	43.24	10.34	68.67
6.88	58.22	46.06	12.32	50.67
7.42	61.92	48.25	16.79	75
8.09	63.93	51.42	20.27	82.5
8.65	66.61	53.94	25.16	86.9
9.16	69.97	56.03	29.59	89.4
9.96	71.69	59.51	33.50	92.78
10.43	73.55	62.48	37.30	94.56
11.06	76.17	64.35	38.50	96.43
11.41	77.16	66.22	40.43	97.25
11.64	78.93	67.79	41.90	98.44

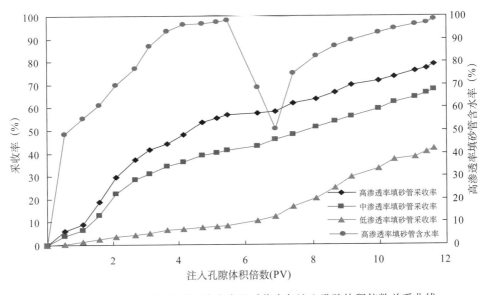

图 2-64　连续 A 空气泡沫驱含水率及采收率与注入孔隙体积倍数关系曲线

表2-14　水驱＋连续A空气泡沫驱实验结果统计

填砂管	采出程度（%）	
	水驱至含水率为98%	空气泡沫驱
低渗透率填砂管	8.33	41.90
中渗透率填砂管	41.34	67.79
高渗透率填砂管	56.90	78.93
总采收率	37.68	64.52

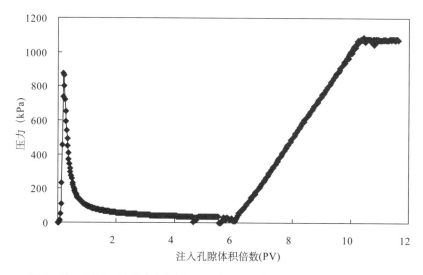

图2-65　水驱＋连续空气泡沫A驱注入压力与注入孔隙体积倍数关系曲线

　　水驱至含水率达到98%后，转A空气泡沫驱，注入压力急剧上升（图2-65），高渗透率填砂管含水率大幅度降低，最低降到50.67%（图2-64），表明泡沫A抑制了水沿高渗透层窜流，使驱替液进入中低渗透层，扩大了波及体积，提高了中低渗透层的动用程度，高、中、低渗率填砂管模型的管采收率都有不同程度增加，低渗透率填砂管采收率增加幅度达到41.90%（OOIP），比水驱提高了32.7个百分点；中渗透率填砂管最终采收率67.79%，比水驱提高了26.45个百分点，高渗透率填砂管最终采收率78.93%，比水驱提高了22.03个百分点。

　　压力曲线（图2-65）显示，水驱时压力稳定在35.87kPa，空气泡沫驱时压力最终稳定在1075kPa，定义泡沫在含油环境中的阻力系数为工作压差与基础压差的比值，其中基础压差为水驱稳定时模型两端压差，工作压差为同样流速下泡沫驱时模型两端压差。由于出口端未加回压，此时基础压差为35.87kPa，工作压差为1075kPa，计算得到泡沫在含油环境条件下的阻力系数为29.97。结合前文实验结果，泡沫在不含油环境中的阻力系数明显大于含油时的阻力系数，说明油的存在对泡沫的稳定性有很大影响，体现了泡沫遇油消泡的性质。

（3）三管并联模型空气泡沫驱提高采收率实验结果分析。

将两个方案的实验结果进行汇总，将含水率、采收率曲线绘制于同一张图中，如图 2-66 所示，图中虚线表示极限水驱油效果，实线表示水驱后转 A 空气泡沫驱油效果。

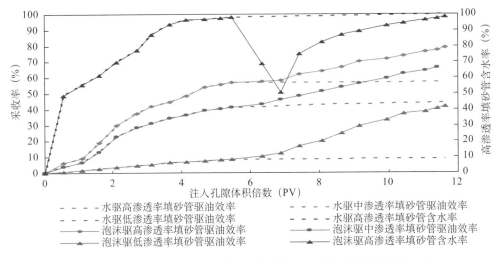

图 2-66 方案 1、方案 2 含水率及采收率与注入孔隙体积倍数关系曲线

实验结果分析（见表 2-15）：相比于极限水驱，水驱转 A 空气泡沫驱能明显提高各单管模型的采收率，其中低渗透率填砂管提高 33.28%（OOIP），中渗透率填砂管提高 26.68%（OOIP），高渗透率填砂管提高 21.81%（OOIP），三管总采收率提高 25.74%（OOIP），表明在非均质储层中，空气泡沫 A 对高渗透层能起到很好的流度控制作用，体现了泡沫堵大不堵小的性质。

表 2-15 方案 1、方案 2 实验结果对比

填砂管	方案 1	方案 2		提高幅度 (%, OOIP)
	极限水驱采收率（%）	水驱至含水率为98%采收率（%）	转 A 泡沫驱后最终采收率（%）	
低渗透率填砂管	8.62	8.33	41.90	33.28
中渗透率填砂管	41.11	41.34	67.79	26.68
高渗透率填砂管	57.12	56.90	78.93	21.81
总采收率	38.78	37.68	64.52	25.74

以上实验均是在无层间窜流情况下进行的，实际地层中由于层间渗透率差异及层间连通程度不一，会存在不同程度的层间窜流。为了更真实地反映实际地层情况，对实验模型进行了改进，在填砂管三等分处射孔，依次将填砂管两两相连，使不同渗透率层间的流体产生交换。用此模型进行了有层间窜流情况下极限水驱、水驱转 A 空气泡沫驱对比实验，从而进一步研究空气泡沫在多孔介质中的流度控制机理（有些文献称为选择性封堵）。

3.有层间窜流的三管并联模型空气泡沫驱油实验

1）有层间窜流极限水驱实验

该实验采用有层间窜流的三管并联模型（图2-67），驱油实验曲线如图2-68所示，统计各填砂管水驱极限水驱采收率见表2-16。

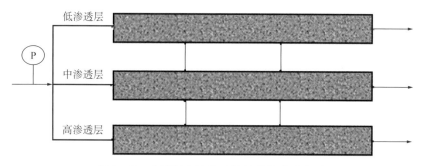

图2-67 有层间窜流的三管并联模型示意图

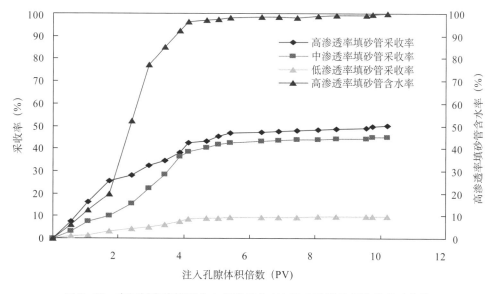

图2-68 有层间窜流模型含水率及采收率与注入孔隙体积倍数关系曲线

表2-16 有层间窜流水驱实验结果

填砂管	水驱至含水率为98%采收率（%）	水驱极限采收率（%）
低渗透率填砂管	9.26	9.88
中渗透率填砂管	42.67	45.22
高渗透率填砂管	46.99	50.03
总采出程度	34.67	36.85

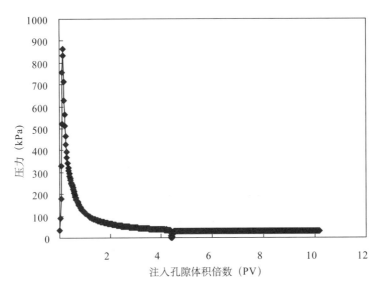

图 2-69　有层间窜流水驱实验压力与注入孔隙体积倍数关系曲线

实验结果分析如下：

（1）驱油效率随注入孔隙体积倍数的增加而逐渐增大，高渗透率填砂管含水率上升速度逐渐加快，至注入量约为 5.4PV 时，高渗透率填砂管含水率达到 98%，驱油效率达到 46.99%，中渗透率填砂管驱油效率 42.67%，而低渗透率填砂管的油几乎未被动用，驱油效率只有 9.26%，三管的总采出程度为 34.67%。

（2）继续进行水驱，各管驱油效率曲线趋于平缓，水驱至三管不出油，高渗透率填砂管含水率达 100%，高渗透率填砂管采收率达 50.03%，中渗透率填砂管采收率 45.22%，低渗透率填砂管采收率 9.88%，三管模型总采收率为 36.85%，相对于水驱至含水率为 98% 时仅增加采收率 2.18%（OOIP）。

（3）对于非均质地层，水驱至含水率为 98% 阶段后继续进行水驱效果并不好，此时已达到水驱技术极限，继续水驱在技术和经济上都已经失去效果。

另外，对比方案 1 的实验结果可以发现，同样是极限水驱，有层间窜流时采收率（36.85%）比无层间窜流时的采收率（38.78%）低。

2）有层间窜流模型水驱 +A 空气泡沫驱

该实验采用有层间窜流的三管并联实验模型，水驱至高渗透率填砂管含水率达 98% 时转 A 空气泡沫驱，驱油实验数据见表 2-17，驱油效率实验曲线如图 2-70 所示，水驱转泡沫驱后采收率统计结果见表 2-18，注入压力变化曲线如图 2-71 所示。

表 2-17　有层间窜流水驱 +A 空气泡沫驱油实验数据表

注入量体积 （PV）	高渗透率填砂管 驱油效率 （%）	中渗透率填砂管 驱油效率 （%）	低渗透率填砂管 驱油效率 （%）	高渗透率填砂管 含水率（%）
0.00	0.00	0.00	0.00	0.00

续表

注入量体积 （PV）	高渗透率填砂管 驱油效率 （%）	中渗透率填砂管 驱油效率 （%）	低渗透率填砂管 驱油效率 （%）	高渗透率填砂管 含水率（%）
0.56	7.52	3.23	0.93	6.30
1.08	16.26	7.62	1.33	12.50
1.73	25.78	10.25	3.24	20.00
2.40	28.18	15.47	4.33	52.40
2.94	32.55	22.39	5.20	77.27
3.42	34.81	28.45	6.31	85.24
3.87	38.34	36.33	7.43	92.47
4.15	42.43	38.52	8.57	96.53
4.70	43.28	40.41	9.03	97.08
5.05	45.65	41.74	9.18	97.32
5.42	46.92	42.66	9.26	98.04
6.35	47.10	54.80	13.90	68.67
6.88	49.51	57.37	23.44	59.00
7.42	54.33	61.56	27.18	74.02
8.09	59.09	63.54	35.37	81.55
8.65	63.34	65.87	36.21	87.79
9.06	66.21	68.42	37.45	89.40
9.56	68.05	71.72	39.69	94.65
9.88	69.42	73.25	41.14	95.23
10.20	71.85	74.74	43.37	98.24
10.40	73.59	75.40	44.44	98.78

表 2–18　层间窜流模型连续 A 空气泡沫驱实验结果统计

填砂管	采出程度（%）	
	水驱至含水率为98%	泡沫驱最终采收率（%）
低渗透率填砂管	9.26	44.44
中渗透率填砂管	42.66	75.40
高渗透率填砂管	46.92	73.59
总采出程度	34.67	65.80

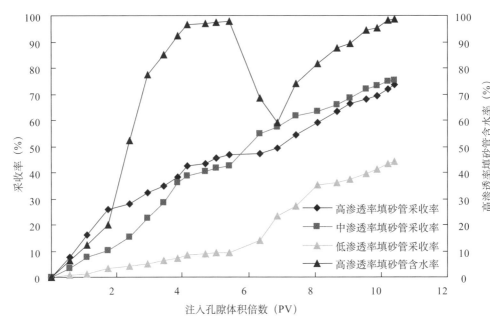

图 2-70 有层间窜流模型 A 空气泡沫驱油实验曲线

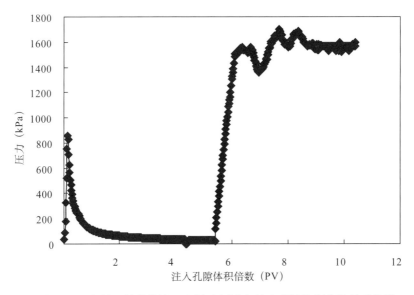

图 2-71 水驱 + 连续泡沫 A 驱注入压力与注入孔隙体积倍数关系曲线

实验结果分析如下：

（1）水驱油效率随注入孔隙体积倍数的增加而逐渐增大，高渗透率填砂管含水率上升速度逐渐加快，至注入量约为 5.4PV 时，高渗透率填砂管含水率达到 98%，驱油效率 46.92%，中渗透率填砂管驱油效率 42.66%，而低渗透率填砂管的油几乎未被动用，驱油效率只有 9.26%，水驱三管总的采出程度为 34.67%。

（2）转 A 空气泡沫驱后，注入压力急剧上升，高渗透率填砂管含水率大幅度降低，最低时降到 59%，空气泡沫抑制水沿高渗透层窜流，扩大了波及体积，高、中、低渗透率填砂管采收率都有不同程度的提高，低渗透率填砂管达到 44.44%，比水驱提高了 35.18%（OOIP），中渗透率填砂管采收率 75.40%，比水驱提高了 32.74%（OOIP），高渗透率填砂管最终采收率 73.59%，比水驱提高了 38.92%（OOIP）。证明空气泡沫 A 对于非均质地层中的水窜渗流通道可产生较强的渗流阻力，从而可提高中低渗透层采收率。由于三管之间存在流体交换，中低渗透层内的流体会进入高渗透率填砂管被一起采出，所以，高渗透层单管的采收率并不完全来源于本身。最终用三管并联模型的总采收率变化来研究 A 空气泡沫驱效果，水驱转 A 空气泡沫驱后总采收率为 65.80%，比水驱至含水率为 98% 时的采收率 34.67% 增加了 31.13%（OOIP）。

（3）从压力曲线可以得到，水驱压力稳定在 32.13kPa，空气泡沫驱时压力最终稳定在 1566.92kPa。根据前文泡沫在含油环境中的阻力系数定义可知，此时基础压差为 32.13kPa，泡沫驱压差为 1566.92kPa。计算得到泡沫在含油环境中的阻力系数为 48.77。

3）三管模型提高采收率结果统计

两种方案的实验结果进行汇总对比，将含水率、采收率曲线绘制于同一张图中（图 2-72），图中虚线表示极限水驱开发效果，实线表示水驱后转空气泡沫驱开发效果，表 2-19 对这两种方案各阶段采收率进行了统计对比。

实验结果分析：相比于极限水驱，A 空气泡沫驱能明显提高各单管模型的采收率，其中低渗透率填砂管提高 34.56%（OOIP），中渗透率填砂管提高 30.18%（OOIP），高渗透率填砂管提高 26.74%（OOIP），三管总采收率提高 28.95%（OOIP）。

表 2-19　有层间窜流模型提高采收率实验结果对比

填砂管	方案 3	方案 4		采收率提高幅度（%，OOIP）
	极限水驱驱油效率（%）	水驱至含水率为 98%驱油效率（%）	转泡沫 A 驱后最终驱油效率（%）	
低渗透率填砂管	9.88	9.26	44.44	34.56
中渗透率填砂管	45.22	42.66	75.40	30.18
高渗透率填砂管	50.03	46.92	73.59	26.74
总采出程度	36.85	34.67	65.80	28.95

4. 三管串接并联模型空气泡沫驱实验结果对比

将无层间窜流和有层间窜流的四组三管并联模型实验结果进行对比分析，结果如下：

（1）表 2-20 表明，有层间窜流时的极限水驱采收率 34.67% 比无层间窜流时采收率 38.78% 低，而低渗透率填砂管和中渗透率填砂管的水驱采收率相对偏高 1~4 个百分点，高渗透率填砂管的总采收率则偏低；转泡沫驱后有层间窜流的采收率增幅 28.95%（OOIP），比无层间窜流的采收率增幅 25.74%（OOIP）高 3.21 个百分点，其主要原因是，三只单管模型间有两条管线串接，在一定的驱动压差下，低渗透率填砂管增加了两个渗流通道，向中渗透率填砂管渗流，中渗透率填砂管也增加了两个通向高渗透率填砂管的渗流通道，致使中、低渗透率填砂管的驱油效率提高，导致最终采收率增幅的提高。

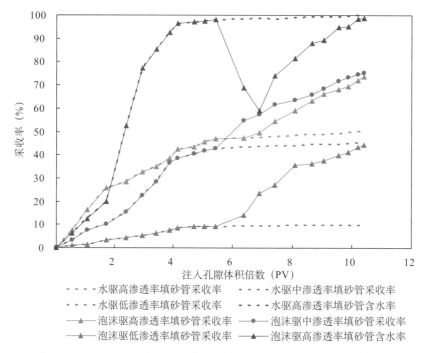

图 2–72　有层间窜流实验含水率及驱油效率和注入孔隙体积倍数关系曲线

表 2–20　三管并联模型空气泡沫驱油实验结果

方案	无层间窜流驱油效率（%，OOIP）				有层间窜流驱油效率（%，OOIP）			
	1	2		提高幅度	3	4		提高幅度
填砂管	极限水驱	水驱至含水率为98%	泡沫驱		极限水驱	水驱至含水率为98%	泡沫驱	
低渗透率填砂管	8.62	8.33	41.90	33.28	9.88	9.26	44.44	34.56
中渗透率填砂管	41.11	41.34	67.79	26.68	45.22	42.66	75.40	30.18
高渗透率填砂管	57.12	56.90	78.93	21.81	50.03	46.92	73.59	26.74
总采出程度	38.78	37.68	64.52	25.74	36.85	34.67	65.80	28.95

（2）表 2–21 表明，在一定的含油饱和度条件下，有层间窜流时的阻力系数（48.77）比无层间窜流时（29.97）高 18.8，同时也证明，在两种类型的模型上均可实现有效的流度控制。

表 2–21　空气泡沫驱三管并联模型含油条件下阻力系数

实验方案	水驱压差（kPa）	泡沫驱压差（kPa）	阻力系数
无层间窜流模型	35.87	1075.06	29.97
有层间窜流模型	32.13	1566.92	48.77

第三节　超低界面张力耦合式空气泡沫驱油实验

超低界面张力耦合式空气泡沫驱油机理在本书第一章第四节中做了详细的论述，本节不再重复。为证实该驱油机理的可行性，本节宏观物理模拟采用了三管并联模型和平面物理模型进行驱油实验，研究超低界面张力耦合式空气泡沫驱油效果。

一、三管并联空气泡沫驱实验

1. 实验设计

将起泡性能好的起泡剂 A 和具有一定发泡能力的超低界面张力起泡剂 B 交替注入，进行超低界面张力耦合式空气泡沫驱物理模拟实验。

1）实验条件

（1）实验用起泡剂两种：GFPA–2（简称 A 体系），ODS–1（简称 B 体系）；泡沫剂浓度为 0.5%（有效含量 40%），A、B 起泡剂在不同浓度下的界面张力见表 2–22。

（2）实验模型：单只填砂管模型直径 2.5cm，长度 35cm，采用地层砂充填，渗透率分别约为 500mD、1000mD、2000mD；

（3）模型连接方式：有层间窜流的三管并联模型（图 2–73）。

表 2–22　不同浓度下 A、B 泡沫体系的界面张力

泡沫剂浓度（%）		0.1	0.3	0.4	0.5	0.7
界面张力（mN/m）	A 体系	4.8×10^{-1}	4.2×10^{-1}	3.8×10^{-1}	4.2×10^{-1}	4.3×10^{-1}
	B 体系	6.4×10^{-3}	3.2×10^{-3}	3.1×10^{-3}	3.7×10^{-3}	3.9×10^{-3}

2）实验方案

具体实验方案详见表 2–23。

表 2–23　三管并联模型空气泡沫驱油实验方案

方案	驱替步骤	连接方法
1	（1）连续水驱	
	（2）2PV 水驱 +0.5PV 泡沫（A）驱 + 后续水驱	
2	（1）连续水驱	
	（2）2PV 水驱 +0.5PV 泡沫（B）驱 + 后续水驱	
3	（1）连续水驱	有层间窜流
	（2）2PV 水驱 +0.5PV 泡沫（A+B）驱 + 后续水驱	
4	（1）连续水驱	
	（2）2PV 水驱 +0.5PV 泡沫（A+B+A+B）驱 + 后续水驱	

3）实验步骤

（1）饱和水并测定水相渗透率，饱和油建立束缚水饱和度，老化 24h 后模型备用。

（2）三管并联模型重复使用，水驱后用高温水蒸汽清洗模型，重新饱和水、饱和油，老化 24h。

（3）具体实验步骤按照表 2—23 中的实验方案执行。

2. 实验结果与分析

1）方案 1：水驱 +A 空气泡沫段塞驱实验

A 空气泡沫驱油实验曲线如图 2—73 所示，各单管极限采收率统计数据见表 2—24，采收率增幅统计结果见表 2—25。

表 2—24　A 空气泡沫段塞驱实验结果

注入孔隙体积倍数（PV）	高渗透率填砂管含水率（%）	高渗透率填砂管采收率（%）	注入孔隙体积倍数（PV）	中渗透率填砂管含水率（%）	中渗透率填砂管采收率（%）	注入孔隙体积倍数（PV）	低渗透率填砂管含水率（%）	低渗透率填砂管采收率（%）
0	0	0.00	0.00	0.00	0.00	0.00	0.00	0.00
0.34	84.09	7.61	0.75	0.00	13.33	0.47	27.08	6.48
0.47	88.89	13.04	1.06	71.64	17.56	0.75	85.48	8.15
0.59	91.30	17.39	1.48	91.30	19.33	1.06	91.49	9.63
0.73	92.86	20.65	1.83	93.02	20.67	1.38	95.70	10.37
0.92	91.79	25.65	2.13	93.94	21.56	1.68	93.48	11.48
1.06	92.92	28.91	2.53	93.18	22.89	2.13	96.38	12.41
1.24	94.07	32.17	2.95	93.88	24.22	2.42	95.74	13.15
1.43	95.17	35.22	3.34	95.45	25.11	2.74	95.28	14.07
1.60	92.31	39.35	3.73	93.68	26.44	3.08	95.90	15.00
1.76	95.67	41.96	3.79	96.25	27.11	3.73	96.65	16.67
1.90	95.85	43.70	3.84	72.41	34.22	3.79	93.42	17.59
2.13	96.15	46.30	3.91	89.66	37.56	3.84	92.68	18.70
2.30	97.66	47.61	3.98	87.18	43.11	3.95	84.96	22.41
2.53	97.99	48.91	4.05	91.35	47.11	4.11	93.33	25.19
2.88	97.80	51.30	4.12	95.35	49.33	4.20	93.62	27.96
3.20	97.40	53.91	4.18	91.43	52.67	4.23	97.50	28.33
3.53	97.22	56.52	4.23	95.48	54.22	4.67	97.89	28.70
3.73	99.43	56.96	5.29	98.48	54.44	5.29	98.77	28.89
3.79	94.66	59.35	7.96	98.25	54.67	5.47	98.67	29.07

续表

注入孔隙体积倍数 (PV)	高渗透率填砂管含水率 (%)	高渗透率填砂管采收率 (%)	注入孔隙体积倍数 (PV)	中渗透率填砂管含水率 (%)	中渗透率填砂管采收率 (%)	注入孔隙体积倍数 (PV)	低渗透率填砂管含水率 (%)	低渗透率填砂管采收率 (%)
3.84	90.48	65.87				7.96	99.12	29.26
3.90	82.05	73.48						
3.95	83.64	83.26						
4.03	85.71	93.04						
4.09	91.98	96.74						
4.17	95.56	98.91						
4.23	96.41	100.43						
4.61	97.12	101.96						
4.84	99.48	102.39						
5.10	99.60	102.83						
7.96	99.87	102.83						

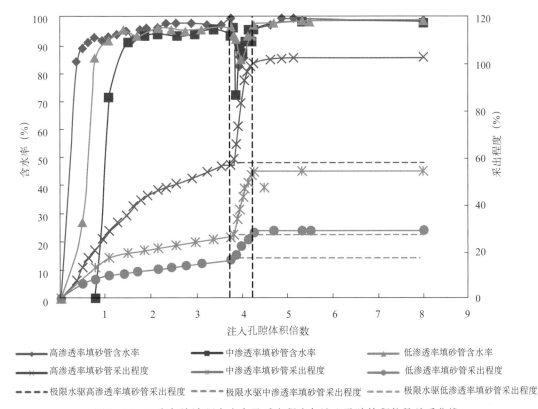

图 2-73　A 空气泡沫驱含水率及采出程度与注入孔隙体积倍数关系曲线

表 2-25　A 空气泡沫驱、极限水驱实验结果统计表

编号	采出程度（%）				采收率提高幅度（%，OOIP）
	极限水驱	A 空气泡沫驱			
		水驱至含水率为98%	A 空气泡沫驱至0.5PV	后续水驱至含水率为98%	
低渗透率填砂管	17.12	16.67	28.33	29.26	12.14
中渗透率填砂管	27.26	26.44	54.22	54.67	27.41
高渗透率填砂管	58.32	56.96	100.43	102.83	44.51
总采收率	33.97	32.48	59.24	60.49	26.52

实验数据分析如下：

（1）极限水驱。

水驱驱油效率随着注入孔隙体积倍数的增加而逐渐增大，高渗透率填砂管含水率上升较快，水驱至 3.8PV 时，高渗透率填砂管含水率达到 98% 以上，继续进行水驱，各管驱油效率变化不大（图 2-73 中虚线）。驱替至三管几乎都不出油时停止水驱，高渗透率填砂管的最终水驱极限采收率为 58.32%，中渗透率填砂管为 27.26%，低渗透率填砂管为 17.12%，三管总采收率为 33.97%。

（2）水驱 + 后转 A 空气泡沫驱 + 后续水驱。

水驱至含水率为 98% 时，三管总采收率为 32.48%，其中高渗透率填砂管驱油效率为 56.96%，中渗透率填砂管驱油效率为 26.44%，低渗透率填砂管驱油效率为 16.67%，随后向模型中注入空气泡沫 A，随着泡沫的注入，各管含水率明显降低，其中，中渗透率填砂管含水率降低幅度最大，含水率最低降至 72.41%，说明空气泡沫 A 对非均质地层的选择性封堵作用非常明显，注空气泡沫 0.5PV 时结束，高渗透率填砂管的采收率达到 100.43%，超过了 100%，这是由于层间窜流的影响，此时单根管的采收率已不能代表每根管本身的采油量，由于层间流体交换作用，在高渗透率填砂管的前 1/3 段被封堵后，中、低渗透率填砂管的油可能通过填砂管中间的连通管线进入到高渗透率填砂管的后 2/3 段，与高渗透率填砂管原有的油一起被采出，从而导致高渗透率填砂管采收率超过理论值，这是空气泡沫驱扩大波及体积的明显表征。转后续水驱阶段，实验至含水率再次达到 98% 以上时，最终总采收率为 60.49%，比极限水驱采收率 33.97% 提高了 26.52%（OOIP），空气泡沫 A 对非均质地层的择性封堵效果非常明显，泡沫通过封堵高渗透层，抑制水沿高渗透层窜流，使驱替液进入中低渗透层，扩大了波及系数，从而提高采收率。

2）方案 2：水驱 +B 空气泡沫段塞驱实验

B 空气泡沫驱油实验曲线如图 2-74 所示，各单管极限采收率统计数据见表 2-26，采收率增幅统计结果见表 2-27。

表2-26　B 空气泡沫段塞驱实验结果

注入孔隙体积倍数(PV)	高渗透率填砂管含水率(%)	高渗透率填砂管采收率(%)	注入孔隙体积倍数(PV)	中渗透率填砂管含水率(%)	中渗透率填砂管采收率(%)	注入孔隙体积倍数(PV)	低渗透率填砂管含水率(%)	低渗透率填砂管采收率(%)
0	0.00	0.00	0	0.00	0.00	0	0	0
0.20	67.50	14.13	0.37	23.08	9.26	0.37	0	3.33
0.37	83.45	24.57	0.56	53.33	11.85	0.56	10.256	11.11
0.50	83.78	31.09	0.75	80.00	13.33	3.78	0	13.33
0.62	92.12	33.91	1.01	88.89	14.81	4.27	0	13.78
0.75	95.05	35.87	1.21	92.31	15.56	8.23	0	13.78
0.84	96.06	38.04	1.57	96.12	16.30			
1.13	97.50	40.65	1.82	94.12	17.04			
1.38	97.83	42.83	2.08	94.37	17.78			
1.68	97.92	45.00	2.55	93.98	18.70			
2.24	97.92	49.35	2.67	93.83	19.63			
2.81	98.90	51.52	2.94	93.75	20.56			
3.48	98.69	54.78	3.22	94.81	21.30			
3.78	98.04	56.96	3.48	96.10	21.85			
3.82	94.59	59.13	3.78	96.00	22.59			
3.87	98.42	59.78	3.82	90.00	23.52			
3.92	95.45	61.96	3.87	88.64	25.37			
3.97	93.02	65.22	3.92	60.53	30.93			
4.02	92.17	68.91	3.97	85.71	33.15			
4.07	91.11	73.26	4.02	87.91	35.19			
4.12	93.02	76.52	4.07	88.42	37.22			
4.15	95.45	80.87	4.12	89.63	39.81			
4.20	94.46	85.87	4.27	92.00	41.67			
4.23	94.38	91.30	5.61	92.00	43.15			
4.27	97.48	94.57	6.27	95.83	44.07			
4.94	98.57	95.22	6.94	97.27	44.63			
5.61	98.44	96.30	8.28	97.87	45.56			
6.27	99.38	96.96						

续表

注入孔隙体积倍数（PV）	高渗透率填砂管含水率(%)	高渗透率填砂管采收率(%)	注入孔隙体积倍数（PV）	中渗透率填砂管含水率(%)	中渗透率填砂管采收率(%)	注入孔隙体积倍数（PV）	低渗透率填砂管含水率(%)	低渗透率填砂管采收率(%)
6.94	99.51	98.04						
7.61	99.60	98.06						
8.28	99.70	98.07						

表 2-27　B 空气泡沫驱、极限水驱实验结果统计表

编号	采出程度（%）				采收率提高幅度(%，OOIP)
	极限水驱	水驱	B 空气泡沫	后续水驱	
低渗透率填砂管	13.33	13.33	13.78	13.78	0.45
中渗透率填砂管	23.81	22.59	41.67	45.56	21.75
高渗透率填砂管	58.53	56.96	94.57	99.51	40.98
总采收率	31.57	30.34	49.79	52.32	20.75

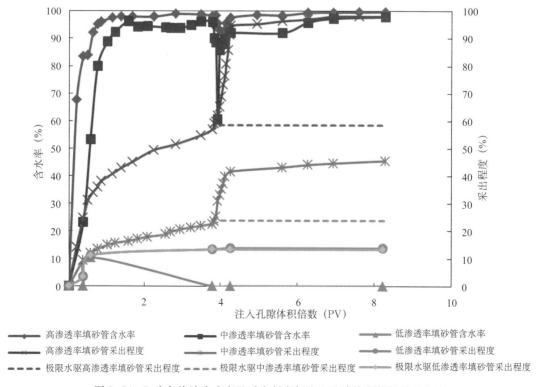

图 2-74　B 空气泡沫含水率及采出程度与注入孔隙体积倍数关系曲线

实验数据分析如下：

（1）极限水驱。

水驱驱油效率随着注入孔隙体积倍数的增加而逐渐增大，高、中渗透率填砂管含水率上升很快，实验至注水约 3.8PV 时，高、中渗透率填砂管的含水率已接近 98%，而低渗透率填砂管几乎未见水。继续进行水驱，各管驱油效率变化不明显（图 2-74 中虚线）。实验至三管几乎不出油时停止水驱，高渗透率填砂管最终水驱极限采收率为 58.53%，中渗透率填砂管为 23.81%，低渗透率填砂管仅为 13.33%，三管总采收率为 31.57%。

（2）水驱 + 后转 B 空气泡沫驱 + 后续水驱。

水驱至含水率 98% 时，三管总采收率为 30.34%，其中高渗透率填砂管驱油效率为 56.96%，中渗透率填砂管驱油效率为 22.59%，低渗透率填砂管驱油效率仅为 13.33%。注入 0.5PV 的 B 空气泡沫后，高、中渗透率填砂管含水率略有下降，低渗透率填砂管几乎不出液，含水率为 0，高渗透率填砂管采收率增加幅度最大，中渗透率填砂管次之，而低渗透率填砂管采收率几乎无变化，说明 B 空气泡沫并不能有效封堵高渗透层。由于 B 起泡剂本身是表面活性剂，且是超低界面张力表面活性剂，能够提高驱油效率，所以中高渗透率填砂管驱油效率显著增加。转后续水驱后，最终总采收率达到 52.32%，比极限水驱时提高了 20.75%（OOIP），提高幅度比方案 1 的 A 空气泡沫段塞实验结果低近 6%（OOIP）。

（3）综合对比方案 1 和方案 2 的实验结果。

A 体系泡沫具备在非均质地层中进行剖面调整的作用，能够扩大波及体积；B 体系泡沫择性封堵作用不明显，但具备超低油水界面张力提高驱油效率的作用。将 A、B 泡沫交替注入，能发挥二者的协同作用，既可扩大波及体积，又提高了驱油效率，从而进一步提高采收率，因此，设计了实验方案 3 和方案 4。

3）方案 3：水驱 +A+B 空气泡沫段塞驱实验

实验水驱 2PV 后，交替注入 A、B 泡沫段塞各 0.25PV，再转后续水驱结束实验，驱油实验曲线如图 2-75 所示，各单管极限采收率统计数据见表 2-28，采收率增幅统计结果见表 2-29。

表 2-28　A+B 空气泡沫段塞驱实验结果

注入孔隙体积倍数（PV）	高渗透率填砂管含水率（%）	高渗透率填砂管采收率（%）	注入孔隙体积倍数（PV）	中渗透率填砂管含水率（%）	中渗透率填砂管采收率（%）	注入孔隙体积倍数（PV）	低渗透率填砂管含水率（%）	低渗透率填砂管采收率（%）
0	0.00	0.00	0	0.00	0.00	0	0.00	0.00
0.08	39.51	10.89	0.28	0.00	7.41	3.76	0.00	9.78
0.16	72.94	16.00	0.59	0.00	13.89	3.86	0.00	12.17
0.22	76.53	21.11	0.82	0.00	20.56	3.96	35.71	14.13
0.31	85.60	25.11	1.10	46.00	25.56	3.98	37.50	15.22
0.44	87.50	29.78	1.34	64.29	29.26	4.04	56.25	19.78

续表

注入孔隙体积倍数（PV）	高渗透率填砂管含水率（%）	高渗透率填砂管采收率（%）	注入孔隙体积倍数（PV）	中渗透率填砂管含水率（%）	中渗透率填砂管采收率（%）	注入孔隙体积倍数（PV）	低渗透率填砂管含水率（%）	低渗透率填砂管采收率（%）
0.54	91.82	33.78	1.71	78.85	33.33	4.11	82.69	21.74
0.67	93.65	37.33	2.02	90.32	35.00	4.23	85.71	23.48
0.78	93.91	40.44	2.27	92.39	36.30	4.59	84.71	26.30
1.03	96.24	44.00	2.70	93.20	37.59	4.79	85.45	28.04
1.27	97.94	46.22	3.11	93.55	38.70	4.98	87.50	29.35
1.90	98.38	50.00	3.54	96.91	39.26	5.15	88.89	30.43
2.70	98.99	52.22	3.76	96.00	39.81	5.34	91.67	31.30
3.76	99.04	54.22	3.79	94.51	40.74	5.63	92.71	32.83
3.77	96.30	54.89	3.86	94.94	41.48	5.85	93.103	33.696
3.80	88.24	57.56	3.88	96.25	42.04	6.42	93.605	36.087
3.83	87.25	60.44	3.94	96.88	42.78	6.83	93.793	38.043
3.86	93.79	62.44	4.00	96.80	43.52	7.20	95.327	39.13
3.92	95.51	64.89	4.09	88.48	47.04	7.45	95.833	39.783
3.96	95.74	67.11	4.14	89.29	48.70	7.65	97.059	40.217
3.99	95.83	68.22	4.16	89.41	50.37			
4.07	92.74	72.22	4.23	92.00	51.48			
4.10	90.77	74.89	4.512	86.364	54.259			
4.17	93.94	77.11	4.745	87.037	56.852			
4.23	96.52	78.89	5.118	88.298	58.889			
4.51	93.33	80.44	5.708	91.852	60.926			
4.74	93.20	82.00	6.253	94.275	63.704			
5.12	92.67	84.44	6.874	97.895	65.185			
5.71	95.80	86.89	7.651	98.039	66.667			
6.25	98.54	88.00						
6.87	99.47	88.44						

续表

注入孔隙 体积倍数 （PV）	高渗透率 填砂管含 水率（%）	高渗透率填 砂管采收率 （%）	注入孔隙 体积倍数 （PV）	中渗透率 填砂管含 水率（%）	中渗透率填 砂管采收率 （%）	注入孔隙 体积倍数 （PV）	低渗透率 填砂管含 水率（%）	低渗透率填 砂管采收率 （%）
7.65	99.78	88.67						

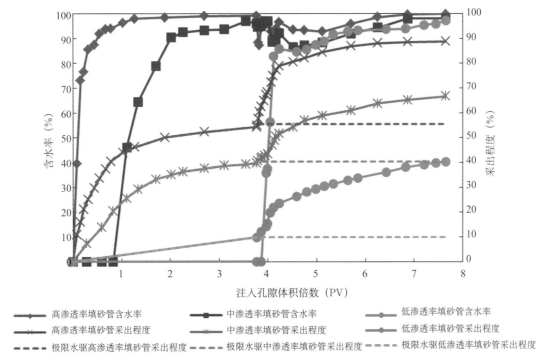

图 2-75　A+B 空气泡沫驱含水率及采出程度与注入孔隙体积倍数关系曲线

表 2-29　A+B 空气泡沫段塞驱、极限水驱实验结果统计表

编号	采出程度（%）					采收率提高 幅度 （%，OOIP）
	极限水驱	水驱	A 空气泡沫	B 空气泡沫	后续水驱	
低渗透率填砂管	9.78	9.78	15.22	23.48	40.22	30.44
中渗透率填砂管	40.32	39.81	43.52	51.48	66.67	26.35
高渗透率填砂管	55.50	54.22	68.22	78.89	88.67	33.17
总采收率	35.66	34.76	42.21	51.1	65.12	29.46

实验结果分析如下：

（1）极限水驱。

驱油效率随着注入孔隙体积倍数的增加而逐渐增大，高、中渗透率填砂管含水率上升较快，水驱至约 3.7PV 时，高、中渗透率填砂管的含水率已接近 98%，继续进行水驱，各管驱油效率变化不明显（图 2-75 中虚线）。实验至三管几乎都不出油时停止水驱，高渗透率填砂管最终水驱极限采收率为 55.50%，中渗透率填砂管为 40.32%，低渗透率填砂管仅为 9.78%，三管总采收率 35.66%。

（2）水驱 + 后转 A+B 空气泡沫驱 + 后续水驱。

水驱至含水率为 98% 时，三管总采收率为 34.76%，其中高渗透率填砂管驱油效率为 54.22%，中渗透率填砂管驱油效率为 39.81%，低渗透率填砂管驱油效率仅为 9.78%。当交替注入 A、B 空气泡沫各 0.25PV 后，低渗透率填砂管产液量明显增加，含水率也随之增加，高、中渗透率填砂管含水率下降，最低含水率降至 88.24%。实验至泡沫驱结束时三管采收率都有所提高，高渗透率填砂管由水驱时的 54.22% 提高到 78.89%，提高了 24.67%（OOIP）；中渗透率填砂管由水驱时的 39.81% 提高到 51.48%，提高了 11.67%（OOIP）；低渗透率填砂管由水驱时的 9.78% 提高到 23.48%，提高了 13.7%（OOIP），高渗透率填砂管提高幅度最大，低渗透率填砂管次之。后续水驱阶段，高、中、低渗透率填砂管采收率分别达到 88.67%、66.67% 和 40.22%，比泡沫驱结束时分别提高了 9.78%（OOIP）、15.19%（OOIP）和 16.74%（OOIP）。相比实验方案 2（B 空气泡沫段塞驱）的后续水驱阶段，各管采收率明显提高。交替注入 A、B 空气泡沫后，一方面，由于 A 泡沫封堵了高渗透层，使 B 空气泡沫进入含油饱和度较高的中、低渗透层，提高波及系数；另一方面，由于泡沫具有遇油消泡的性质，B 空气泡沫在高含油饱和度的中、低渗透层中稳定性难以得到保证，大部分 B 泡沫破灭成为 B 表面活性剂和空气，由方案 2 的实验结果可知，B 空气泡沫封堵作用不明显，但由于其为超低界面张力表面活性剂，能起到很好的驱油作用，加上泡沫破灭后游离空气的驱替作用，能显著提高中、低渗透率填砂管驱油效率。由于二者的共同作用，使最终总采收率达到 65.12%，比极限水驱总采收率 35.66% 提高了 29.46%（OOIP），采收率增加幅度大于实验方案 1 和方案 2 两组实验结果，分别为 26.52%（OOIP）和 20.75%（OOIP），即在注入泡沫总量一样的情况下，交替注入 A、B 空气泡沫效果优于单独注入 A 空气泡沫或单独注入 B 空气泡沫的效果，体现了多体系空气泡沫耦合增效机理。

4）方案 4：水驱 +A+B+A+B 空气泡沫段塞交替驱实验结果

该实验是在以上三组方案实验的基础上，先进行极限水驱实验，然后进行水驱后分 4 个周期交替注入 A、B、A、B 泡沫各 0.125PV，空气泡沫总段塞体积 0.5PV，后续水驱结束实验，驱油实验曲线如图 2-76 所示，各单管极限采收率统计结果见表 2-30，采收率增幅统计结果见表 2-31。

表 2-30　A+B+A+B 空气泡沫段塞驱实验结果

注入孔隙体积倍数（PV）	高渗透率填砂管含水率（%）	高渗透率填砂管采收率（%）	注入孔隙体积倍数（PV）	中渗透率填砂管含水率（%）	中渗透率填砂管采收率（%）	注入孔隙体积倍数（PV）	低渗透率填砂管含水率（%）	低渗透率填砂管采收率（%）
0	0.00	0.00	0	0.00	0.00	3.98	0.00	8.44

续表

注入孔隙体积倍数（PV）	高渗透率填砂管含水率（%）	高渗透率填砂管采收率（%）	注入孔隙体积倍数（PV）	中渗透率填砂管含水率（%）	中渗透率填砂管采收率（%）	注入孔隙体积倍数（PV）	低渗透率填砂管含水率（%）	低渗透率填砂管采收率（%）
0.16	48.28	14.30	0.31	0.00	7.41	4.10	0.00	17.78
0.23	68.79	23.96	0.67	0.00	14.07	4.18	16.95	28.67
0.31	68.68	34.35	0.92	0.00	21.11	4.23	71.43	30.00
0.42	83.03	40.43	1.23	45.10	26.30	4.27	70.37	33.56
0.54	89.36	45.87	1.49	75.86	28.89	4.30	88.71	35.11
0.67	93.75	49.13	1.87	87.50	31.30	4.35	91.80	36.22
0.81	96.00	51.30	2.19	90.32	32.96	4.48	89.66	39.56
0.92	96.09	53.26	2.47	92.39	34.26	4.84	84.62	41.78
1.20	97.11	54.30	2.91	93.20	35.56	5.04	90.91	42.89
1.46	96.30	55.22	3.33	94.62	36.48	5.22	93.62	43.56
2.13	99.05	56.39	3.76	95.92	37.22	5.40	95.56	44.00
2.91	99.49	56.48	3.98	95.89	37.78	5.58	93.75	44.67
3.98	99.47	56.57	4.02	96.84	38.33	5.88	95.83	45.56
4.02	97.52	70.22	4.05	97.44	38.70	6.10	96.55	46.00
4.05	98.04	70.65	4.10	96.25	39.26	6.75	95.35	47.78
4.08	99.02	70.87	4.14	95.37	40.19	7.28	95.86	49.11
4.10	98.62	71.30	4.23	97.37	41.11			
4.14	95.92	73.48	4.27	90.91	43.89			
4.17	95.74	75.65	4.31	61.90	49.81			
4.23	95.83	76.74	4.35	86.96	52.59			
4.29	93.88	80.00	4.42	92.00	54.44			
4.35	94.44	82.17	4.48	93.58	56.67			
4.42	93.94	84.35	4.76	95.45	57.59			

续表

注入孔隙 体积倍数 （PV）	高渗透率 填砂管含 水率（%）	高渗透率 填砂管采 收率（%）	注入孔隙 体积倍数 （PV）	中渗透率 填砂管含 水率（%）	中渗透率 填砂管采 收率（%）	注入孔隙 体积倍数 （PV）	低渗透率 填砂管含 水率（%）	低渗透率 填砂管采 收率（%）
4.48	96.96	85.87	4.88	96.36	58.33			
4.76	98.40	86.30	5.10	94.74	59.26			
4.88	97.90	86.96	5.60	95.33	60.56			
5.10	99.13	87.39	6.05	95.65	62.41			
5.60	98.59	88.91	6.50	98.96	63.33			
6.05	99.32	89.57	7.28	98.04	65.19			
6.50	100.00	89.57						
7.28	100.00	89.57						

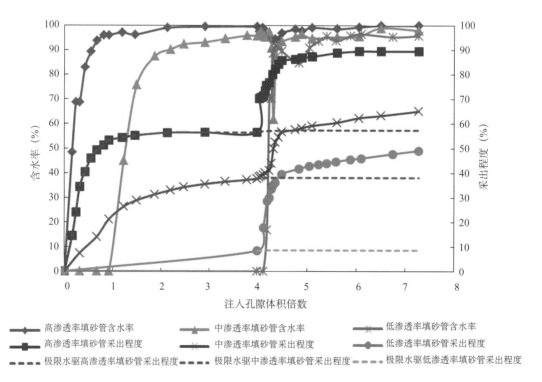

图 2-76 A+B+A+B 空气泡沫驱含水率及采出程度与注入孔隙体积倍数关系曲线

表 2-31　A+B+A+B 空气泡沫段塞驱、极限水驱实验结果统计表

编号	采出程度（%）							提高幅度（%，OOIP）
	极限水驱	水驱	A 泡沫	B 泡沫	A 泡沫	B 泡沫	后续水驱	
低渗透率填砂管	8.62	8.44	17.78	28.67	36.22	39.56	49.11	40.49
中渗透率填砂管	38.54	37.78	39.26	41.11	52.51	56.67	65.19	26.65
高渗透率填砂管	57.42	56.57	71.3	76.74	82.17	85.87	89.57	32.15
总采收率	35.24	34.67	42.76	48.97	56.90	60.62	67.93	32.69

实验数据分析如下：

（1）极限水驱。

驱油效率随着注入孔隙体积倍数的增加而逐渐增大，高、中渗透率填砂管含水率上升很快，实验至注水约 3.7PV 时，高、中渗透率填砂管的含水率已接近 98%，继续进行水驱，各管驱油效率变化不明显（图 2-76 中虚线）。实验至三管几乎都不出油时停止水驱，高渗透率填砂管最终水驱极限采收率为 57.42%，中渗透率填砂管为 38.54%，低渗透率填砂管仅为 8.62%，三管总采收率为 35.24%。

（2）水驱 + 后转 A+B+A+B 空气泡沫驱 + 后续水驱。

水驱至含水率 98% 时，三管总采收率为 34.67%，其中高渗透率填砂管驱油效率为 56.57%，中渗透率填砂管驱油效率为 37.78%，低渗透率填砂管驱油效率仅为 8.44%。当交替注入 A、B、A、B 空气泡沫各 0.125PV 后，低渗透率填砂管产液量明显增加，含水率也随之增加，高、中渗透率填砂管含水率下降，最低含水率降至 61.90%。实验至泡沫驱结束时三管采收率都有所提高，高渗透率填砂管由水驱时的 56.57% 提高到 60.62%，提高了 4.05%（OOIP）；中渗透率填砂管由水驱时的 37.78% 提高到 56.67%，提高了 18.89%（OOIP）；低渗透率填砂管由水驱时的 8.44% 提高到 39.56%，提高了 31.12%（OOIP），低渗透率填砂管提高幅度最大。相比于方案 3 实验（A+B 空气泡沫段塞驱）的泡沫驱阶段，中、低渗透率填砂管采收率提高幅度更大，后续水驱阶段，高、中、低渗透率填砂管采收率分别为89.57%、65.19% 和 49.11%，比泡沫驱结束时分别提高了 3.7%（OOIP）、8.52%（OOIP）和9.55%（OOIP）。最终三管总采收率为 67.93%，比极限水驱采收率 35.24% 提高了 32.69%（OOIP），提高幅度高于前三组方案的实验结果。此结果不仅体现了多体系空气泡沫耦合增效作用，更进一步说明了在总泡沫注入量不变的情况下，适当缩短 A、B 空气泡沫段塞交替周期能起到更好的驱油效果，这主要与泡沫的稳定性有关，只有 A 空气泡沫稳定存在于储层内，才能封堵住高渗透层，使后续驱替液进入低渗透层，B 空气泡沫才能充分地发挥超低界面张力表面活性剂作用。因此，适当缩短泡沫段塞交替周期更有利于提高采收率。

为了更进一步说明以上实验结论，统计了有层间窜流情况下的 5 组三管并联实验注泡沫前后三管产液量的百分比（图 2-77）。由图中可以看出，每一组实验注泡沫前，高渗透率填砂管产液量都在 70% 左右，明显高于中、低渗透率填砂管的产液量，而转泡沫驱后，三

管产液量极差都有不同程度缩小，最后一组实验（注 A+B+A+B 空气泡沫段塞）中产液量极差最小，产液剖面最均匀，说明择性封堵效果最好，与前文的讨论结果一致。

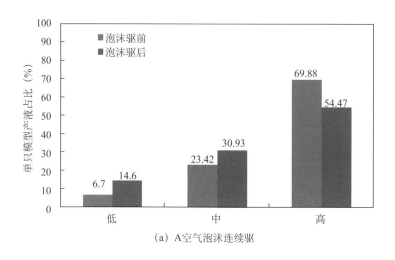

（a）A空气泡沫连续驱

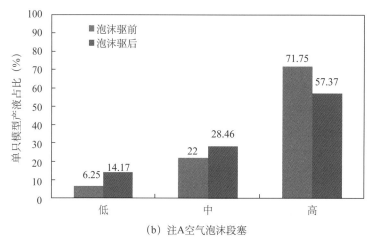

（b）注A空气泡沫段塞

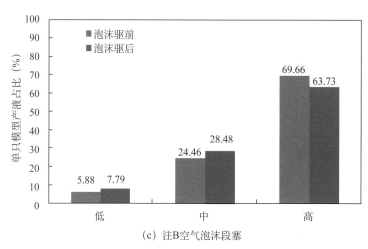

（c）注B空气泡沫段塞

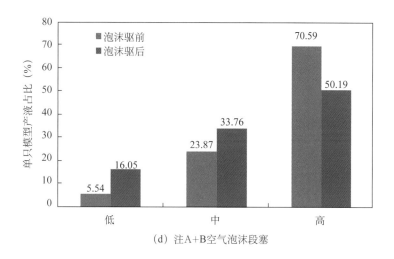

(d) 注A+B空气泡沫段塞

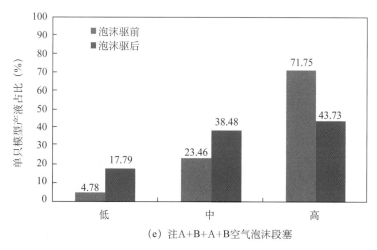

(e) 注A+B+A+B空气泡沫段塞

图 2-77 三管模型注泡沫前后单只模型产液量变化对比

二、平面物理模型空气泡沫驱实验

1. 单层平面模型空气泡沫驱实验

1) 实验模型

平面模型如图 2-78 所示,图 2-79、图 2-80 为平面模型实物图。

平面模型采用地层砂充填,渗透率为 1.0D,其内部尺寸为 50cm×50cm×5cm,其侧面分布 25 个测压点,模拟港东二区五断块空气泡沫驱先导试验区目的层油藏条件。

2) 实验方案

实验方案见表 2-32。

实验步骤:

(1) 利用平流泵对平面模型饱和水,计算模型的孔隙体积和孔隙度。

(2) 建立模型束缚水饱和度。

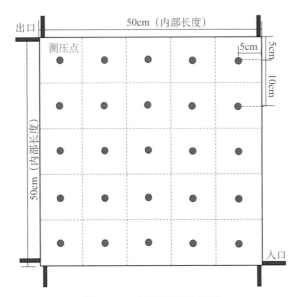

图 2-78　平面模型示意图

图 2-79　平面模型填砂过程实物图

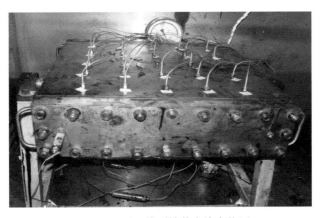

图 2-80　平面模型填装完毕实物图

（3）水驱至产出液含水率 98% 时，转空气泡沫驱 0.5PV 后转后续水驱，当含水率再次达到 98% 时实验结束。

表 2–32　单层平面模型空气泡沫驱实验方案

方案	驱替方式
1	水驱至含水率为 98%，注 0.3PV 泡沫 A，后续水驱至含水率为 98%
2	水驱至含水率为 98%，注 0.3PV 泡沫 A+0.3PV 泡沫 B，后续水驱至含水率为 98%
3	水驱至含水率为 98%，注 0.3PV 泡沫（A+B+A+⋯），后续水驱至含水率为 98%

3）实验结果与分析

（1）方案 1 实验结果分析。

图 2–81 为单层平面模型注空气泡沫 A 实验结果。

水驱达 3PV 时，产出液含水率达到 98%，采出程度达到 40.02%，图 2–81 中虚线表示前期水驱的极限采出程度，其值为 45.24%。

水驱达 3PV 后，转注空气泡沫 0.3PV，从图 2–81 中可以看出其含水率有非常明显的下降，最低点达到 77.2%，而泡沫驱结束时的采出程度已突破前期水驱的极限采出程度，达到了 46.40%。在注入 0.3PV 泡沫后进行后续水驱，到含水率达到 98% 结束实验，最终采收率为 67.80%，比水驱极限采出程度高出 22.56%（OOIP）。

单层模型不存在渗透率的层间干扰现象，但在实际渗流过程中总是存在一些高渗透通道。前期水驱后期，高渗透通道中水相的相对渗透率远大于油相，使得大部分注入水从这些通道中通过，无法对其他孔隙中的剩余油进行驱替。而在注入泡沫 A 后，展现出对高渗透通道良好的封堵作用，增加了渗流阻力，使得其中的液相渗透率大幅度降低，迫使流体进入未被波及的小孔隙中，因此注泡沫时，含水率出现非常明显的下降。当泡沫段塞注入结束，由于泡沫在一段时间内可以保持稳定，因此后续水驱开始时含水率仍然处于相对较低的水平，充分体现出泡沫 A 的择性封堵作用。

（2）方案 2 实验结果分析。

图 2–82 为单层平面模型注空气泡沫 A+ 泡沫 B 实验结果。

水驱的含水率上升较快，驱替达 1.4PV 时，产出液含水率已经达到 98%，采出程度达到 41.15%，图 2–82 中虚线表示水驱的极限采出程度值为 46.21%。

水驱达 1.4PV 后，转注 0.3PV 泡沫 A+0.3PV 泡沫 B，从图 2–82 中可以看出其含水率有非常明显的下降，而泡沫驱结束时的采出程度已突破前期水驱的极限采出程度，达到了 52.73%。在注入 0.3PV 泡沫 A+0.3PV 泡沫 B 后进行后续水驱，到含水率达到 98%、驱替实验结束的时刻，模型的最终采出程度为 72.41%，比水驱极限采出程度提高 26.20%（OOIP）。

（3）方案 3 实验结果分析。

图 2–83 为单层平面模型空气泡沫驱实验结果。

水驱达 1.7PV 时，产出液含水率达到 98%，采出程度达到 40.32%，图 2–83 中虚线表示前期水驱的极限采出程度，其值为 45.65%。

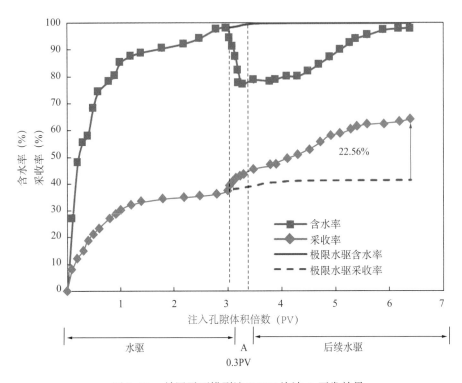

图 2-81 单层平面模型注 0.3PV 泡沫 A 开发效果

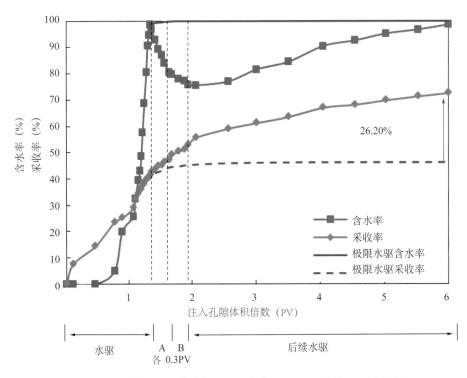

图 2-82 单层平面模型注 0.3PV 泡沫 A+0.3PV 泡沫 B 开发效果

水驱达 1.7PV 后，转注泡沫液为 0.3PV，注入方式为分为 10 个小段塞，每个段塞
0.03PV，A 泡沫体系与 B 泡沫体系交替注入。从图 2-83 中可以清楚地观察到含水率下降，
最低点达到 72.17%，而泡沫驱结束时的采出程度已突破前期水驱的极限采出程度，达到了
49.17%。在注入 0.3PV 泡沫后继续水驱，到含水率达到 98% 时结束实验，最终采出程度为
70.32%，比水驱极限采出程度提高 24.67%。

从表 2-33 可以看到，方案 1 与方案 3 的前期水驱极限采收率近似，二者的前期水驱
采收率也非常相近。而在注入泡沫量相同的条件下，在泡沫驱结束时，方案 3 的采出程度
比方案 1 提高 2.77%，在后续水驱结束、驱替实验完成时采出程度提高 2.42%。这是由于方
案 3 在注入泡沫 A 封堵高渗通道的基础上加入超低界面张力泡沫 B，其遇油消泡的特性使
得其在小孔隙中起到了较好的洗油作用，提高了驱油效率，因此泡沫 A+ 泡沫 B 的注入方
式提高采收率效果高于单纯注入泡沫 A。还应注意的一个现象是，虽然方案 3 中泡沫 A 注
入的总量为 0.15PV，仅为方案 1 中泡沫注入量的一半，但在泡沫驱结束后其含水率被降至
72.17%，比方案 1 低 5%，由于泡沫 B 封堵能力较低，不能起到封堵高渗透孔道和大幅降低
水相渗透率的作用，因此，从一个角度上说明了将泡沫 A 段塞细分为小段塞间隔注入能起
到更好的效果。

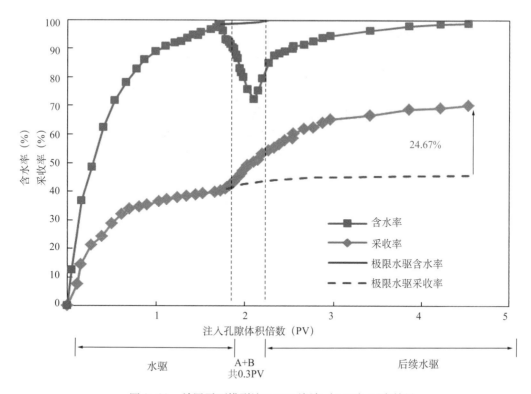

图 2-83 单层平面模型注 0.3PV 泡沫（A+B）开发效果

2. 双层平面模型空气泡沫驱实验研究
1）双层平面模型制作
模型尺寸为 50cm×50cm×5cm，采用地层砂充填，将注入端和采出端固定在平面模型

对角处，在平面模型中间沿着水平方向固定一张 280 目的滤网，将平面模型内部空间平均分成上下两层；按实验方案要求填装地层砂，边填砂边加地层水，填装完毕后盖上另一端的法兰盖，并记录所加地层水的量（图 2-84）。

表 2-33 单层平面模型实验结果统计

方案		采出程度（%）				采收率提高幅度（%，OOIP）
		泡沫段塞驱			极限水驱	
		水驱	泡沫驱	后续水驱		
1	A	40.02	46.40	67.80	45.24	22.56
2	A+B（A、B 各 0.3PV）	41.15	52.73	72.41	46.21	26.20
3	A+B+A+B+…（共 0.3PV，平均分成 10 个段塞交替注入）	40.32	49.17	70.32	45.65	24.67

图 2-84 多层平面模型实物图

2）实验方案

泡沫剂浓度为 0.5%，气液比为 1∶1，水驱至含水率达到 98% 后，转注空气泡沫，在后续水驱至含水率为 98% 结束实验，实验方案见表 2-34。

表 2-34 多层平面模型实验方案

方案	驱替方式
1	水驱 +0.3PV 泡沫 A+ 后续水驱
2	水驱 +0.3PV 泡沫（A+B+A+B+…）+ 后续水驱

3）实验结果与分析

（1）方案 1 实验结果分析。

图 2-85 为双层平面模型注空气泡沫 A 开发实验结果。

水驱达 1.15PV 时，产出液含水率达到 98%，采出程度达到 32.47%，图 2-76 中虚线表示前期水驱的极限采出程度为 34.36%。

水驱达 1.15PV 后，转注泡沫 A，注入量为 0.3PV，从图 2-85 中可以看出其含水率有非常明显的下降，最低点达到 88%，而泡沫驱结束时的采出程度已突破前期水驱的极限采出程度，达到了 44.39%。在注入 0.3PV 泡沫后进行后续水驱，含水率达到 98% 时驱替实验结束，最终采出程度为 52.58%，比水驱极限采出程度提高 18.22%（OOIP）。

实验所用双层模型的上层渗透率为 500mD，下层渗透率为 2000mD，模拟正韵律地层。由于存在层间干扰，而且正韵律地层受重力影响明显，使得多层模型的前期水驱、极限水驱、泡沫驱、后续水驱这四个阶段的采出程度都明显低于单层模型对应阶段的采出程度。但是，对于双层平面模型来说，注入的泡沫 A 不仅起到封堵同一层内高渗通道的作用，还可以对高渗透层进行封堵，增加注入流体对低渗层的波及系数，这一点可以从泡沫驱结束后采出程度的提高幅度得到证明，单层模型 A 泡沫驱结束后采出程度比极限水驱采出程度提高 0.8%（OOIP），而双层模型 A 泡沫驱结束后采出程度比极限水驱采出程度提高 10%（OOIP），这一差别非常明显。但是双层模型的最终采出程度的提高幅度却不及单层模型，这一现象可能是因为后续水驱时，由于多层模型的高渗透层位于低渗透层下部，受重力影响，高渗透层受到更多注入水的冲刷，使得高渗透层中泡沫稳定时间远低于单层模型中高渗透通道中的泡沫稳定时间，所以多层模型后续水驱时泡沫的择性封堵效果较弱，从而使得最终采出程度提高幅度降低。

（2）方案 2 实验结果与分析。

图 2-86 为双层平面模型注空气泡沫 A+B+A+B…实验结果。

由图 2-86 可知，对于双层平面模型，当前期水驱达到 1.2PV 时，产出液含水率达到 98%，采出程度达到 31.92%，图 2-86 中虚线表示前期水驱的极限采出程度，其值为 33.87%。

前期水驱达 1.2PV 后，转注泡沫 0.3PV，注入方式为分为 10 个小段塞，每个段塞 0.03PV 注入量，A 泡沫体系与 B 泡沫体系交替注入。从图 2-86 中可以看出其含水率有非常明显的下降，最低点达 85.85%，而泡沫驱结束时的采出程度已突破前期水驱的极限采出程度，达 47.87%。在注入 0.3PV 泡沫后进行后续水驱，到含水率达 98%、驱替实验结束的时刻，最终采出程度为 59.35%，比水驱极限采出程度提高 25.48%。

与方案 1 相似，受层间干扰与正韵律地层中重力影响明显的制约，此实验中前期水驱、极限水驱、泡沫驱、后续水驱这四个阶段的采出程度也都明显低于单层模型对应阶段的采出程度。方案 2 由于引入了泡沫 B，使得其驱油效率较方案 1 有进一步提高，泡沫驱结束时采出程度达到 47.87%，比极限水驱采出程度提高 14%（OOIP），相比于方案 1 中 10%（OOIP）的采收率增幅有了进一步的提高；而同样是泡沫 A+B+A+B+…实验，单层模型同阶段的采出程度增幅仅为 3.52%（OOIP）。同时，双层模型方案 2 后续水驱结束后的最终采出程度比极限采出程度提高 25.48%（OOIP），高于单层模型的 24.67%。联系方案 1 的最终采出程度增幅较同样条件的单层模型低的现象，分析认为泡沫 B 的存在，通过提高洗油效率的途径，在一定程度上弥补了多层模型中仅注泡沫 A 时后续水驱阶段泡沫稳定时间短、封堵效果较弱的缺点。也就是说虽然多层模型中注入泡沫 A+B，后续水驱阶段依然会因为重力作用造成高渗层中泡沫 A 稳定时间短，但是当封堵效果减弱后，进入高渗透层的泡沫流体却因为泡沫 B 的存在，能将高渗透层中水驱无法驱出的剩余油驱替出来。另外，在多层平面模型中可以观察到和单层模型中相似的现象，即注入泡沫 A+B+A+B…比单纯注入泡沫 A 能起到更好的降低含水率的效果，方案 1 泡沫驱的最低含水率为 88%，方案 2 的最低含水率则为 85.85%，佐证了之前的结论。

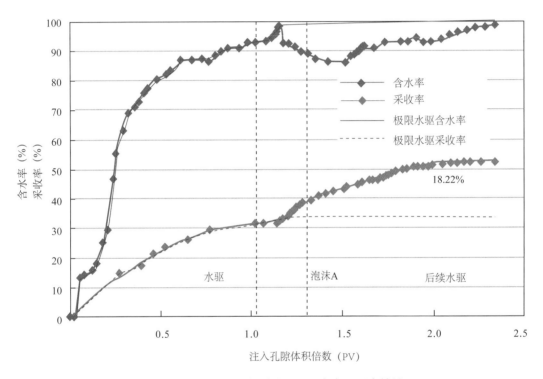

图 2-85　双层平面模型注 0.3PV 泡沫 A 开发效果

表 2-35　双层平面模型实验结果统计

方案		采出程度（%）				采收率提高幅度（%，OOIP）
		泡沫段塞驱			极限水驱	
		水驱	泡沫驱	后续水驱		
1	A（0.3PV）	32.47	44.39	52.58	34.36	18.22
2	A+B+A+B+…（共 0.3PV，分 10 个段塞交替注入）	31.92	47.87	59.35	33.87	25.48

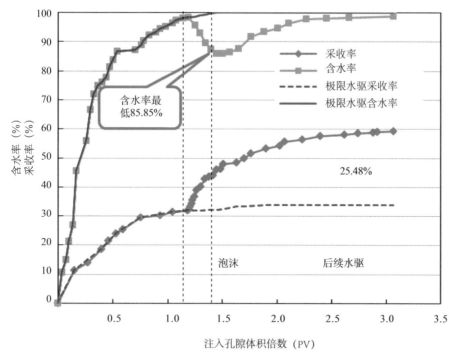

图 2-86　多层平面模型 0.3PV 泡沫（A+B+A+B···）开发效果

第四节　微观驱油机理物理模拟实验

微观驱油物理模拟实验方法在聚合物驱及二元、三元复合驱等三次采油技术驱油机理研究方面获得了广泛的应用。例如，通过微观物理模拟模型观察到由于聚合物溶液的黏弹性效应，聚合物驱不仅能够提高波及系数，还能够提高微观驱油效率，从而较大幅度地提高原油采收率。本节通过进行空气泡沫在多孔介质中的微观渗流实验，观察泡沫在孔隙介质中的产生、运移、破灭及再生过程，从微观角度对空气泡沫的微观驱油机理进行研究。

一、空气泡沫在多孔介质中的微观形态

由于微观物理模拟实验能直观地揭示不同润湿性和驱替剂的微观渗流特征，因此，科研人员已经将其作为驱油机理的重要研究手段。微观实验不仅能够验证人们对驱油机理的各种设想，还能够指导人们研究各种提高采收率方法。微观模型具有以下优点：

（1）可视化程度高，可以直观、清楚地观看实验中的驱替过程。

（2）可以用以制作不同图像的模型，其中包括规则结构的重复图像、规则但呈规律性变化的图像、不规则图像及具有非均质性的图像。

（3）通过选择不同的实验方法，模型的润湿性可以改变，这对模拟岩心的实际情况是非常有利的。

微观剩余油分布研究主要是根据油层的孔隙结构、润湿性及渗流特性进行微观剩余油

分布规律和机理研究，为测井精细解释、储层模型建立、精细数值模拟、油藏工程研究提供必要的基础参数和分析依据，从而为搞清剩余油分布、实施挖潜措施、提高采收率提供技术支持。

本节利用微观仿真光刻玻璃模型，模拟空气泡沫在多孔介质中的微观渗流，观察泡沫在孔隙介质中的产生、运移、破灭及再生过程，通过图像采集系统记录驱替过程的图像，从微观角度分析泡沫生成的机理和不同实验条件下生成泡沫的形态，以及泡沫的微观驱油机理。

1. 实验装置与药品

实验装置如图 2-87 所示，主要设备有恒速恒压泵、中间容器、空气瓶、气体质量流量控制器、压力传感器、压力采集系统、精密压力表、量筒、六通阀、管线等。实验用起泡剂为 ODS-1，实验用气为空气。

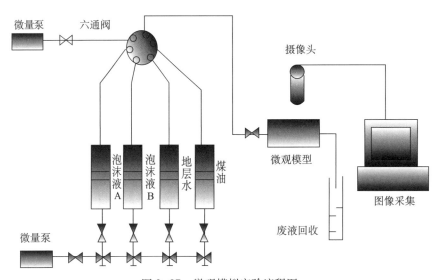

图 2-87　微观模拟实验流程图

2. 实验步骤

（1）按照实验流程图连接实验设备并检查气密性。

（2）将微观仿真模型抽真空。

（3）以一定速率注入起泡剂溶液（质量浓度为 0.5%），使微观模型预饱和起泡剂溶液，同时注入起泡剂溶液与空气，注入速度均为 0.5mL/min，录取微观模型内的动态图像。

3. 实验结果分析

1）空气泡沫在多孔介质中的生成

通过观察可以发现空气泡沫体系在多孔介质中的形成机理和常规泡沫形成机理相似。空气泡沫在孔隙中的生成机理有液膜滞后、缩颈分离和液膜分断。

（1）液膜滞后。

液膜滞后是低流速下发生在模型入口端的泡沫生成方式，液膜滞后示意图如图 2-88 所示。

当两个气泡的半月形前缘侵入充满液体的孔隙体时，开始发生液膜遗留（图 2–88 和微观实验采集图 2–89）。两个气泡的前缘在喉道下游聚合，在孔隙体内形成一个被捕集的液膜。只要毛细管压力不是太高，压力梯度不是太大，静止的液膜就会停留在孔隙体内；但液膜会逐渐排液而变薄。液膜滞后现象在地下复杂的多孔介质中频繁发生，其结果是造成大量的薄膜生成而阻碍了气体的通道。由于滞留液膜阻塞气体流动，从而使气相的相对渗透率降低，气体的流动阻力增加。另外，由图 2–89 来看，液膜滞后机理产生的泡沫强度相对比较弱。

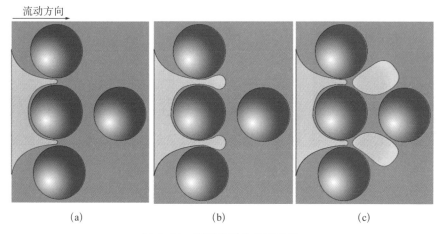

流动方向

(a) (b) (c)

图 2–88 液膜滞后机理示意图

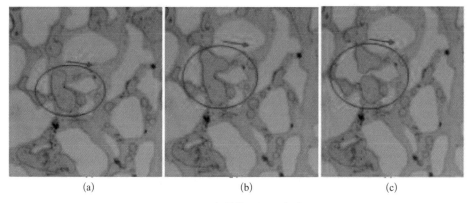

(a) (b) (c)

图 2–89 液膜滞后机理实验图

当空气段塞与泡沫液段塞进入模型后，在驱替压力作用下，大段塞的气相挤压孔隙介质中的液相，如图 2–89（a）、图 2–89（b）所示，由于此时流速不大且液相中有足够表面活性剂，在气相的前沿及较窄喉道中气相和岩石壁之间会产生新的稳定液膜，当气相前沿进入两个或多个孔喉通道时，受毛细管阻力的影响，气相便在喉道处断开成为独立的泡沫，如图 2–89（c）所示。

另外，当模型中流速过大，气相在喉道处不会断开成为泡沫而是迅速沿大孔道发生气窜，当液相中表面活性剂的浓度偏低时，生成的泡沫则非常不稳定且很快消失。因此，进行空气泡沫驱替时应选择合适的气液比，并控制好流速，才能有效避免泡沫液浓度过低的情况。

2）液膜分断

如图2-90、图2-91所示，液膜分断是泡沫在多孔介质中变形再生的过程，同时也是泡沫运移的过程。

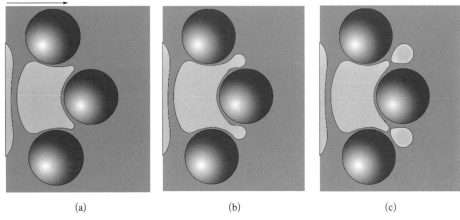

(a)　　　　　　　　　(b)　　　　　　　　　(c)

图2-90　液膜分断机理示意图

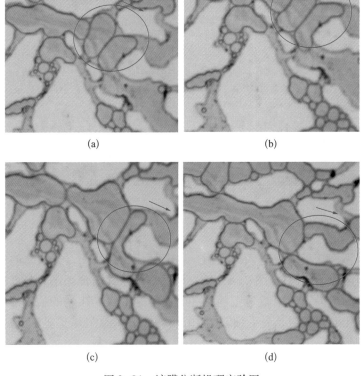

(a)　　　　　　　　　　　　　(b)

(c)　　　　　　　　　　　　　(d)

图2-91　液膜分断机理实验图

　　液膜分断不同于液膜滞后机理，其需要有能移动的薄膜，这是进一步变形或再生的基础。在流动区域内，薄膜到达某一点时，泡沫前沿的薄膜和气体会流入下游的两个或更多的缝隙中，薄膜在孔道分支处被分成两个或更多的薄膜。

　　3）缩颈分离

　　如图 2-92 和图 2-93 所示，缩颈分离发生在气泡穿过孔道而跃入另一侧之后。随着气泡的扩张，毛细管压力减小，液相中的压力梯度使流体从周围流入狭窄的孔道中，并以环状聚集在狭道中，如果毛细管压力低于临界值，液体最终会使气泡发生缩颈分离。

　　缩颈分离是泡沫在多孔介质中再生的重要机理，与液膜滞后不同，缩颈分离产生了分离的气泡，把一部分气体推成不连续相。该机理通过增加气相的非连续性和产生薄膜影响气相的流动性。因此，从阻塞气体通道、降低气相相对渗透率来看，缩颈分离及液膜滞后机理的作用相同；其区别在于缩颈分离机理产生的气泡可以流动，气体以气泡形式通过多孔介质时的流动阻力要比气体以连续相流动时的阻力大很多，泡沫通过多孔介质时的表观黏度也大得多。因此，缩颈分离产生的是强泡沫。

流动方向 →

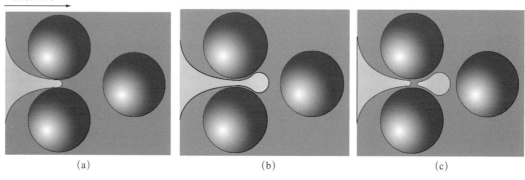

(a)　　　　　　　　　　(b)　　　　　　　　　　(c)

图 2-92　缩颈分离机理示意图

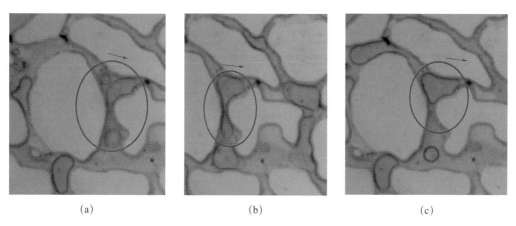

(a)　　　　　　　　　　(b)　　　　　　　　　　(c)

图 2-93　缩颈分离机理实验图

　　当一个气泡在驱替压力的作用下从一个孔隙经过喉道运移到另一个孔隙中时，气泡前缘首先缩变为指状慢慢向喉道收缩处移动（图 2-93），当气泡前缘穿过了喉道最窄部位时，就以较快的速度呈发散状膨胀进入下一个孔隙。

根据拉普拉斯方程，用表面张力 σ 和两个主曲率半径 r_1 和 r_2 计算界面两边的压力差，即毛细管压力 p_c。毛细管压力为非湿相与湿相的压力差，方向指向弯曲液面的凹方向。

$$p_c = \sigma\left(\frac{1}{r_1}+\frac{1}{r_2}\right) \tag{2-2}$$

$$p_c = 2\sigma/r \tag{2-3}$$

$$p_c = 2\sigma\cos\theta/r \tag{2-4}$$

由于润湿性关系，当气体侵入到液体饱和的孔隙中时，并不是所有的液体都能被驱替干净，而是会在气体驱替前沿后的岩石表面上留下一层薄液膜。在孔隙喉道处液膜中液体的压力为：

$$p_l = p_g - \sigma\left(\frac{1}{r_1}+\frac{1}{R_1}\right) \tag{2-5}$$

式中　r_1、R_1——喉道的两个主曲率半径；

　　　r_1——喉道半径；

　　　R_1——主曲率半径，与 r_1 方向相反。

由于微观模型中的毛细管较细，气泡前缘的弯液面可以近似看作球面，所以孔隙中液体的压力 p_l 为：

$$p_l = p_g - \frac{2\sigma}{r_b} \tag{2-6}$$

式中　r_b——孔隙半径。假设流体拟稳态流动，液相为湿相，表面张力和气相压力保持恒定。比较式（2-5）和式（2-6），当孔隙体中的液体压力高于喉道处的液体压力时，液体将回流至孔隙喉道处截断气体通道，从而产生气泡。

Roof 提出了气泡在多孔介质中发生缩颈分离的临界条件，他认为当剖面为环状时：

$$r_b > r_1 r_2/(r_1-r_2) \tag{2-7}$$

式中　r_b——孔隙体半径；

　　　r_1——喉道半径；

　　　r_2——固体介质半径。

当剖面为非环状时，则为：

$$r_b > C_{md} r_1 r_2/(r_1-r_2) \tag{2-8}$$

式中　$C_{md}=C_m R$——无量纲的界面曲率；

R——非环状孔道中最大内切圆的半径。

根据式（2-7）和式（2-8），当多孔介质中有足够的液相且孔隙与喉道尺寸之比大于2时，可以形成稳定的"颈口"，从而，当气泡经过时缩颈分离生成新的气泡，且在"颈口"处会多次重复发生缩颈分离。

4）空气泡沫在多孔介质中的破灭

实验过程中观察到了无油情况下泡沫破灭的全过程（图2-94），进入的泡沫是以气体扩散的形式破灭，当不同曲率的气泡接触时，在弯液面附加压力的作用下，气体由高压的小气泡透过液膜扩散到相对低压的大气泡中，从而使小气泡变小、大气泡变大，到小气泡消失、大气泡膨胀，大气泡稳定性较差，气体继续透过液膜扩散，直至气泡完全破灭消失。

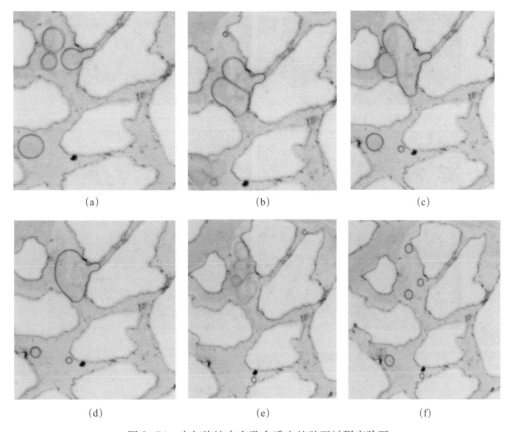

图2-94 空气泡沫在多孔介质中的破灭过程实验图

5）空气泡沫在多孔介质中的运移

图2-95是在模型的同一位置处连续拍摄得到的一组泡沫微观渗流图像，由图中可以看到泡沫在多孔介质中呈现流动泡沫和捕集泡沫两种存在状态。流动泡沫是可以在岩心孔道内自由流动的泡沫（图2-95中虚线框所示，图中箭头指示泡沫流动方向）；捕集泡沫为阻塞在岩心孔道内而静止不动的泡沫（图2-95中实线框所示）。Radke和Gillis等通过示踪剂实验研究表明，多孔介质中被捕集的气相占到70%～100%，被捕集的气相大幅度减小了孔隙介质中的流体流动空间，从而有效地降低了气相在孔隙介质中的有效渗透率。由空气泡

沫微观渗流图可见，部分泡沫在渗流阻力相对较小的优势渗流通道中向前运移，还有一部分泡沫则被捕集在弱势渗流通道以及优势渗流通道的孔隙壁附近。泡沫捕集是泡沫的一种暂时状态，压力梯度的上升、气体流速的增大、多孔介质的几何形状等因素都会使被捕集泡沫成为流动泡沫。

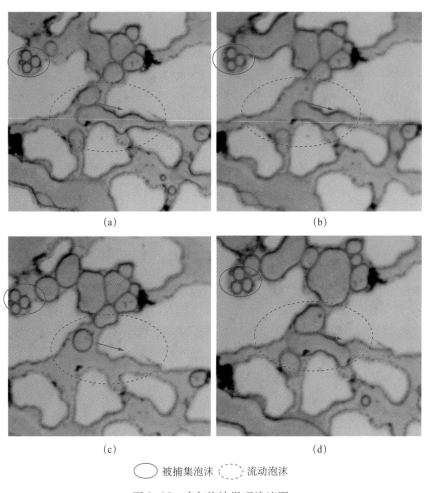

（a）　　　　　　　　　　　　　　（b）

（c）　　　　　　　　　　　　　　（d）

◯ 被捕集泡沫　◌ 流动泡沫

图 2-95　空气泡沫微观渗流图

二、光刻玻璃模型微观驱油实验

1. *实验步骤*

（1）将微观仿真模型抽真空。

（2）将模型饱和蒸馏水（蒸馏水用亚甲基蓝染色）。

（3）将模型饱和煤油（煤油用甲基橙染色），并老化 24h。

（4）进行水驱油，观察出口端液体颜色变化，直至产出液不含水时停止水驱。

（5）以一定速率注入起泡剂溶液（质量浓度为 0.5%），使微观模型预饱和起泡剂溶液。

（6）同时注入起泡剂溶液与空气，进行空气泡沫驱，录制微观模型内动态图像。

2. 实验现象及结果分析

1）空气泡沫提高微观波及系数

图 2-96 中（a）～（h）分别为原始模型、饱和水、饱和油、水驱前期、中期和后期以

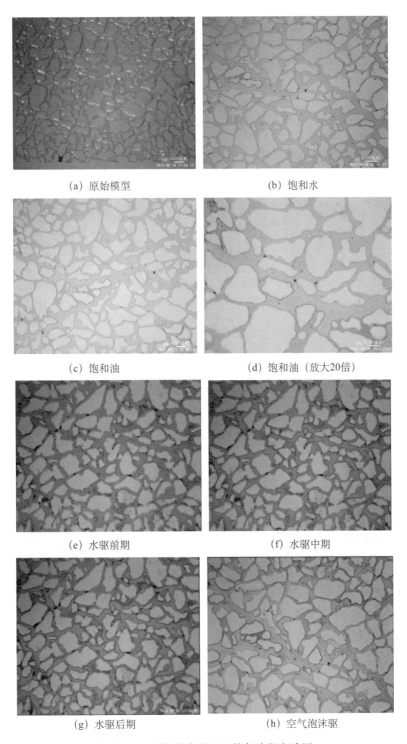

（a）原始模型　　　　　　　　　　（b）饱和水

（c）饱和油　　　　　　　　　（d）饱和油（放大20倍）

（e）水驱前期　　　　　　　　　　（f）水驱中期

（g）水驱后期　　　　　　　　　（h）空气泡沫驱

图 2-96　空气泡沫微观驱替各阶段实验图

及空气泡沫驱各阶段模型的全局图像（图中水为蓝色，油为黄色）。由图中可以看出，水驱后期模型中分布大量剩余油，其存在形式以片状和簇状为主；转空气泡沫驱后孔隙介质中的剩余油明显减少，其存在形式以角状、膜状和小片状为主。说明空气泡沫驱能提高微观波及系数。

2）空气泡沫提高微观驱油效率

（1）空气泡沫的膨胀作用。

由图 2-97 可见（图 2-97 至图 2-101 中的虚线圈表示在此处解释对应的运移机理），空气泡沫由于膨胀作用进入油滴中使孔隙中的油滴变成油膜，这些油膜在泡沫聚并、分散过程中容易变成小油滴，在驱替压力下向前移动。

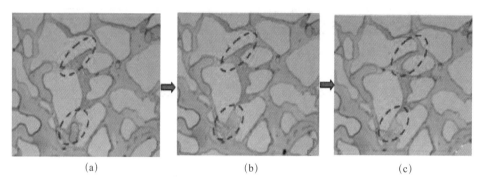

(a)　　　　　　　　　(b)　　　　　　　　　(c)

图 2-97　空气泡沫的膨胀作用实验图

（2）空气泡沫的贾敏效应作用。

如图 2-98 中（a）所示，空气泡沫首先进入流动阻力较小的高渗透率的大孔道，随着大小不同的泡沫占据了大孔道，产生叠加的贾敏效应，流动阻力增加，泡沫便越来越多地进入中低渗透率的小孔道，如图 2-98 中（b）所示。实验结果说明空气泡沫具有"堵大不堵小"的性质，通过封堵高渗通道，使驱替液更多地进入低渗透率的孔隙，从而提高波及系数，最终提高采收率。

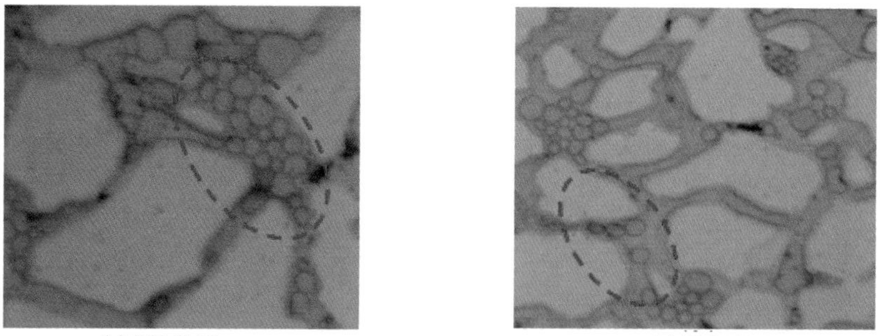

(a)高渗透区　　　　　　　　　(b)低渗透区

图 2-98　空气泡沫的贾敏效应实验图

（3）空气泡沫的挤压携带作用。

图 2-99 反映了空气泡沫对孔隙壁剩余油的挤压携带作用，当泡沫占据孔隙喉道时，在

驱替压力的作用下，泡沫挤压孔隙壁上的残余油，使油膜逐渐变薄、分散，最终被泡沫挤走。

图 2–100 反映了空气泡沫对盲端剩余油的挤压携带作用，空气泡沫驱时泡沫液流对剩余油具有剪切拖拽、挤压的作用。驱替过程中可以观察到由于局部压力的改变而引起的泡沫快速剪切拖拽、挤压的现象，从而有效地驱替多孔介质中的角隅状、盲端类型的剩余油。

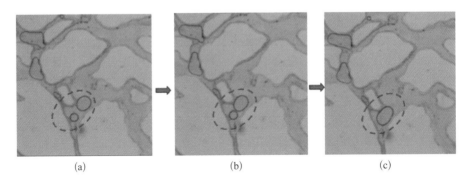

图 2–99　空气泡沫对孔隙壁剩余油的挤压携带作用实验图

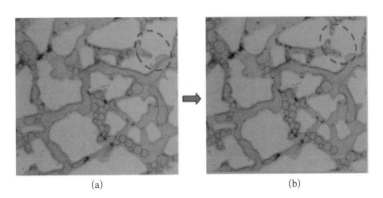

图 2–100　空气泡沫对盲端剩余油的挤压携带作用实验图

（4）空气泡沫的剪切拖曳作用。

图 2–101 反映了空气泡沫驱对剩余油的剪切、拖拽作用，驱替过程中可以观察到，由于局部压力的改变，引起泡沫快速剪切拖曳、挤压的现象，从而有效地驱替多孔介质中的角隅状、盲端类型的剩余油。

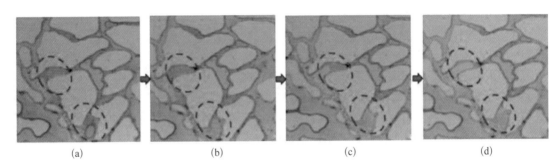

图 2–101　空气泡沫的剪切拖曳作用实验图

第三章　空气泡沫在多孔介质中的渗流特性

泡沫体系在孔隙介质中的渗流是十分复杂的过程，它包含了泡沫在多孔介质中生成、流动运移、破灭与再生的整个历程，另外还涉及起泡剂与原油、岩石间相互作用关系。科学且准确地认识和描述泡沫在孔隙介质中的渗流特性及驱油机理是确定泡沫体系是否具有油藏适应性和提高采收率效果的关键。因此，深入探究泡沫体系在油藏中的渗流特性对提高原油采收率具有重要意义。本章节利用不同配位数微观模型研究了孔隙结构对空气泡沫生成的特征及规律，采用一维人造物理模型研究了渗透率与空气泡沫生成及渗流特征的关系，以及影响空气泡沫在多孔介质中运移距离的相关因素。

第一节　空气泡沫在多孔介质中的生成特征

通过调研发现，多孔介质将直接影响泡沫的粒径和均质程度，影响泡沫与含有残余油岩心的孔隙结构的匹配关系，进而影响驱油效果。孔喉几何形态决定了泡沫截断过程中毛细管压力波动的相对范围，也决定了液膜分离过程中气泡侵入分支孔道交汇处孔喉的毛细管压力。如果多孔介质中的液相饱和度较低，大孔喉尺寸可使液膜过度膨胀，从而导致泡沫聚并。同时，泡沫的生成也受起泡剂溶液与孔隙结构相互作用的影响。

一般表征和研究孔隙结构的相关特征参数主要有孔喉比、配位数、孔隙几何因子、微观均质系数、阀压、孔喉半径相对分选系数、喉道相对分选系数、面孔比及表征孔隙结构分形特征的分形维数等。孔隙结构影响孔隙度、渗透率、比表面积、毛细管力等宏观参数，是影响油田开发效果的重要因素。许多学者的研究都表明，随着渗透率的增加，多孔介质的配位数逐渐增大。

一、孔喉配位数对空气泡沫生成特征的影响

本节通过泡沫图像分析统计泡沫的结构特征参数（泡沫粒径和泡沫粒径的分布），并将其与多孔介质的配位数进行综合分析，确定发泡多孔介质配位数对泡沫粒径的影响程度及二者的相关性，为研究泡沫与地层孔隙结构的匹配关系提供理论支撑。

1. 空气泡沫在多孔介质中渗流实验

1）实验条件

（1）实验温度：20℃。

（2）实验用水：港东二区五断块地层水，地层水水质参数见表3-1。

（3）起泡剂：GFPA-2和ODS-1，质量浓度均为0.5%。

（4）实验模型：采用3种不同配位数的模型，其中配位数分别为2和4的模型为采用弱亲水性材料通过激光刻蚀的平面玻璃模型，显微镜下的形态分别如图3-1和图3-2所示。其中，模型的喉道半径均为10μm，孔隙直径为50μm。

表 3-1 港东二区五断块地层水水质参数表

离子	K⁺+Na⁺	Mg²⁺	Ca²⁺	Cl⁻	SO₄²⁻	HCO₃⁻	总矿化度
离子含量（mg/L）	1452	21	40	1401	12	3224	6150

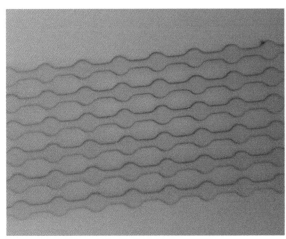 

图 3-1 配位数为 2 的微观刻蚀模型 　　图 3-2 配位数为 4 的微观刻蚀模型

配位数为 6 的模型采用的是玻璃填珠模型（图 3-3），填充玻璃珠尺寸为 60 目、约 380μm，模型直径为 3.8cm、厚度为 1mm。

 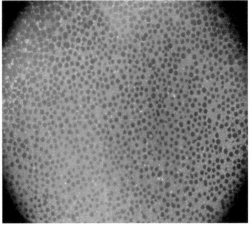

图 3-3 填珠模型及模型在显微镜下的观察图

2）实验装置

泡沫粒径图像采集装置采用在泡沫驱实验装置后端安装耐压透视窗，即微观模型夹持器（图 3-4）通过显微镜放大观察泡沫微观结构。渗流过程中泡沫结构图像实时采集的实验流程如图 3-5 所示。

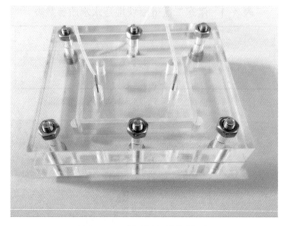

图 3-4　微观模型夹持器

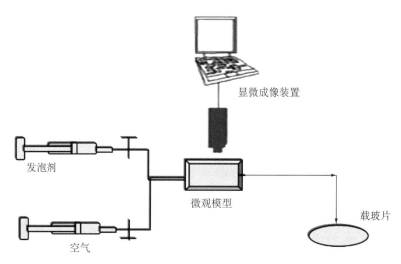

图 3-5　泡沫粒径图像采集实验装置图

主要实验设备包括平流泵、恒温箱、气体质量流量控制器、回压阀、气瓶、耐压透视窗和蔡司显微镜。

3）实验方案

实验采用气液比 1∶1、气液同注的方式向模型中注入泡沫，实时采集泡沫生成过程中的图像，分析配位数对泡沫结构特征参数的影响规律，具体实验方案见表 3-2。

表 3-2　配位数与泡沫生成能力关系研究实验方案表

序号	配位数	气液比	注入方式
1	2		
2	4	1∶1	同时注入起泡剂、空气
3	6		

4）实验步骤

（1）将微观模型抽真空，饱和起泡剂溶液。

（2）在室温及常压条件下，以气液比1∶1，将起泡剂和空气同时注入到模型中。

（3）待出口端连续产出稳定泡沫时，观察泡沫的形态变化，对产出泡沫进行拍照，统计泡沫结构特征参数。

（4）更换不同配位数的模型重复实验步骤（1）～（3）。

2. 实验结果分析

1）泡沫结构特征参数计算方法

利用蔡司显微镜识别泡沫结构，对识别图像中各个独立的气泡进行标记，可通过对标记对象进行计数以获得泡沫数目。因此，确定表征泡沫结构特征的两个参数分别为泡沫等效直径和泡沫粒径变异系数。泡沫等效直径是表征泡沫大小的参数，泡沫粒径变异系数是表征泡沫粒径均匀程度的参数。

根据二维图像中气泡平面大小与观察窗的厚度求取等效球形泡沫的等效直径。泡沫体积和等效直径计算公式如下：

$$V = Ah, \quad D = \left(\frac{6Ah}{\pi}\right)^{1/3} \tag{3-1}$$

式中　A——气泡二维面积；

　　　V——泡沫体积；

　　　h——泡沫厚度；

　　　D——泡沫等效直径。

计算泡沫粒径变异系数的公式为：

$$\bar{V} = \sum_{i=1}^{n} A_i h_i \tag{3-2}$$

$$C_v = \frac{\left[\dfrac{\displaystyle\sum_{i=1}^{n}(D_i - \bar{D})}{n-1}\right]^{1/2}}{\bar{D}} \tag{3-3}$$

式中　C_v——泡沫粒径变异系数；

　　　D_i——第 i 个气泡的直径；

　　　n——气泡个数。

2）孔喉配位数对泡沫生成形态的影响

为了研究多孔介质的配位数对泡沫生成形态的影响，采用配位数分别为2、4和6的多孔介质进行实验，实验结果如图3-6至图3-8所示。由图可知，在相同的流速条件下，具有不同配位数的多孔介质生成泡沫的能力不同，配位数越大，孔隙结构越复杂，流动过程对流体的扰动越剧烈，生成的泡沫量越多。

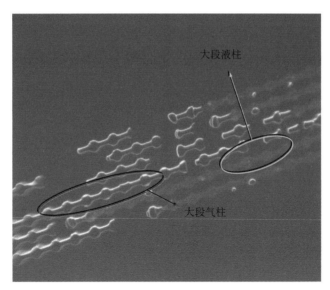

图 3-6　配位数为 2 的模型中泡沫的生成形态

　　图 3-6 是配位数为 2 的模型中泡沫的生成形态。分析实验结果，得出以下结论：发泡多孔介质仅由一个孔隙和喉道组成时，无法对起泡剂流动体系产生有效的扰动，由于液膜滞后现象，在模型中存在大段的连续的气体和液体，生成的液膜很少，仅能够在末端接触大气时产生一个气泡，缩颈分离及液膜分断现象不明显，气泡的渗流阻力增大。

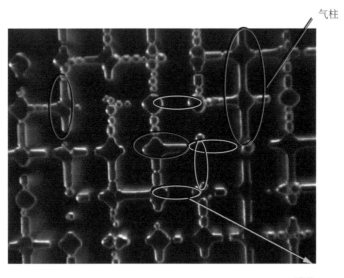

图 3-7　配位数为 4 的模型中泡沫的生成形态

　　图 3-7 是配位数为 4 的模型中泡沫的生成形态，实验结果分析：与图 3-6 相比较，其孔隙结构对流体的扰动程度有所增强，生成的气泡数量增多，泡沫生成的机理主要为缩颈分离，但模型中的流体大部分仍然是连续的气体和液体，模型中存在液膜滞后现象，这也

是模型中存在气柱的关键原因；存在气体窜流通道，表明模型中并未生成有效的泡沫，液膜滞后会使得泡沫的渗流阻力进一步增大。

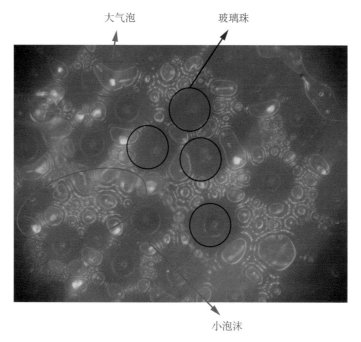

大气泡　玻璃珠

小泡沫

图 3-8　配位数为 6 的模型中泡沫的生成形态

图 3-8 是用玻璃珠填充成的配位数为 6 的模型中泡沫的生成形态，实验结果分析：

（1）与图 3-6 和图 3-7 相比，其生成的泡沫数量明显增多，且不存在连续的气体和液体，这说明气液在流动过程中有效混合，生成了较多且均匀的泡沫。

（2）相对于配位数分别为 2 和 4 的模型，配位数为 6 的模型中泡沫形态更加复杂，除了缩颈分离和液膜滞后现象外，还出现了液膜分断现象，泡沫生成量增多，气体分散程度提高，渗流阻力进一步增大。

在配位数分别为 2 和 4 的模型中，单位面积内的扰动单元数量有限，气液很难有效混合生成大量气泡；在配位数为 6 的玻璃填珠模型中，扰动单元较多，能够产生各种尺寸的气泡，形成有效的封堵。

3）多孔介质的配位数对生成泡沫结构特征的影响

利用显微镜对产出泡沫进行图像采集，不同配位数模型产出泡沫图像如图 3-9 所示。

不同配位数模型产生的泡沫呈现出不同的泡沫粒径特征，随着配位数的增加，产出泡沫的粒径减小，泡沫粒径的均匀程度增大。

将泡沫粒径代入式（3-1）和式（3-3）进行计算得到泡沫等效粒径，按照粒径分布频率进行划分得到泡沫粒径分布曲线（图 3-10）。

对图 3-10 中的实验结果进行分析，得出以下结论：

（1）泡沫粒径分布曲线呈现出正态分布特征，发泡多孔介质的配位数越大，正态分布的特征越明显。

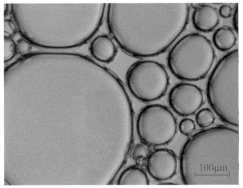

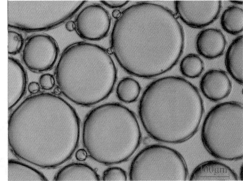

（a）配位数为2　　　　　　　　　　　　　（b）配位数为4

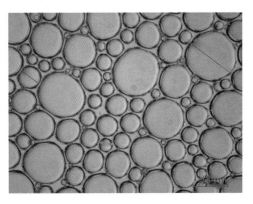

（c）配位数为6

图 3-9　不同配位数模型产出泡沫图像

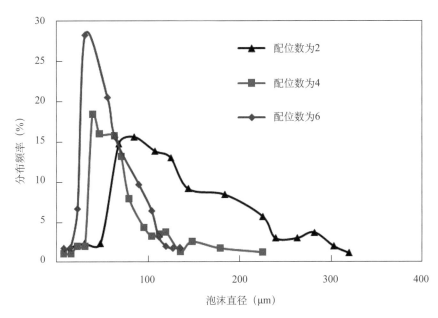

图 3-10　不同配位数模型中泡沫粒径的分布特征

（2）配位数为 2 的多孔介质中，泡沫的直径主要集中在 50～300μm 范围内，峰值为 130μm；配位数为 4 的多孔介质中，泡沫的直径主要集中在 30～120μm 范围内，峰值为 50μm；配位数为 6 的多孔介质中，泡沫的直径主要集中在 20～100μm 范围内，峰值为 30μm。

（3）发泡多孔介质的配位数越大，泡沫尺寸分布越集中，峰值越大；反之，多孔介质的配位数越小，生成的泡沫尺寸越分散，均值越大。这主要是因为在同样流速条件下，不同配位数的多孔介质生成泡沫的能力不同，配位数越大，孔隙结构越复杂，流动过程对流体的扰动越剧烈，生成的泡沫量越多。

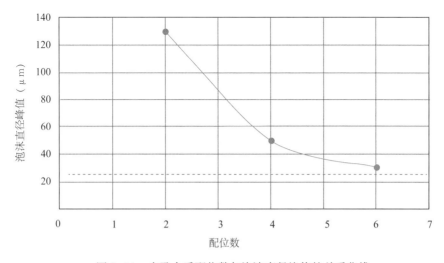

图 3-11　多孔介质配位数与泡沫直径峰值的关系曲线

由图 3-11 可以看出，随着配位数的增加，生成泡沫的直径峰值减小。当配位数为 6 时，生成泡沫直径的峰值为 30μm，接近于模型的喉道直径 20μm。实验结果表明，在相同条件下，配位数越大，孔隙结构越复杂，流动过程对流体的扰动越剧烈，生成的泡沫量越多，生成泡沫直径的峰值越接近于模型的喉道直径。

二、渗透率对空气泡沫生成特征的影响

多孔介质的发泡性能直接影响泡沫粒径和均质程度，同时也会影响泡沫与含有残余油岩心的孔隙结构的匹配关系，进而影响驱油效果。本实验通过泡沫图像分析统计泡沫粒径和泡沫粒径的分布关系，并与泡沫发泡多孔介质的孔隙结构进行对比，确定发泡多孔介质孔隙结构对泡沫粒径的影响程度和相关性。

1. 空气泡沫渗流宏观物理模拟实验

1）实验条件

（1）实验温度：65.7℃。

（2）实验用水：港东二区五断块地层水。

（3）起泡剂：GFPA-2 和 ODS-1，质量浓度均为 0.5%；

（4）实验模型：选用 3 种渗透率的人造环氧树脂胶结岩心，渗透率分别为 1890mD、1068mD 和 257mD，岩心的具体参数见表 3-3。

表 3-3　实验用岩心参数表

岩心编号	岩心尺寸（cm×cm）	气测渗透率（mD）	孔隙度（%）
1	$\phi 2.5 \times 7$	1895	30.12
2	$\phi 2.5 \times 15$	1993	31.24
3	$\phi 2.5 \times 30$	1881	30.42
4	$\phi 2.5 \times 7$	1068	29.15
5	$\phi 2.5 \times 15$	1102	28.92
6	$\phi 2.5 \times 30$	989	29.08
7	$\phi 2.5 \times 7$	257	26.29
8	$\phi 2.5 \times 15$	243	26.75
9	$\phi 2.5 \times 30$	265	27.19

2）实验装置

空气泡沫生成特征研究实验装置及流程示意图如图 3-12 所示。

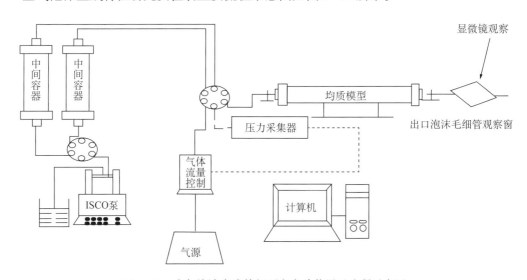

图 3-12　空气泡沫生成特征研究实验装置及流程示意图

主要实验仪器包括 ISCO 泵、中间容器、气体流量计、压力采集装置、岩心夹持器、泡沫观察窗、显微镜等。

3）实验方案

实验采用气液比 1：1、气液同注方式向不同渗透率、不同长度岩心中注入泡沫，观察岩心末端产出泡沫的结构特征，结合扰动单元理论解释岩心渗透率对泡沫结构特征的影响。具体实验方案见表 3-4。

第三章　空气泡沫在多孔介质中的渗流特性　125

表 3-4　岩心渗透率与泡沫生成能力关系研究实验方案表

岩心编号	气测渗透率（mD）	岩心长度（cm）	气液比	注入方式
1	1895	7		
2	1993	15		
3	1881	30		
4	1068	7		
5	1102	15	1：1	同时注入起泡剂、空气
6	989	30		
7	257	7		
8	243	15		
9	265	30		

4）实验步骤

（1）在室温条件下，将实验模型抽真空，饱和地层水，计算孔隙体积。

（2）以恒定流量 0.5mL/min 对岩心模型进行水驱，计算岩心的水相渗透率。

（3）在油藏温度 65.7℃、常压条件下，采用气液比 1：1、起泡剂和空气同注方式，以 0.5mL/min 的速度向岩心中注入泡沫。

（4）持续注入泡沫，待出口端产生泡沫稳定后，采集泡沫图像，统计泡沫结构特征参数，并记录稳定状态下岩心注入端的压力值。

2. 实验结果分析

1）渗透率与空气泡沫阻力系数的关系

为了研究泡沫对不同渗透率岩心的流度控制作用，选取长度分别为 7cm、15cm 和 30cm 的岩心进行渗流实验，实验结果见表 3-5 和图 3-13。

表 3-5　不同渗透率岩心阻力系数统计表

岩心编号	气测渗透率（mD）	水测渗透率（mD）	岩心长度（cm）	气液比	水驱压力（MPa）	泡沫驱压力（MPa）	阻力系数
1	1895	1028	7		0.0006	0.0639	110.5
2	1993	1192	15		0.0009	0.0252	127.8
3	1881	996	30		0.0042	0.0363	128.7
4	1068	674	7		0.0011	0.1342	28.6
5	1102	627	15	1：1	0.0020	0.0701	34.5
6	989	598	30		0.0102	0.1264	36.6
7	257	141	7		0.0026	0.3292	8.6
8	243	125	15		0.0043	0.1559	12.4
9	265	164	30		0.0155	0.2097	13.5

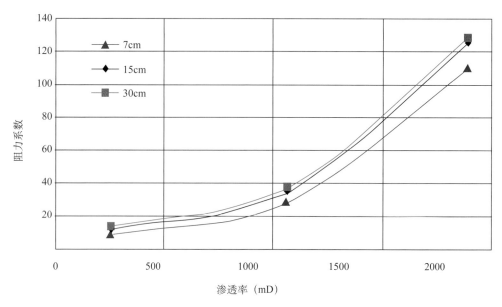

图 3-13　不同长度岩心的渗透率与阻力系数的关系曲线

对图 3-13 所示的实验结果进行分析：在同样流速条件下，随着渗透率的增大，泡沫的阻力系数逐渐增大，泡沫封堵能力增强，说明泡沫在高渗透层比在低渗透层具有更好的封堵能力。这是由于泡沫具有剪切变稀的特性，低渗透层内的平均孔隙半径小于高渗透层，在相同的注入速度条件下，小孔隙中剪切速率大于大孔隙。由于泡沫具有非牛顿流体特性，在低剪切速率下具有较高的表观黏度，并且其黏度随剪切速率的增加而降低。因此，低渗透层中泡沫的表观黏度低于高渗透层，导致低渗透层中流动阻力相对较小，宏观上表现为阻力系数较小。

2）模型长度对阻力系数的影响

采用 3 种相同的孔隙结构、不同长度的发泡多孔介质进行实验，研究多孔介质的长度对发泡效果的影响（图 3-13）。发泡多孔介质的长度分别为 15cm 和 30cm 时泡沫产生的阻力系数较大且近似一致，说明发泡多孔介质长度为 15cm 和 30cm 时生成的泡沫封堵性能较好。发泡多孔介质的长度仅为 7cm 时泡沫产生的阻力系数比长度为 15cm 和 30cm 时都要小，泡沫封堵效果较差；这主要是因为多孔介质较短时，泡沫的破灭速度较快，因此泡沫在长度为 7cm 的多孔介质中产生的压差较小。

3）扰动单元与空气泡沫阻力系数的关系

泡沫的发泡介质通常采用多孔介质，Ransohoff 等人的研究表明泡沫在多孔介质中生成的微观机理为缩颈分离、液膜滞后和液膜分断。泡沫的生成与多孔介质的孔隙结构密切相关。根据泡沫微观生成机理，假设无限长的发泡多孔介质仅由一个孔隙或喉道组成，则其并不能对低界面张力流动体系产生扰动，仅能够在末端接触大气时产生一个泡沫。从泡沫生成的 3 个机理中归纳总结可以得出一个抽象的结论，即低界面张力流动体系产生扰动的次数是决定其能否产生泡沫及起泡效果好坏的关键。

扰动单元的定义为在一个流动通道上由岩石骨架颗粒组成的孔隙和喉道的一组扰动结

构。天然岩心和四颗矿物颗粒组成的粒间孔理想简化模型的扰动单元如图 3-14 所示，其中，红色区域内为一个扰动单元，由一个孔隙（黄色圆形区域）和多个喉道（黄色长方形区域）组成。

由于一个扰动单元内存在若干喉道与一个孔隙相连通的情况，因此将一个连通喉道与一个孔隙定义为扰动单位（黑色虚线区域），一个扰动单位对流体流线扰动一次，一个扰动单元中存在多个扰动单位。

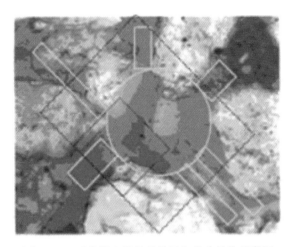

图 3-14　天然岩心的扰动单元和扰动单位示意图

不同配位数的多孔介质对应的理想岩心模型如图 3-15 所示。

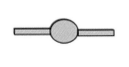

图 3-15　理想模型的扰动单元和扰动单位示意图

扰动单元的长度为一个喉道长度与一个孔隙直径之和，低界面张力体系在扰动单元和扰动单位的作用下通过缩颈分离、液膜滞后、液膜分断的作用产生液泡，因此评价发泡多孔介质的性能应评价其在单位长度上扰动单位的数量。由于扰动单元的性质和岩石的孔隙结构息息相关，因此可以通过恒速压汞实验结果得到岩石的孔隙结构相关参数，计算扰动单位的数量，进而确定发泡多孔介质控制发泡能力的关键因素。

（1）扰动单元尺寸的计算。

扰动单元中的孔隙简化为等直径圆球度为 1 的规则球体，因此可以通过孔隙平均半径计算单个孔隙的体积 $V_{孔}$：

$$V_{孔}=\frac{4}{3}\pi r_{p}^{3} \tag{3-4}$$

天然岩心实际扰动单元的图像分析结果表明，在平面上，以缩颈型喉道和弯片状喉道为主，喉道的长度与孔隙的半径相近，因此喉道的长度为 r_p，由于主流喉道为低界面张力流动体系流动过程中的主要通道，是能够产生扰动的主要空间，因此喉道的直径为恒速压汞测量到的主流喉道半径 r_M，可以流通的喉道的体积 $V_{喉}$ 为：

$$V_{喉} = \pi r_M^2 r_p \tag{3-5}$$

由于恒速压汞能够确定孔隙和喉道的体积及其百分比 ε，因此可以计算出喉道与孔隙数量的比值。在此基础上，通过计算大于主流喉道的进汞饱和度能够确定主流喉道所占的比例 α，进而确定与孔隙相连的主流喉道数量 N：

$$N = \alpha \varepsilon \frac{V_{孔}}{V_{喉}} \tag{3-6}$$

由于在流动空间上流动有 6 个空间方向，因此在认为孔隙结构均质的情况下，可将连通喉道数均匀的劈分到 6 个空间方向上，每个渗流方向上的喉道数量为 $N_{单}$：

$$N_{单} = \alpha \varepsilon \frac{V_{孔}}{3V_{喉}} \tag{3-7}$$

在岩心流动方向上，认为一个孔隙和一个喉道组成一个扰动单元，其长度为 $4r_p$。同时，一个扰动单元中的扰动单位的数量是喉道连接孔隙的数量 $N_{单}$。计算岩心长度 L 上的扰动单位的数量为 $N_{扰}$：

$$N_{扰} = \frac{L_{单}}{4r_p} = \alpha \varepsilon \frac{Lr_p}{r_M^2} \tag{3-8}$$

因此，计算岩心单位长度上扰动单位数量 $N_{扰}$ 的公式为：

$$N_{扰} = \alpha \varepsilon \frac{r_p}{r_M^2} \tag{3-9}$$

岩心单位长度上扰动单位的数量与岩心有效流动的孔隙半径和喉道半径有关。

通过对本次实验所用岩心进行恒速压汞测试，获得的结果曲线如图 3-16 所示。统计不同渗透率岩心压汞曲线获得的孔隙结构参数见表 3-6，计算得到的扰动单元的相关参数见表 3-7。

表 3-6   不同渗透率岩心压汞曲线获得的孔隙结构参数数据表

岩心	渗透率 K (mD)	孔隙度 ϕ (%)	主流喉道半径 r_M (μm)	平均孔隙半径 r_p (μm)	总孔/喉体积比 ε	微观均质系数 a	分选系数 S_p	峰态 K_p	歪度 S_{kp}
1	1890	31.12	27.428	190.367	0.85429	0.017	4.411	3.798	1.812
2	1068	29.05	21.364	176.972	0.83035	0.017	3.521	3.111	1.523
3	257	26.79	12.621	159.034	0.81116	0.016	2.432	2.231	0.864

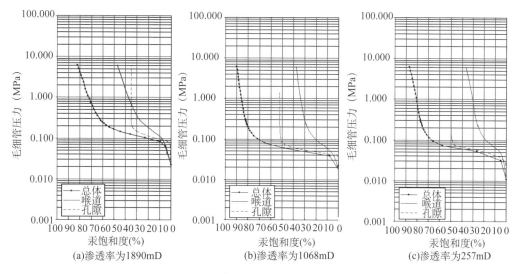

图 3-16　不同渗透率岩心恒速压汞与退汞曲线

表 3-7　岩心孔隙结构参数计算值数据表

岩心	总孔隙进汞饱和度（%）	总喉道进汞饱和度（%）	总孔/喉体积比 ε	主流喉道比例 α	计算连通喉道数 N（个）	渗流方向连通喉道数 $N_单$（个）	扰动单元长度 $4r_p$（μm）	单位长度上的扰动单位数量 $N_扰$（个/cm）
1	42.505	49.755	0.85429	0.01557	0.85429	0.28476	761.5	33.66
2	39.224	47.238	0.83035	0.01512	0.83035	0.27678	707.9	48.68
3	37.254	45.927	0.81116	0.01495	0.81116	0.27039	636.1	121.07

（2）扰动单位与泡沫结构特征值的关系。

不同渗透率、不同长度的岩心产出泡沫图像如图 3-17 至图 3-19 所示。

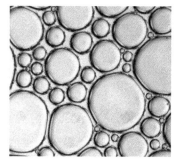

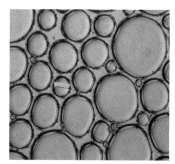

(a) 7cm　　　　　　　　(b) 15cm　　　　　　　　(c) 30cm

图 3-17　渗透率为 1890mD、不同长度岩心产出泡沫图像

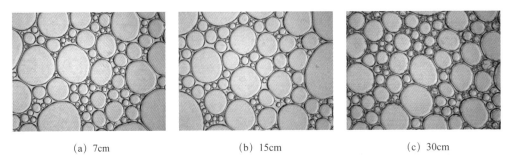

(a) 7cm   (b) 15cm   (c) 30cm

图 3-18   渗透率为 1068mD、不同长度岩心产出泡沫图像

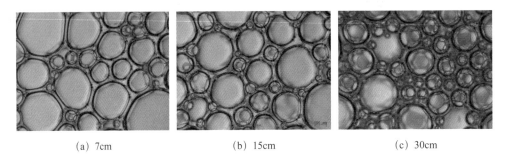

(a) 7cm   (b) 15cm   (c) 30cm

图 3-19   渗透率为 257mD、不同长度岩心产出泡沫图像

由图 3-17 至图 3-19 可以看出，不同发泡多孔介质中产生的泡沫呈现出不同的泡沫粒径特征。发泡多孔介质的渗透率越小，产生泡沫的粒径越小。对于渗透率相同的发泡多孔介质，发泡多孔介质的长度越大，产生泡沫粒径分布越均匀。

根据前文介绍的扰动单元计算方法，计算不同渗透率、不同长度多孔介质的扰动单位数量，结果见表 3-8。

表 3-8   不同渗透率岩心扰动单位的数量和泡沫变异系数数据表

岩心编号	渗透率 K (mD)	单位长度上的扰动单位数量 $N_{扰}$（个 /cm）	扰动单元长度（μm）	岩心长度（cm）	扰动单位数量（个）	泡沫粒径的变异系数
1				7	235.62	0.56
2	1890	33.66	761.5	15	504.90	0.51
3				30	1009.80	0.45
4				7	328.37	0.52
5	1068	46.91	707.9	15	703.65	0.43
6				30	1407.30	0.35
7				7	769.23	0.43
8	257	109.89	636.1	15	1648.35	0.34
9				30	3296.70	0.23

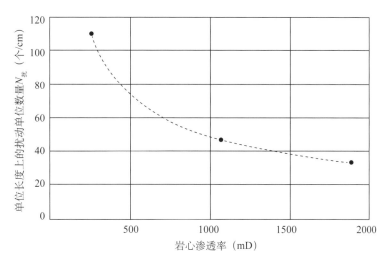

图3-20 单位长度上的扰动单位数量与岩心渗透率的关系曲线

由图3-20可以看出，单位长度上的扰动单位数量与岩心渗透率呈幂指数关系。其关系公式为：

$$N_{扰} = 2962.4K^{-0.594} \tag{3-10}$$

式中 $N_{扰}$——单位长度上扰动单位数量，个/cm；

　　K——渗透率，mD。

实验结果表明，随着渗透率的增加，单位长度上的扰动单位数量减少，流体在高渗透层中的扰动次数减少。

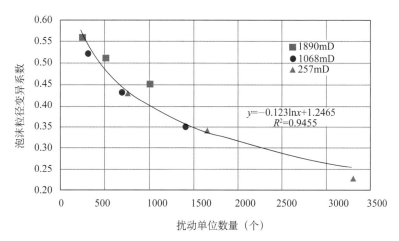

图3-21 扰动单位个数与泡沫粒径变异系数的关系曲线

扰动单位个数与泡沫粒径变异系数的关系如图3-21所示，不同渗透率的曲线基本呈现出重合的状态，对曲线进行对数函数拟合后得到泡沫粒径变异系数与扰动单位个数的关系式（3-11），拟合曲线的相关系数达到0.9455。

$$C_v=-0.123\ln\left(N_{扰}\cdot L\right)+1.2465=-0.123\ln\left(2962.4\cdot L\cdot K^{-0.594}\right)+1.2465 \qquad (3-11)$$

根据式（3-11）可以看出，泡沫粒径的分散程度（泡沫粒径变异系数）仅随扰动单元数量变化。实验结果表明泡沫稳定性与多孔介质的长度和渗透率有关，实质上是扰动单元控制着发泡多孔介质发泡的性能，渗透率仅是表征孔喉结构的参数之一。当泡沫粒径变异系数的变化率趋于稳定，且泡沫粒径变异系数值小于 0.5 时，认为多孔介质的发泡性能较为稳定，此时的扰动单元为形成稳定泡沫的临界扰动单元，对应扰动单位的数量为 500 ± 20 个，发泡能够达到稳定状态，因此，泡沫粒径变化率稳定时的扰动单元的数量也是稳定的，不同渗透率条件下的曲线形态及变化趋势基本一致。

（3）泡沫在多孔介质中的流动—封堵模式。

泡沫的注入能够对含水层进行封堵，从而抑制含水率的快速上升。由于泡沫的贾敏效应能够起到堵塞大孔道作用，同时，小孔道中的泡沫受到阻力作用而产生挤压，使得泡沫的半径变小，因此更易渗入小孔道中，使得泡沫表现出"堵大不堵小"的特征。

图 3-22 为泡沫的封堵模式，分为"大气泡—阻力小""小气泡—无阻力""匹配气泡—合适阻力" 3 种情况。油藏孔隙介质中流体流动的阻力为毛细管力，泡沫气泡太大，占据孔隙较多，但其流动阻力不一定大。气泡太小，则会直接通过孔隙喉道，不能形成封堵。只有当气泡的大小与孔喉匹配且略大于喉道时才能产生较好的封堵效果，且气泡数量不宜过多，一旦封堵数量过大则会使得注入压力急剧升高。因此，泡沫对多孔介质的封堵存在最佳的泡沫粒径与地层喉道半径的比值，同时存在数量上的匹配关系。

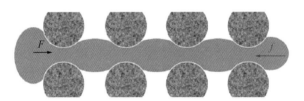

(a) 大气泡极限模式（大气泡—阻力小）

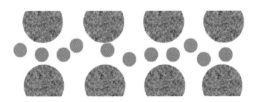

(b) 小气泡极限模式（小气泡—无阻力）

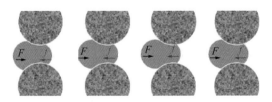

(c) 理想模式（区配气泡—合适阻力）

图 3-22　泡沫的封堵模式

第二节　井间沿程参数对泡沫有效运移距离的影响

泡沫流度控制效果主要取决于两个方面：一方面是泡沫形成后对地层封堵强度的大小，另一方面是泡沫在地层中的有效期。根据注入井和生产井之间压力梯度分布特征（图3-23）可知，较高的压力梯度仅出现在近井地带（距离井筒1.5～5m），远离井筒的地层深部的压力梯度较低；也就是说近井地带注入流体的流速较高，地层深部的流体流速较低。若泡沫生成需要的最小压力梯度或流速较高时，地层深部将很难生成泡沫，只能依靠近井地带生成的泡沫运移至地层深部起作用。但如果近井地带生成的泡沫稳定性较差，无法传播到地层深部时，就会降低泡沫驱提高采收率的效果。因此，有必要研究流体的性质及注入参数，和地层条件对泡沫段塞有效运移距离的影响。

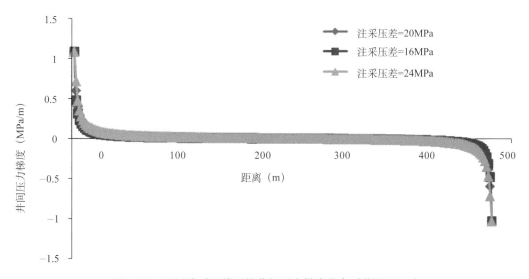

图3-23　不同注采压差下的井间压力梯度分布（井距500m）

一、起泡剂在多孔介质中的动态吸附实验

根据泡沫生成的临界条件可知，起泡剂的浓度越低，生成泡沫的强度越低，泡沫的封堵能力越弱，因此，起泡剂的浓度影响着生成的泡沫段塞在地层中的运移距离，而起泡剂在地层运移过程中会与地层中的黏土矿物发生吸附作用，出现色谱分离效应或者损耗，因此，有必要对泡沫在地层中的损耗和色谱分离对泡沫的起泡能力和稳定性的影响进行研究，这也是研究泡沫在多孔介质中的有效运移距离的基础。本节在考虑起泡剂吸附损失与解吸附影响的情况下，对起泡剂浓度对空气泡沫有效运移距离的影响进行研究。

1. 实验条件
（1）实验温度：65.7℃。
（2）实验用水：港东二区五断块地层水。

（3）实验用药品：起泡剂 GFPA-2，有效含量为 40%；聚合物为高分子聚合物（APP4），相对分子质量为 1000×10^4，浓度为 1000mg/L。

（4）实验模型：人造圆柱岩心，掺有比例为 6：1 的蒙皂石和高岭土，含量为 4%；渗透率约为 2000mD；孔隙度约为 28%；岩心尺寸为 $\phi 2.5cm \times 30cm$。

2. 实验装置

主要实验设备包括平流泵、恒温箱、中间容器、多测点岩心夹持器等。实验装置流程图如图 3-24 所示。

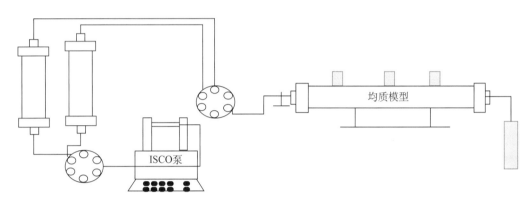

图 3-24　起泡剂动态吸附实验装置流程图

3. 实验方案

实验采用含有黏土矿物的人造岩心，分别向岩心中注入不同浓度（0.3%、0.4%）的起泡剂溶液，每隔一段时间在各取样点依次进行取样，测定取出样的起泡剂浓度，研究不同浓度起泡剂溶液的吸附运移规律。

4. 实验步骤

（1）在室温条件下，将岩心模型抽真空，饱和地层水，计算孔隙体积。

（2）以恒定流量 0.5mL/min 对岩心进行水驱，计算岩心水相渗透率。

（3）在油藏温度 65.7℃、常压条件下，以 0.5mL/min 的速度向岩心中注入 0.3PV 的二元复合体系（APP4，1000mg/L）；起泡剂浓度 0.3% 和 0.4%，然后转 1.5PV 后续水驱。

（4）每隔一定的时间在各取样点依次进行取样，根据阳离子的定量络合反应原理，采用两相滴定法，滴定取出样的起泡剂浓度。

（5）实验结束，清理实验设备，整理分析数据。

5. 实验结果与分析

1）起泡剂吸附规律分析

各取样点在不同时刻取出样的起泡剂浓度结果如图 3-25 和图 3-26 所示。

对图 3-25 中数据进行分析：（1）当注入的起泡剂浓度为 0.4% 时，对于同一取样点，随着流体注入量的增加，该取样点处的起泡剂浓度先增大后减小。这是由于在固定的观察点处，在注入的初始阶段，起泡剂会在取样点前的多孔介质中发生吸附，从而导致初始阶段观测点位置处的起泡剂浓度为 0。而随着后续起泡剂溶液的不断注入，会有一定浓度的起泡剂经过取样点。因此，起泡剂浓度曲线从 0 开始上升并达到峰值。当进行后续水驱时，

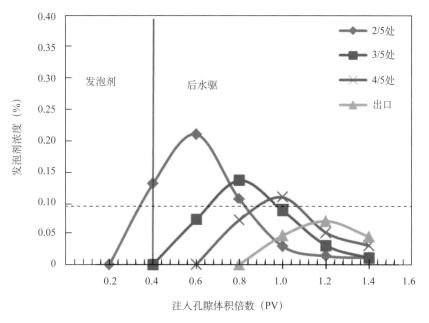

图 3—25　起泡剂浓度为 0.4% 的吸附规律曲线

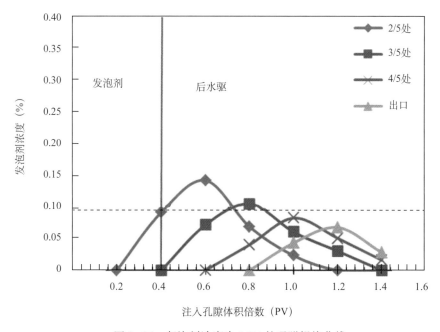

图 3—26　起泡剂浓度为 0.3% 的吸附规律曲线

由于起泡剂浓度不断被注入水稀释，因此流过取样点的起泡剂浓度亦随之降低。（2）不同取样点的浓度变化曲线具有明显的差别。随着取样点与岩心入口端间距离的增加，起泡剂浓度曲线上升的时机更晚，所达到的峰值更小，同时开始下降时间也越晚。这是因为在一维的多孔介质中，随着流体注入量的增加，起泡剂浓度剖面不断向前运移。因此，随着取样点距岩心入口端间距离的增加，浓度剖面传播到该点的时刻也会滞后，从而导致曲线形态变化的时间点出现了滞后。而随着距离的增加，起泡剂吸附作用的影响更加明显，从而导致取样点距离岩心入口端越远，浓度曲线所能达到的峰值越低。

对图 3-26 中数据进行分析：（1）当注入的起泡剂浓度为 0.3% 时，对于同一取样点，随着流体注入量的增加，该取样点处的起泡剂浓度先增大后减小。这是由于在固定的观察点处，在注入的初始阶段，起泡剂会在取样点前的多孔介质中发生吸附，从而导致初始阶段观测点位置处的起泡剂浓度为 0。而随着后续起泡剂溶液的不断注入，会有一定浓度的起泡剂经过取样点。因此，起泡剂浓度曲线从 0 开始上升并达到峰值。当进行后续水驱时，由于起泡剂浓度不断被注入水稀释，因此流过取样点的起泡剂浓度亦随之降低。（2）不同取样点的浓度变化曲线具有明显的差别。随着取样点与岩心入口端间距离的增加，起泡剂浓度曲线上升的时机更晚，所达到的峰值更小，同时开始下降时间也越晚。这是因为在一维的多孔介质中，随着流体注入量的增加，起泡剂浓度剖面不断向前运移。因此，随着取样点距岩心入口端间距离的增加，浓度剖面传播到该点的时刻也会滞后，从而导致曲线形态变化的时间点出现了滞后。而随着距离的增加，起泡剂吸附作用的影响更加明显，从而导致取样点距离岩心入口端越远，浓度曲线所能达到的峰值越低。

对比不同浓度的曲线可以看出：（1）对于取样点 1，起泡剂段塞的浓度变化对该位置的曲线影响不大；而随着取样点距岩心入口端的距离增加，两种浓度下同一位置的取样点对应的浓度曲线差异明显，差异主要表现为起泡剂浓度为 0.3% 曲线的浓度峰值更低，浓度下降趋势变缓。这主要是因为进行后续水驱时，起泡剂被稀释，浓度不断降低；起泡剂向前运移过程中浓度不断降低，取样点离岩心入口端越近，相同时刻的浓度越大。（2）在相同的注入速度下，浓度为 0.4% 时，起泡剂运移到岩心 4/5 处时，浓度降为 0.1%；浓度为 0.3% 时，起泡剂在岩心中运移到约 3/5 处时，浓度降为 0.1%；由此可见，起泡剂浓度越大，能够运移的距离越远。

2）吸附后起泡剂性能参数的变化

GFPA-2 是一种多组分复配的起泡剂，其溶液在岩心中渗流时，各组分和黏土矿物的作用力不同，因此渗流速度不同，容易发生色谱分离效应。

因此，为了考察色谱分离效应对泡沫的影响，在岩心的出口端接取 50mL 的起泡剂溶液，滴定其浓度，同时根据滴定结果，配置相同浓度的起泡剂溶液，使用吴茵搅拌器搅拌发泡，对生成的泡沫进行半衰期测定，对比分析不同起泡剂溶液生成泡沫的发泡性和稳定性。

实验发现，测定 50mL 岩心接出样的浓度为 0.21%，采用吴茵搅拌器 3 档搅拌 1min，发泡体积为 90mL，在室温条件下测定泡沫的析液半衰期为 18.65min；同时，采用起泡剂母液配制浓度为 0.21% 的起泡剂溶液 50mL，在相同条件下进行起泡和泡沫稳定性测定实验，测得起泡体积为 94mL，半衰期为 25.10min。对比实验结果发现，起泡剂溶液经过岩心后，起泡能力变化较小，泡沫稳定性能变差。

该起泡剂体系为复配起泡剂，在地层吸附后，由于地层对不同类型的化学剂吸附能力不同，导致多组分体系中各个组分的浓度剖面运移速度不一致，从而出现色谱分离现象。发生色谱分离现象后，多孔介质中的各组分浓度存在差异，起泡剂体系中稳泡剂被吸附，泡沫稳定性变差。

二、起泡剂浓度对泡沫有效运移距离的影响

1. 实验条件

（1）实验温度：20℃。

（2）实验用水：港东二区五断块地层水。

（3）实验用药品：起泡剂 GFPA-2，有效含量为 40%；聚合物为高分子聚合物（APP4），相对分子质量为 1000×10^4，浓度 1000mg/L。

（4）实验模型：填砂管每段长 30cm，直径 1cm，渗透率 1500mD。观察窗可耐压 5MPa，填充 30 目的黑色玻璃珠，共 5 段（图 3-27、图 3-28）。

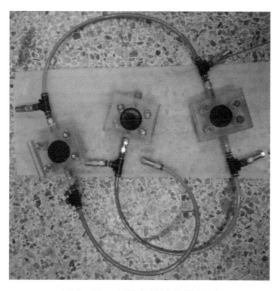

图 3-27　多测点长填砂管模型

图 3-28　可视观察窗模型

2. 实验装置

主要实验设备包括平流泵、恒温箱、中间容器、气体质量流量控制器、回压阀、气瓶、耐压透视窗、蔡司显微镜等。实验装置流程如图 3-29 所示。

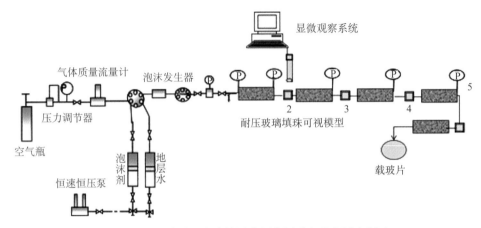

图 3-29 泡沫段塞有效运移距离测试实验装置流程图

3. 实验方案

采用气测渗透率为 2.2D、直径为 2.5cm 的一维岩心模型，以气液比 1:1、气液合注的方式将泡沫以 0.3mL/min 的速度注入到岩心中，研究起泡剂浓度对泡沫有效运移距离的影响。从岩心注入端开始依次平均分布 5 个测压点，相邻两个测压点距离 30cm。可以通过沿程压力变化监测泡沫的运移过程。各实验用起泡剂浓度见表 3-9。

表 3-9 泡沫运移距离实验方案设计

序号	1	2	3
起泡剂 GFPA-2 浓度（%）	0.4	0.1	0.05

4. 实验步骤

（1）将岩心抽真空，饱和地层水，根据体积平衡法计算岩心孔隙度，根据达西定律在地层温度条件下测定岩心渗透率。

（2）在室温、常压条件下，以气液比 1:1、气液合注的方式，以 0.3mL/min 的速度向岩心中注入 0.6PV 的泡沫段塞（段塞浓度见表 3-9），然后转后续水驱，实验过程中实时监测各测压点的压力变化。

（3）从注入泡沫段塞开始，定时录制各观察窗内泡沫形态及运移录像。

（4）实验结束，清理实验设备，导出实验压力数据，分析显微镜下泡沫形态及运移特征。

5. 实验结果与分析

1）起泡剂浓度为 0.4% 时泡沫在多孔介质中的有效运移距离研究

图 3-30 和图 3-31 为起泡剂浓度为 0.4% 时，泡沫段塞注入过程中各测压点的压力变化、各部分的压差及阻力系数变化图，实验结果分析如下：

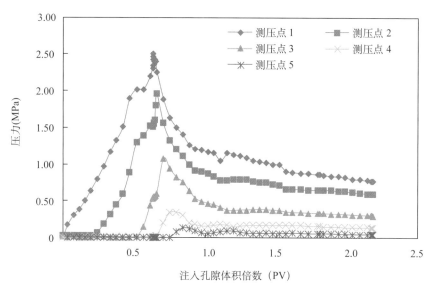

图 3-30 泡沫驱模型各测压点压力分布曲线（起泡剂浓度 0.4%）

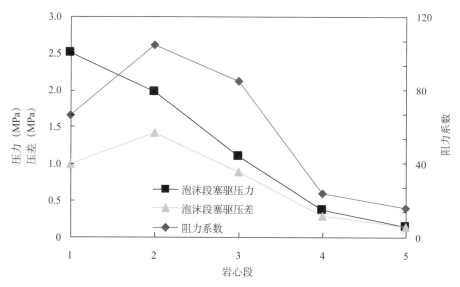

图 3-31 各测压点最高压力、最大压差和最大阻力系数变化曲线（起泡剂浓度 0.4%）

表 3-10 各测压点的最高压力及阻力系数数据表（起泡剂浓度为 0.4%）

岩心段	1	2	3	4	5
起泡剂驱压力（MPa）	0.04	0.030	0.021	0.014	0.006
起泡剂驱压差（MPa）	0.01	0.009	0.007	0.008	0.006
泡沫段塞驱最高压力（MPa）	2.51	1.97	1.09	0.36	0.14
泡沫段塞驱最大压差（MPa）	0.54	0.88	0.73	0.22	0.14
最大阻力系数	54	97.78	104.29	27.5	23.33

（1）由图 3-30 可以看出，注入过程中，当气液接触生成泡沫后，由于泡沫的封堵作用，注入压力明显增加。图中压力迅速增加过程表明气体与起泡剂在模型内接触生成了大量的泡沫，泡沫对孔隙介质形成了封堵。注入 0.6PV 的泡沫段塞后，开始后续水驱，此时泡沫被注入水稀释，泡沫聚并速度大于生成速度，堵塞程度有所缓解，因此各点压力开始下降。

（2）由图 3-30 可见，测压点 1、测压点 2、测压点 3、测压点 4 和测压点 5 达到压力最大值时对应的泡沫注入量逐渐增大，实验结果说明，随着注入过程的进行，泡沫在模型中沿注入方向向前运移，从而导致压力峰值不断传递。同时，随着流体注入量的增加，测压点 1 与测压点 2 之间的压差降低，而测压点 2 与测压点 3 之间的压差及测压点 3 与测压点 4 之间的压差基本保持不变，说明随着后续注水过程的进行，泡沫逐渐由注入端向出口端运移，同时伴随着消泡作用，导致驱动压力梯度降低。

（3）结合图 3-31 可知，沿程压力分布范围在测压点 1 至测压点 3 之间存在明显的压力梯度，说明泡沫在模型的这段距离内产生了明显的封堵作用。同时，泡沫体系在测压点 4 与测压点 5 之间压力梯度较小，表明在岩心后端没有泡沫的堵塞。

泡沫在多孔介质中渗流时，伴随着生成、运移封堵、剪切再生、聚并破灭的过程。随着渗流距离的增加，泡沫的主导行为发生变化，从而导致了沿程压差分布的差异性。随着渗流距离增加，泡沫体系阻力系数先增加后减小。表 3-10 为各部分阻力系数最大值的统计结果，距入口第三部分的阻力系数最大达 104.28，第四部分突降为 27.5，可见起泡剂浓度 0.4%，0.6PV 的泡沫段塞的有效作用距离为整个填砂管长度的 3/5，泡沫在近井地带封堵性能较好。随渗流距离增加，泡沫不断生成，并且生成速度大于破灭速度，同时泡沫不断发生运移及剪切再生，生成的泡沫对孔隙产生了封堵作用。然而，随着运移距离进一步增大，起泡剂不断被稀释，浓度降低，泡沫的稳定性下降，泡沫的生成速度小于破灭速度，因此泡沫整体上不断聚并破灭，最终出现气液分离现象，导致压力和阻力系数下降。

图 3-32 为起泡剂浓度为 0.4% 时，泡沫段塞注入过程中各观察窗处泡沫的微观形态图，并对其进行统计，各处的泡沫尺寸分布如图 3-33 所示。入口处泡沫的直径大小主要分布在 $100 \sim 300 \mu m$ 范围内，中间段泡沫直径主要集中在 $150 \sim 200 \mu m$ 范围内，在出口处，泡沫膨胀，稳定性变差，泡沫直径达到 $300 \sim 400 \mu m$ 以上。这种泡沫直径的分布趋势也符合泡沫生成破灭动态平衡在驱替过程中的变化规律。

泡沫运移过程中不断地细化，距近井地带较近的地方泡沫最均匀，随着运移距离增加，起泡剂在地层中的吸附、稀释及色谱分离导致泡沫稳定性下降，不断地发生聚并和破灭现象，从而导致泡沫的尺寸增大。

2）起泡剂浓度为 0.2% 时泡沫在多孔介质中有效运移距离研究

图 3-34 和图 3-35 为起泡剂浓度为 0.2% 时，泡沫段塞注入过程中各测压点的压力变化，各部分的压差及阻力系数变化图。

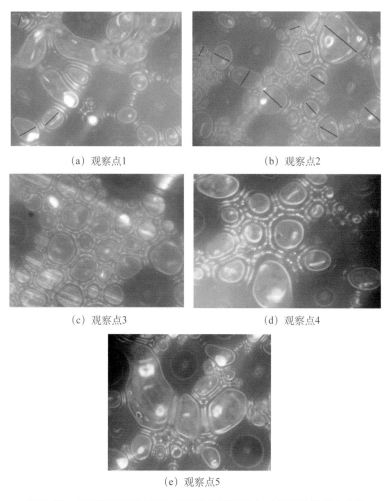

(a) 观察点1   (b) 观察点2

(c) 观察点3   (d) 观察点4

(e) 观察点5

图 3-32 模型不同取样位置处泡沫的微观形态（起泡沫浓度 0.4%）

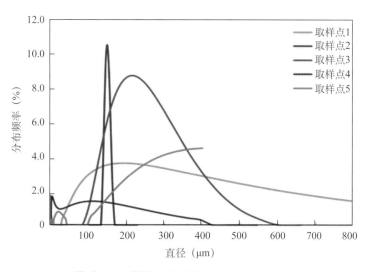

图 3-33 模型不同取样位置处泡沫的尺寸分布（起泡剂浓度 0.4%）

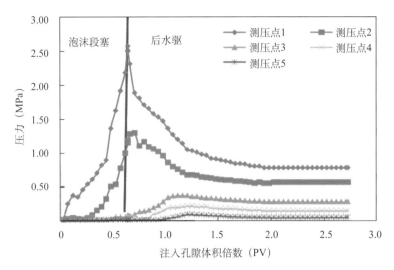

图 3-34　泡沫驱模型各测压点压力分布曲线（起泡剂浓度 0.2%）

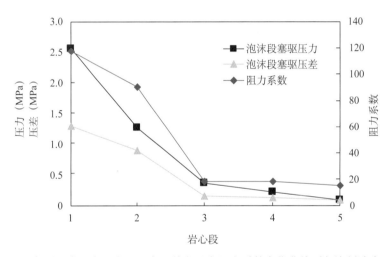

图 3-35　各测压点最高压力、最大压差和最大阻力系数变化曲线（起泡剂浓度 0.2%）

表 3-11　各测压点的最高压力及阻力系数数据表（起泡剂浓度为 0.2%）

岩心段	1	2	3	4	5
起泡剂驱压力（MPa）	0.042	0.031	0.021	0.013	0.006
起泡剂驱压差（MPa）	0.011	0.01	0.008	0.007	0.006
泡沫段塞驱最高压力（MPa）	2.56	1.27	0.367	0.22	0.09
泡沫段塞驱最大压差（MPa）	1.29	0.903	0.147	0.13	0.09
最大阻力系数	117.27	90.3	18.375	18.57	15

实验结果分析：（1）由图 3-34 可知测压点 1、测压点 2、测压点 3、测压点 4 达到压力最大值时对应的泡沫注入量逐渐增大。实验结果说明，随着注入过程的进行，泡沫在模型中沿注入方向向前运移。结合图 3-35 可见沿程压力分布范围在测压点 1 至测压点 3 之间存在明显的压力梯度，说明泡沫在模型的这段距离内产生了明显的封堵作用。同时，泡沫体系在测压点 3 到测压点 5 之间压力梯度较小，表明在岩心后端没有泡沫的堵塞或堵塞程度较小。

（2）随渗流距离增加，泡沫体系阻力系数不断减小，此时起泡剂的损失对泡沫的影响占主导作用。注入水的稀释作用和起泡剂的吸附损失对浓度都存在着一定的影响。表 3-11 为各部分阻力系数最大值的统计结果，距入口第一部分的阻力系数最大达 117.27，第三部分突降为 18.38，可见起泡剂浓度 0.2%，0.6PV 的泡沫段塞的有效作用距离为整个填砂管长度的 2/5。起泡剂浓度越低，则渗流通过多孔介质后剩余浓度越小。则起泡剂浓度越高，开始注入的初期阶段抵抗地层吸附的能力越强，产生的泡沫性质越好，因此产生最大阻力系数的位置更加靠前。

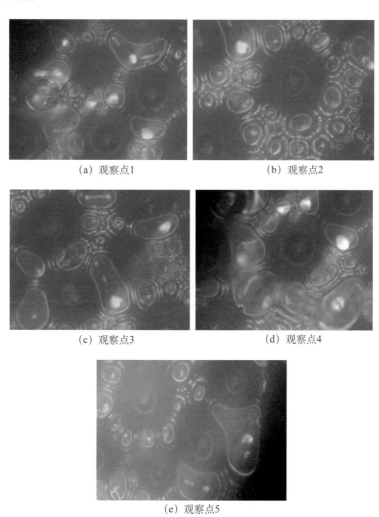

(a) 观察点1　　　　　　　　　　(b) 观察点2

(c) 观察点3　　　　　　　　　　(d) 观察点4

(e) 观察点5

图 3-36　不同取样位置处泡沫的微观形态（起泡沫浓度 0.2%）

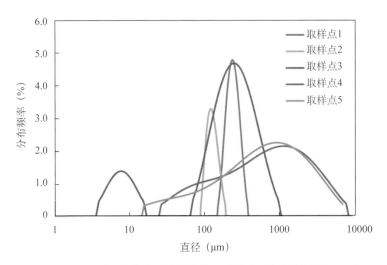

图 3-37　不同取样位置处泡沫的尺寸分布（起泡剂浓度 0.2%）

图 3-36 为起泡剂浓度为 0.2% 时，泡沫段塞注入过程中各观察窗处，泡沫的微观形态图，并对其进行统计，各处的泡沫尺寸分布如图 3-37 所示。随距离的增加，起泡剂的损失对泡沫的影响占主导，泡沫只在入口处被细化，随后气泡的聚并和破灭作用占主导。入口处泡沫的直径主要为 300μm 左右，中间段泡沫直径主要集中在 200～500μm 内，在出口处，泡沫膨胀，稳定性变差，泡沫直径达到 1000μm 以上。起泡剂浓度越高，形成的泡沫越稳定，与注入起泡剂浓度为 0.4% 时相比较，注入浓度为 0.2% 时的泡沫稳定性较差，导致其在通过孔喉入口后迅速聚并破灭，从而使得二者的粒径分布出现差异。

3）起泡剂浓度为 0.1% 时泡沫在多孔介质中有效运移距离研究

图 3-38 和图 3-39 为起泡剂浓度为 0.1% 时，泡沫段塞注入过程中各测压点的压力变化，各部分的压差及阻力系数变化图。

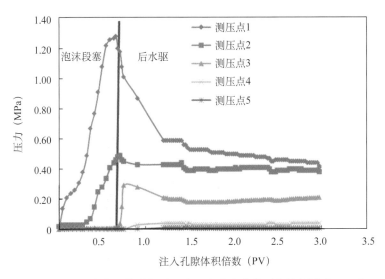

图 3-38　泡沫驱模型各测压点压力分布曲线（起泡剂浓度 0.4%）

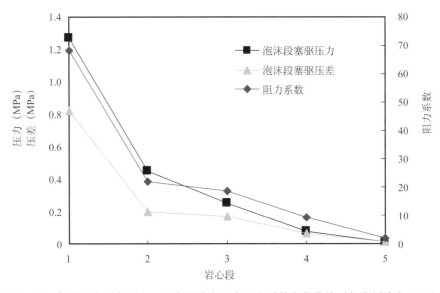

图 3-39 各测压点最高压力、最大压差和最大阻力系数变化曲线（起泡剂浓度 0.1%）

表 3-12 各测压点的最高压力及阻力系数（起泡剂浓度为 0.1%）

岩心段	1	2	3	4	5
起泡剂驱压力（MPa）	0.044	0.032	0.023	0.014	0.007
起泡剂驱压差（MPa）	0.012	0.009	0.009	0.007	0.007
泡沫段塞驱最高压力（MPa）	1.27	0.45	0.25	0.08	0.014
泡沫段塞驱最大压差（MPa）	0.82	0.2	0.17	0.066	0.014
最大阻力系数	68.33	22.22	18.89	9.43	2

实验结果分析：

（1）结合图 3-38 可见，沿程压力分布范围在测压点 1 至测压点 2 之间存在明显的压差，说明泡沫在模型的这段距离内产生了明显的封堵作用。同时，泡沫体系在测压点 2 到测压点 5 之间压力梯度较小，表明在岩心后端没有泡沫的堵塞或堵塞程度不明显。

（2）随渗流距离增加，泡沫体系阻力系数不断减小，起泡剂的损失对泡沫性能的影响占主导作用，注入水的稀释作用和起泡剂的吸附损失对浓度都存在着一定的影响。因此泡沫不断聚并破灭，导致阻力系数降低。表 3-12 为各部分阻力系数最大值的统计结果，起泡剂浓度为 0.1% 时，随距离增加，起泡剂不断产生吸附损失，泡沫的阻力系数不断减小；第一部分的阻力系数最大达 68.33，第二部分突降为 22.22，可见起泡剂浓度 0.1%，0.6PV 的泡沫段塞的有效作用距离为整个填砂管长度的 1/5，并且整体产生的阻力较小。注入的起泡剂浓度越大，在地层中运移后，剩余的起泡剂浓度越大，泡沫稳定性越好，在运移的过程中越能保持致密的小粒径结构，因此最大阻力系数产生的位置滞后。反之，在流体运移过程中，泡沫稳定性差，则在运移一段距离后开始便出现大规模的聚并和破灭，阻力系数下降，从而使得最大阻力系数的对应位置相对靠前。

通过实验结果可以看出，随着起泡剂浓度的降低，泡沫段塞的有效作用距离减小，当浓度为 0.1% 时，其作用距离约为填砂管长度的 1/5，即泡沫仅能在近井地带产生封堵作用，无法运移到地层深部。

图 3-40 为起泡剂浓度为 0.1% 时，泡沫段塞注入过程中各观察窗处泡沫的微观形态图，并对其进行统计，各处的泡沫尺寸分布如图 3-41 所示。随距离的增加，起泡剂的损失对泡沫的影响占主导作用，泡沫只在入口处被细化，粒径变小的情况非常短暂，随后气泡的聚并和破灭作用占主导。入口处泡沫的直径大小主要分布在 300μm 左右，中间段泡沫直径主要集中在 200 ~ 500μm 内，在出口处，泡沫膨胀，稳定性变差，泡沫直径达到 1000μm 以上。

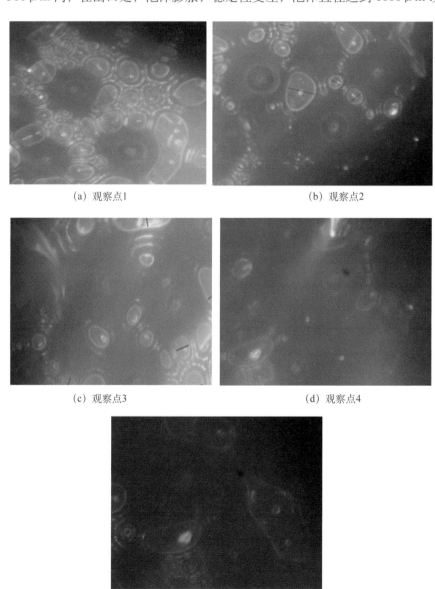

(a) 观察点1 　　　　　　　　　　　(b) 观察点2

(c) 观察点3 　　　　　　　　　　　(d) 观察点4

(e) 观察点5

图 3-40　不同取样位置处泡沫的微观形态（起泡剂浓度 0.1%）

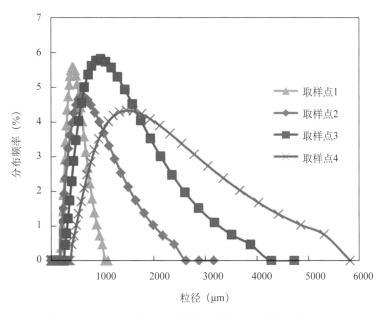

图 3-41　不同取样位置处泡沫的尺寸分布（起泡剂浓度 0.1%）

4）起泡剂浓度对泡沫有效运移距离的影响

由图 3-42 和图 3-43 可知，起泡剂浓度越高，则生成的泡沫越细腻；随着运移距离增大，起泡剂浓度为 0.4% 时，剪切起主要作用，泡沫尺寸减小；浓度小于 0.4% 时，起泡剂的损失起主要作用，泡沫尺寸不断增大。实验结果表明，起泡剂浓度越高，泡沫的封堵距离和运移深度越大；此外，起泡剂浓度越大，其运移过程中受沿程吸附损失的影响越小。因此，泡沫的运移距离越远，封堵距离也就越长。

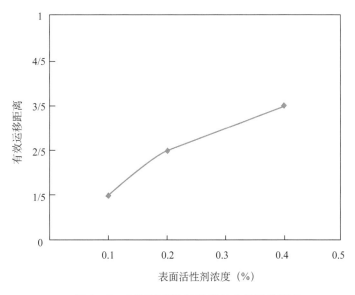

图 3-42　不同浓度泡沫段塞的有效运移距离

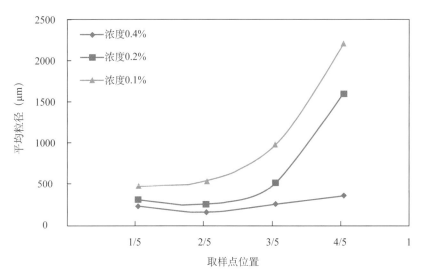

图 3-43　不同浓度泡沫段塞在不同位置处的泡沫平均粒径

三、含油饱和度对泡沫有效运移距离的影响

1. 实验方案

采用气测渗透率为 2.2D、直径为 2.5cm 的一维岩心模型，以气液比 1∶1、气液合注的方式，将泡沫以 0.3mL/min 的速度注入到岩心中，研究含油饱和度对泡沫有效运移距离的影响。从岩心注入端开始依次平均分布 5 个测压点，相邻两个测压点距离 30cm。可以通过沿程压力变化监测泡沫的运移过程。各实验所用岩心饱和度见表 3-13。

表 3-13　含油饱和度影响泡沫有效运移距离实验方案设计

实验编号	1	2	3
含油饱和度（%）	0	30	70

2. 实验步骤

（1）将岩心抽真空，饱和地层水，根据体积平衡法计算岩心孔隙度，根据达西定律在地层温度条件下测定岩心渗透率。

（2）在室温、常压条件下，计算含油饱和度模型饱和油的，根据实验方案将模型水驱至表 3-13 中所示的含油饱和度。

（3）在室温、常压条件下，以气液比 1∶1、气液合注的方式，以 0.3mL/min 的速度向岩心中注入 0.6PV 的泡沫段塞，然后转后续水驱，实验过程中实时监测各测压点的压力变化。

（4）从注入泡沫段塞开始，定时录制各观察窗内泡沫形态及运移录像。

（5）实验结束，清理实验设备，导出实验压力数据，分析显微镜下泡沫形态及运移特征。

3. 实验结果与分析

1) 不含油时泡沫在多孔介质中的有效运移距离研究

图 3-44 和图 3-45 为不含油时，泡段塞注入过程中各测压点的压力变化，各部分的压差及阻力系数变化图。

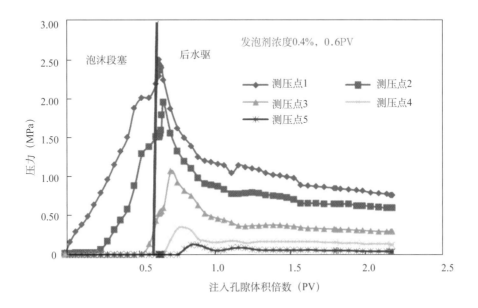

图 3-44 不同位置处压力变化曲线（含油饱和度为 0）

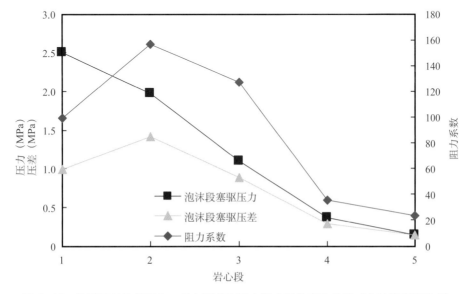

图 3-45 各测压点最高压力、最大压差和最大阻力系数变化曲线（含油饱和度为 0）

表 3-14　各测压点的最高压力及阻力系数数据表（含油饱和度为 0）

岩心段	1	2	3	4	5
起泡剂驱压力（MPa）	0.04	0.030	0.021	0.014	0.006
起泡剂驱压差（MPa）	0.01	0.009	0.007	0.008	0.006
泡沫段塞驱最高压力（MPa）	2.51	1.97	1.09	0.36	0.14
泡沫段塞驱最大压差（MPa）	0.54	0.88	0.73	0.22	0.14
最大阻力系数	54	97.78	104.29	27.5	23.33

实验结果分析：随渗流距离增加，泡沫经历生成、运移封堵、剪切再生、聚并、破灭的过程，泡沫体系阻力系数先增加后减小。表 3-14 为各部分阻力系数最大值的统计结果，距入口第三部分的阻力系数最大达 104.29，第四部分突降为 27.5，可见起泡剂浓度 0.4%、0.6PV 的泡沫段塞的有效作用距离为整个填砂管长度的 3/5，泡沫封堵性能在近井地带较好。随渗流距离增加，泡沫不断生成，并且生成速度大于破灭速度，同时泡沫不断发生运移及剪切再生的过程，生成的泡沫对孔隙产生了封堵作用，阻力系数也随着运移距离的增加而上升。但随着运移距离增大，起泡剂不断被稀释，浓度降低，泡沫的稳定性下降，泡沫的生成速度小于破灭速度，因此泡沫不断聚并和破灭，最终出现气液分离现象，导致压力和阻力系数下降。

图 3-46 为起泡剂浓度为 0.4% 时，泡沫段塞注入过程中各观察窗处泡沫的微观形态图，并对其进行统计，各处的泡沫尺寸分布如图 3-47 所示。入口处泡沫的直径大小主要分布在 100～300μm 范围内，中间段泡沫直径主要集中在 150～200μm 范围内，在出口处，泡沫膨胀，稳定性变差，泡沫直径达到 300～400μm 以上。

泡沫运移过程中不断细化，距近井地带较近的地方泡沫最均匀，随着运移距离增加，起泡剂在地层中的吸附、稀释及色谱分离导致泡沫稳定性下降，不断地发生聚并和破灭，导致泡沫的尺寸增大。

2）水驱残余油饱和度下泡沫在多孔介质中的有效运移距离研究

将填砂管饱和水，然后饱和油，测得填砂管含油饱和度为 0.69，先进行水驱，驱替至含水率为 98%，此时含油饱和度为 0.31，再注入 0.6PV 的泡沫段塞。图 3-48 和图 3-49 为起泡剂浓度为 0.4% 时，泡沫段塞注入过程中各测压点的压力变化，各部分的压差及阻力系数变化图。填砂管含油饱和度为 0.31 时，随运移距离增加，泡沫的阻力系数先增加后减小。

将各部分的最大阻力系数计算统计见表 3-15。注入过程中，距入口第二部分的阻力系数最大达 95.71，第三部分突降为 37.5，可见含油饱和度为 0.31 时，0.6PV 的泡沫段塞的有效作用距离为整个填砂管长度的 2/5。

3）原始含油饱和度下泡沫在多孔介质中的有效运移距离研究

将填砂管饱和水，然后饱和油，测定填砂管含油饱和度为 0.69，注入 0.6PV 的泡沫段塞。图 3-50 和图 3-51 为起泡剂浓度为 0.4% 时，泡沫段塞注入过程中各测压点的压力变化，各部分的压差及阻力系数变化图。

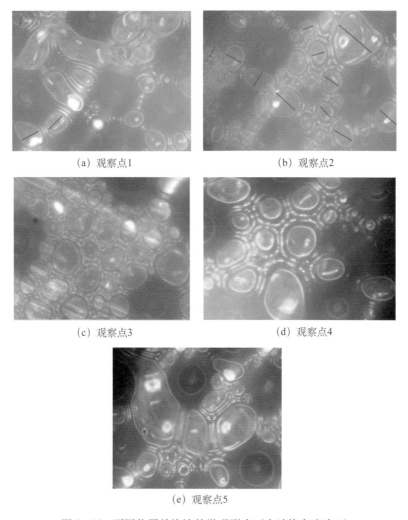

(a) 观察点1　　　　　　　　(b) 观察点2

(c) 观察点3　　　　　　　　(d) 观察点4

(e) 观察点5

图 3-46　不同位置处泡沫的微观形态（含油饱和度为 0）

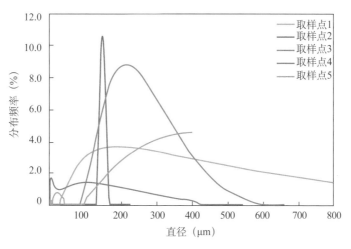

图 3-47　不同位置处泡沫的尺寸分布（含油饱和度为 0）

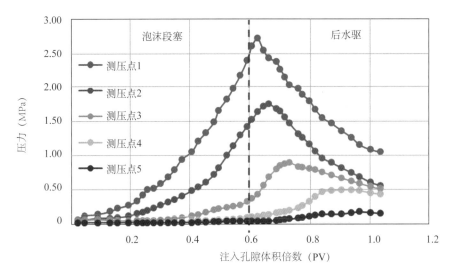

图 3-48　不同位置处压力变化曲线（含油饱和度为 0.32）

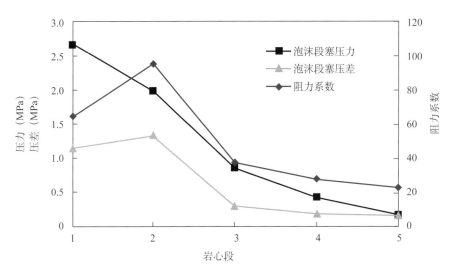

图 3-49　各测压点最高压力、最大压差和最大阻力系数变化曲线（含油饱和度为 0.32）

表 3-15　各测压点的最高压力及阻力系数数据表（含油饱和度为 0.32）

岩心段	1	2	3	4	5
起泡剂驱压力（MPa）	0.05	0.032	0.018	0.01	0.005
起泡剂驱压差（MPa）	0.018	0.014	0.008	0.005	0.005
泡沫段塞驱最高压力（MPa）	2.67	1.99	0.87	0.43	0.18
泡沫段塞驱最大压差（MPa）	1.16	1.34	0.3	0.19	0.18
最大阻力系数	64.44	95.73	37.5	28	23

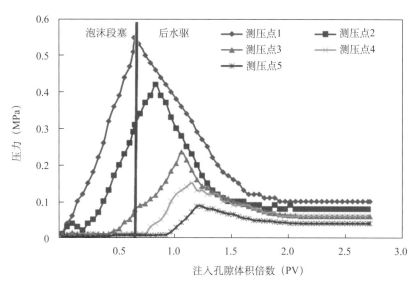

图 3-50 不同位置处压力变化曲线（含油饱和度为 0.69）

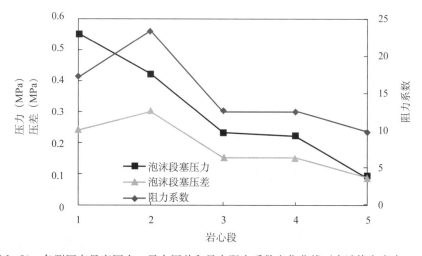

图 3-51 各测压点最高压力、最大压差和最大阻力系数变化曲线（含油饱和度为 0.69）

表 3-16 各测压点的最高压力及阻力系数数据表（含油饱和度为 0.69）

岩心段	1	2	3	4	5
起泡剂驱压力（MPa）	0.056	0.042	0.029	0.021	0.009
起泡剂驱压差（MPa）	0.014	0.013	0.008	0.012	0.009
泡沫段塞驱最高压力（MPa）	0.55	0.42	0.23	0.22	0.09
泡沫段塞驱最大压差（MPa）	0.24	0.303	0.15	0.149	0.087
最大阻力系数	17.14	23.30	12.5	12.42	9.67

实验结果分析如下：（1）由图 3-50 可以看出，注入过程中当气液接触生成泡沫后，注入压力明显增加。图中压力迅速增加过程表明气体与起泡剂在模型内接触生成了大量的泡沫。注入 0.6PV 的泡沫后，开始后续水驱，此时泡沫被注入水稀释，聚并速度大于生成速度，因此各点压力开始下降。水驱至 1.5PV 后，由于水驱较为充分，各个测压点压力趋于稳定，多孔介质内的流体分布变化也越来越小。

（2）由图 3-51 可见，测压点 1、测压点 2、测压点 3、测压点 4 达到压力最大值时对应的泡沫注入量逐渐增大。实验结果说明，随着注入过程的进行，泡沫在模型中沿注入方向向前运移。同时，随着注入量的增加，测压点 1 与测压点 2 之间的压差降低，而测压点 3 与测压点 4 及测压点 4 与测压点 5 之间的压差基本保持不变，说明随着后续注水过程的进行，泡沫逐渐由注入端向前运移，导致驱动压力梯度降低。

（3）沿程压力分布范围在测压点 1 至测压点 5 之间压力梯度较小表明泡沫没有产生较好的封堵效果。后续水驱后，沿程压力梯度分布基本一致，说明泡沫聚并、破灭后重新建立了优势渗流通道。

将各部分的最大阻力系数计算统计见表 3-16。注入过程中，泡沫的阻力系数随距离增加而减小，距入口第二部分的阻力系数最大达 23.30，第三部分突降为 12.5，可见含油饱和度为 0.69 时，0.6PV 的泡沫段塞的有效封堵距离约为填砂管长度的 1/2，泡沫在地层中无法起到有效的封堵作用。

通过对泡沫的微观形态进行观察可以发现，由于起泡剂溶液与原油间的界面张力较低，在驱替流体的扰动作用下，形成了油/水型乳状液滴，使得注入的泡沫稳定性下降，发生聚并，形成了气体窜流通道（图 3-52）。

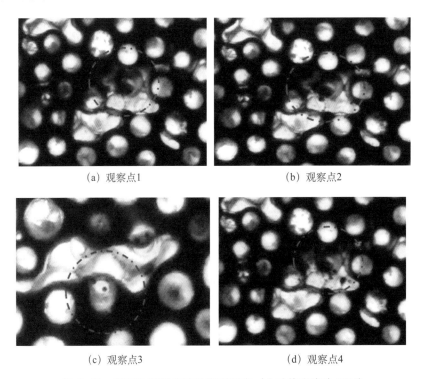

（a）观察点1　　　　　　　　　　（b）观察点2

（c）观察点3　　　　　　　　　　（d）观察点4

图 3-52　不同位置处泡沫的微观形态（含油饱和度为 70%）

4) 含油饱和度对泡沫有效运移距离的影响研究

由图 3-53 和图 3-54 可知，含油饱和度越高，阻力系数上升幅度越低。随着含油饱和度的增加，泡沫体系的阻力峰值和有效封堵距离均降低。当含油饱和度高于 30% 后，岩心各段的阻力系数几乎无变化，接近一条直线，此时可将泡沫运移的有效距离视为 0，说明在此含油饱和度条件下，泡沫基本不具有封堵效果。

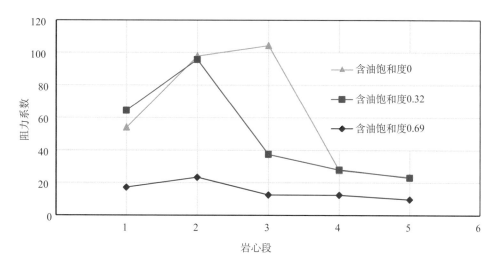

图 3-53 不同含油饱和度下泡沫段塞在岩心各段产生的阻力系数

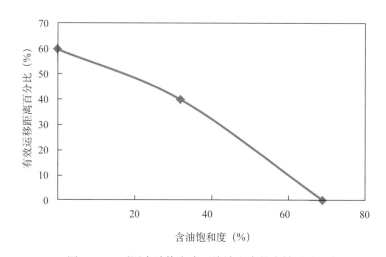

图 3-54 不同含油饱和度下泡沫段塞的有效运移距离

四、注入速度对泡沫有效运移距离的影响

1. 实验方案

采用气测渗透率为 2.2D，直径为 2.5cm 的一维岩心模型，以气液比 1 : 1、气液合注的方式，将泡沫分别以 0.1mL/min、0.3mL/min、0.5mL/min 的速度注入到岩心中，研究注

入速度对泡沫有效运移距离的影响。从岩心注入端开始依次平均分布 5 个测压点，相邻两个测压点距离 30cm。可以通过沿程压力变化监测泡沫的运移过程。各实验注入速度见表 3-17。

表 3-17　注入速度影响泡沫有效运移距离实验方案设计

实验编号	1	2	3
注入速度（mL/min）	0.1	0.3	0.5

2. 实验步骤

（1）将岩心抽真空，饱和地层水，根据体积平衡法计算岩心孔隙度，根据达西定律在地层温度条件下测定岩心渗透率。

（2）在室温、常压条件下，以气液比 1∶1、气液合注的方式根据实验方案设计的注入速度，向岩心中注入 0.6PV 的泡沫段塞，然后转后续水驱，实验过程中实时监测各测压点的压力变化。

（3）从注入泡沫段塞开始，定时录制各观察窗内泡沫形态及运移录像。

（4）实验结束，清理实验设备，导出实验压力数据，分析显微镜下泡沫形态及运移特征。

3. 实验结果与分析

1）注入速度为 0.1mL/min 时，泡沫在多孔介质中的有效运移距离研究

图 3-55 和图 3-56 为注入速度为 0.1mL/min 时，泡沫段塞注入过程中各测压点的压力变化，各部分的压差及阻力系数变化图。

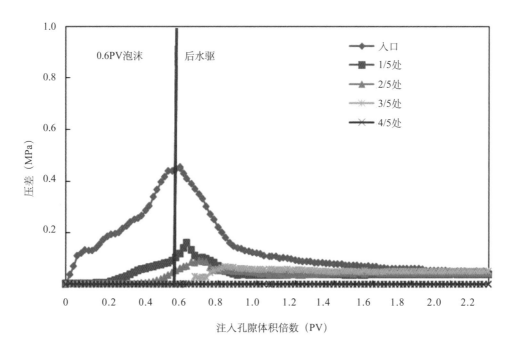

图 3-55　不同位置处压力变化曲线（注入速度为 0.1mL/min）

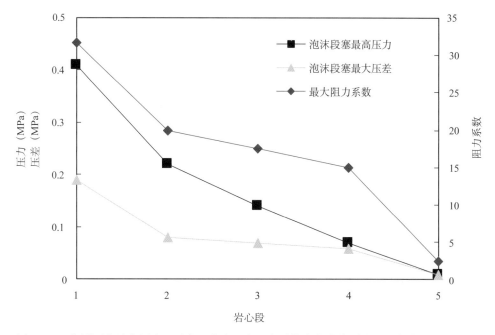

图 3-56　各测压点最高压力、最大压差和最大阻力系数变化曲线（注入速度为 0.1mL/min）

表 3-18　各测压点的最高压力及阻力系数数据表（注入速度为 0.1mL/min）

岩心段	1	2	3	4	5
起泡剂驱压力（MPa）	0.022	0.016	0.012	0.008	0.004
起泡剂驱压差（MPa）	0.006	0.004	0.004	0.004	0.004
泡沫段塞驱最高压力（MPa）	0.41	0.22	0.14	0.07	0.01
泡沫段塞驱最大压差（MPa）	0.19	0.08	0.07	0.06	0.01
最大阻力系数	31.67	20	17.5	15	2.5

实验结果分析如下：

（1）由图 3-55 可以看出，沿程压力分布范围在测压点 1 至测压点 2 之间存在明显的压力梯度，最大压力为 0.41MPa，考虑到整体的驱替压差和测压点之间的距离，其压力梯度增幅并不明显，说明泡沫在模型的这段距离内只产生了较弱的封堵作用。同时，泡沫体系在测压点 2 到测压点 5 之间压力梯度较小，表明在岩心后端没有泡沫的封堵。

（2）注入速度为 0.1mL/min 时，由于剪切力相对较小，剪切生成泡沫作用较弱，随运移距离增加，剪切力不足以弥补起泡剂的损失，因此随着驱替距离的增加，泡沫的阻力系数减小。注入速度为 0.1mL/min 时，0.6PV 的泡沫段塞在整个岩心中最大的阻力系数为 31.67，且沿程阻力系数没有出现典型的单峰函数特征。综合之前的实验结果，可以判断泡沫对整个岩心几乎没有形成有效封堵。

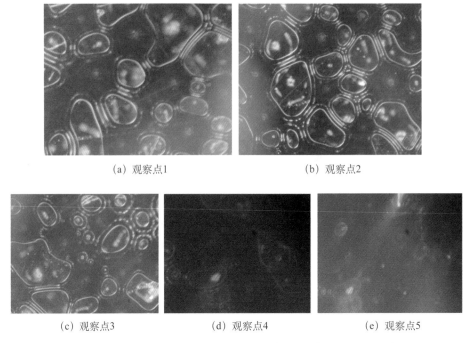

(a) 观察点1　　　　　　　　(b) 观察点2

(c) 观察点3　　　　(d) 观察点4　　　　(e) 观察点5

图 3-57　不同位置处泡沫的微观形态（注入速度为 0.1mL/min）

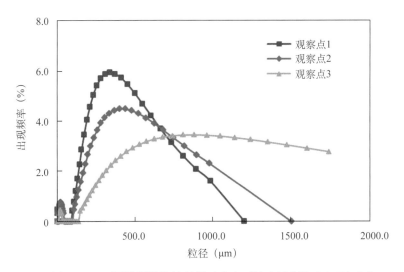

图 3-58　不同位置处泡沫的尺寸分布（注入速度为 0.1mL/min）

从微观照片上可以看出，随着运移距离的增加，泡沫的粒径分布标准差越来越大，粒径平均值也随之增加，泡沫稳定性越来越差，且存在着聚并和破灭的现象，在测压点 4 后，泡沫几乎完全消失。

2）注入速度为 0.3mL/min 时，泡沫在多孔介质中的有效运移距离研究

图 3-59 和图 3-60 为注入速度为 0.3mL/min 时，泡沫段塞注入过程中各测压点的压力变化，各部分的压差及阻力系数变化图。

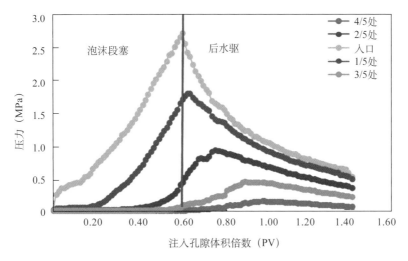

图 3-59　不同位置处压力变化曲线（注入速度为 0.3mL/min）

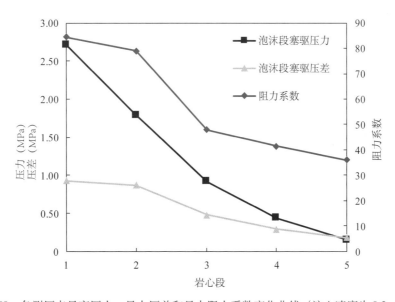

图 3-60　各测压点最高压力、最大压差和最大阻力系数变化曲线（注入速度为 0.3mL/min）

表 3-19　各测压点的最高压力及阻力系数数据表（注入速度为 0.3mL/min）

岩心段	1	2	3	4	5
起泡剂驱压力（MPa）	0.044	0.033	0.022	0.012	0.005
起泡剂驱压差（MPa）	0.011	0.011	0.01	0.007	0.005
泡沫段塞驱最高压力（MPa）	2.72	1.79	0.92	0.44	0.15
泡沫段塞驱最大压差（MPa）	0.93	0.87	0.48	0.29	0.18
最大阻力系数	84.5455	79.0909	48	41.4286	36

实验结果分析如下：

（1）由图 3-59 可以看出，沿程压力分布范围在测压点 1 至测压点 2 之间存在明显的压力梯度，说明泡沫在模型的这段距离内产生了封堵作用。同时，泡沫体系在测压点 2 至测压点 5 之间压力梯度较小，表明在岩心后端没有明显的泡沫封堵。

（2）同时，由图 3-60 可知，注入速度为 0.3mL/min 时，随着距离增加，泡沫的阻力系数不断减小，距入口第一部分的阻力系数最大达 84.54，第三部分突降为 48，相较于之前的实验，阻力系数曲线的陡峭变化更加滞后，可见注入速度为 0.3mL/min 时，0.6PV 的泡沫段塞的有效作用距离为整个填砂管长度的 2/5。和注入速度为 0.1mL/min 情况相比，注入速度为 0.3mL/min 时的阻力系数和驱替压差更大，这主要是因为注入速度越大，剪切速率越大，生成泡沫的强度也就越大。

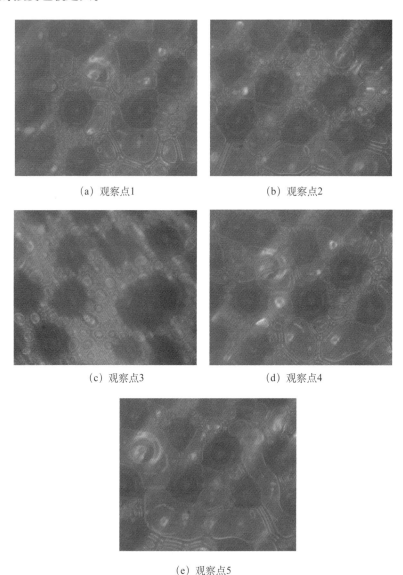

图 3-61　不同位置处泡沫的微观形态（注入速度为 0.3mL/min）

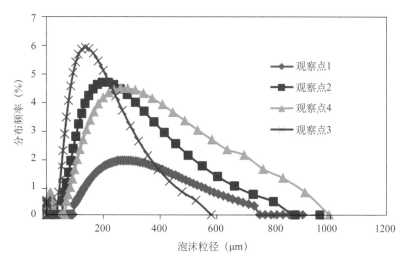

图 3-62　不同位置处泡沫的尺寸分布（注入速度为 0.3mL/min）

图 3-61 为注入速度为 0.3mL/min 时，各观察点处泡沫的微观结构图，图 3-62 为各观察点处统计的泡沫粒径分布图。由图可见，入口处泡沫的直径分布在 $100 \sim 300\mu m$ 范围内，中间段泡沫直径主要集中在 $150 \sim 200\mu m$ 范围内，在出口处，泡沫聚并，泡沫直径达到 $300 \sim 400\mu m$ 以上。

通过对各个测压点的微观尺寸统计曲线进行分析可知，从入口进入后，泡沫在剪切作用下不断细化，尺寸变小，粒径分布集中，在运移到测压点 3 后，随着起泡剂浓度减小，泡沫的破灭现象更加显著，泡沫发生聚并，气泡尺寸变大，粒径分散程度变大。

3）注入速度为 0.5mL/min 时，泡沫在多孔介质中的有效运移距离研究

图 3-63 和图 3-64 为注入速度为 0.5mL/min 时，泡沫段塞注入过程中各测压点的压力变化，各部分的压差及阻力系数变化图。

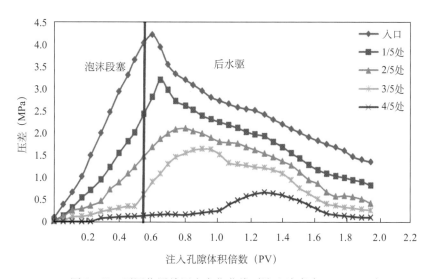

图 3-63　不同位置处压力变化曲线（注入速度为 0.5mL/min）

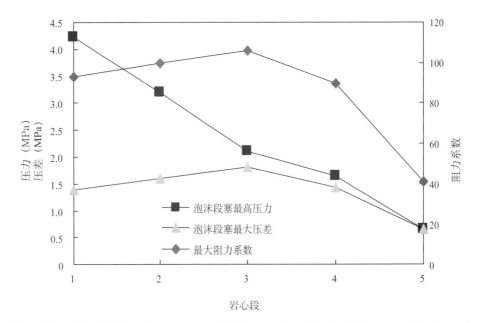

图 3-64 各测压点最高压力、最大压差和最大阻力系数变化曲线（注入速度为 0.5mL/min）

表 3-20 各测压点的最高压力及阻力系数数据表（注入速度为 0.5mL/min）

岩心段	1	2	3	4	5
起泡剂驱压力（MPa）	0.08	0.065	0.049	0.032	0.016
起泡剂驱压差（MPa）	0.015	0.016	0.017	0.016	0.016
泡沫段塞驱最高压力（MPa）	4.22	3.20	2.10	1.64	0.66
泡沫段塞驱最大压差（MPa）	1.4	1.6	1.8	1.44	0.66
最大阻力系数	93.33	100	105.89	90	41.25

实验结果分析如下：

（1）由图 3-63 可以看出，沿程压力分布范围在测压点 1 至测压点 4 之间存在明显的压力梯度，说明泡沫在模型的这段距离内产生了封堵作用。同时，泡沫体系在测压点 4 至测压点 5 之间压力梯度较小，表明在岩心后端没有泡沫的封堵作用；

（2）由图 3-64 可知，注入速度为 0.5mL/min 时，0.6PV 的泡沫段塞运移过程中前 4 部分的阻力系数基本接近，阻力系数曲线和驱替压差曲线出现了明显的单峰函数特征，泡沫经历生成—运移封堵—剪切再生—破灭、聚并的过程，泡沫在出口端较小，此时泡沫段塞的有效作用距离为整个填砂管长度的 4/5。

图 3-65 为注入速度为 0.5mL/min 时，各观察点处泡沫的微观结构图，图 3-66 为各观察点统计的泡沫粒径分布图。由图可见，入口处泡沫的直径分布在 200μm 左右，中间段泡沫直径主要集中在 100～120μm 范围内，在出口处，泡沫发生聚并，泡沫直径达到

150 ~ 200μm 以上。

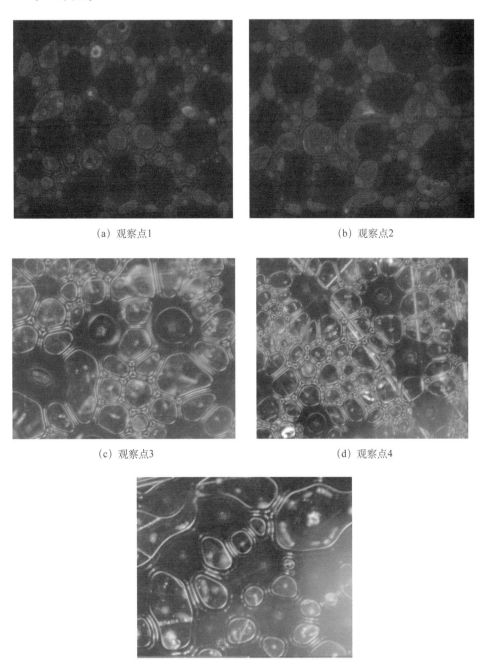

（a）观察点1　　　　　　　　　　　　　　（b）观察点2

（c）观察点3　　　　　　　　　　　　　　（d）观察点4

（e）观察点5

图 3-65　不同位置处泡沫的微观形态（注入速度为 0.5mL/min）

　　通过对各个测压点的微观统计曲线进行分析可知，从入口进入后，泡沫在剪切作用下不断细化，尺寸变小，粒径分布集中，在运移到测压点 3 后，随着起泡剂浓度减小，泡沫的破灭现象加剧，泡沫发生聚并，气泡尺寸变大，粒径分散程度变大。

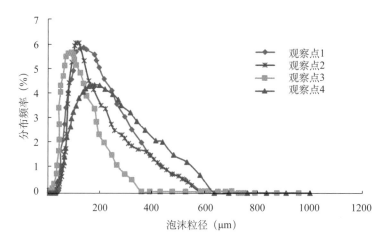

图 3-66　不同位置处泡沫的尺寸分布（注入速度为 0.5mL/min）

4）注入速度对泡沫有效运移距离的影响

由图 3-67 可见，随着注入速度增加，剪切作用对泡沫的积极作用逐渐增强，泡沫封堵的典型单峰曲线特征更加明显，在较高的注入速度下，随着泡沫的不断运移，泡沫生成破灭的动态平衡点更加靠后，生成的泡沫质量提高，泡沫在岩心中的封堵能力增强。对于相同的岩心，当注入速度由 0.1mL/min 增加到 0.5mL/min 时，泡沫的有效封堵距离由 0 处增加到填砂管长度的 4/5 处。实验结果表明注入速度是影响泡沫封堵效果的一个重要参数，合理地提高注入速度有利于提高泡沫封堵的效果。

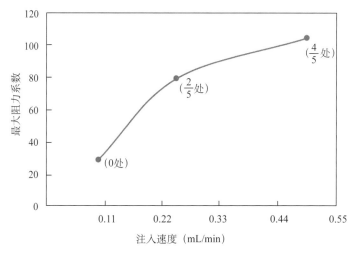

图 3-67　注入速度与最大阻力系数关系曲线

注入速度是泡沫封堵技术中的关键因素。合理地增大注入速度，泡沫体系的封堵能力增强，阻力系数、残余阻力系数及封堵强度均明显提高，有效运移距离也随之增加。

对比 3 种不同注入速度下的实验结果可以看出，提高注入速度更加有利于加强泡沫的封堵能力。增大驱替速度提高了剪切速率，对提高泡沫性能能够产生积极影响。随着注入速度增大，阻力系数先急剧增大，说明此时流体在孔隙介质中的渗流速度超过了泡沫生成的临界流速；但注入速度过大时，阻力系数的增幅变缓。泡沫平均粒径随着注入速度的增大而减小，随着运移距离的增大而先减小后增大。在相同运移距离条件下，随着注入速度的增加，泡沫的粒径均值减小，表征粒径分散程度的标准差也随之减小（见图 3-68）。

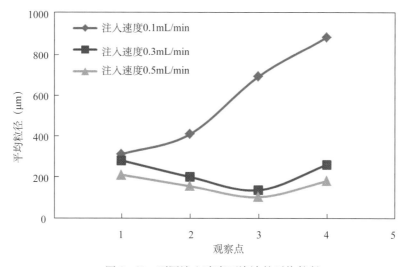

图 3-68　不同注入速度下泡沫的平均粒径

第四章 低渗透油藏减氧空气驱油机理实验

空气进入油层后氧气与原油接触，在油藏条件下可以发生低温氧化（LTO）反应或高温氧化（HTO）反应，温度低于300℃，通常发生的是低温氧化反应。普遍认为，低温氧化反应经历两个阶段：一是加氧反应，加氧反应产生的热量较少，生成的酮、醛、酸等氧化物会使原油变稠，流动性变差，生成的某些表面活性剂类氧化物，会使原油乳化，给原油开采带来不利影响；二是碳键剥离反应，碳键剥离反应产生的热量较多，生成各种碳氧化合物（CO、CO_2）和水，形成的烟道气和热效应有利于原油开采。低温氧化反应与排驱作用对空气驱提高原油采收率的相对贡献的大小尚未见到相关文献报道。

空气驱油效果受多种因素控制，大致可分为三类：

第一类为储层物性，包括储层温度、埋深深度、储层有效厚度、流体饱和度、孔隙度（孔喉比）、渗透率、非均质性、岩石矿物类型等，如含水饱和度对低温氧化反应热量传递过程有着重要影响，该因素直接影响着高温裂解反应能否顺利进行，此外，黏土矿物和金属盐在原油氧化动力学方面有着非常重要的影响。

第二类为原油物性，包括原油的密度、黏度、组分等，研究显示饱和烃的质量分数对原油在高压下的氧化行为有着重要影响。

第三类为注入参数，包括注入空气的氧气浓度、注入速率、注入方式等，在不同的氧气浓度和注入速率的条件下，原油的氧化速率具有较大差异，合理的注入参数对充分发挥空气驱效果有着重要的影响。

以官15−2断块油藏条件为依托，开展减氧空气驱物理模拟实验，研究储层物性、原油物性、注入参数对提高采收率的影响。

第一节 低温氧化反应效果影响因素

现简介空气的低温氧化反应的机理。

1. 低温氧化反应过程

在低温氧化反应过程中，液相的烃类化合物会发生复杂的连锁反应，生成各种重质和轻质的化合物，归结为以下5个方面：

（1）氧化生成羧酸：

$$R-\underset{\underset{H}{|}}{\overset{\overset{H}{|}}{C}}-H+\frac{3}{2}O_2 \Longrightarrow R-\underset{OH}{\overset{O}{\overset{\|}{C}}}+H_2O$$

（2）氧化生成醛类：

$$R—C\overset{\overset{\displaystyle H}{|}}{\underset{\underset{\displaystyle H}{|}}{C}}—H+O_2 \Longrightarrow R—\overset{\overset{\displaystyle O}{\|}}{C}—H_2O$$

（3）氧化生成酮类：

$$R—\overset{\overset{\displaystyle H}{|}}{\underset{\underset{\displaystyle H}{|}}{C}}—R'+O_2 \Longrightarrow R—\overset{\overset{\displaystyle O}{\|}}{C}—R'+H_2O$$

（4）氧化生成醇类：

$$R—\overset{\overset{\displaystyle R'}{|}}{\underset{\underset{\displaystyle R''}{|}}{C}}—H+\frac{1}{2}O_2 \Longrightarrow R—\overset{\overset{\displaystyle R'}{|}}{\underset{\underset{\displaystyle R''}{|}}{C}}—O—H$$

（5）氧化生成氢过氧化物：

$$R—\overset{\overset{\displaystyle R'}{|}}{\underset{\underset{\displaystyle R''}{|}}{C}}—H+O_2 \Longrightarrow R—\overset{\overset{\displaystyle R'}{|}}{\underset{\underset{\displaystyle R''}{|}}{C}}—O—O—H$$

根据 Adegbesan 的归纳，将低温氧化反应产物划分为 6 种拟组分：饱和烃、芳香烃、一类树脂、二类树脂、沥青质和焦炭类。这 6 种拟组分根据分子质量的大小被归纳进三个组：软沥青，树脂和沥青焦炭类，从而建立氧化动力学方程。

等温氧化反应的研究显示，低温氧化反应会导致原油黏度的下降。在研究中显示，在同等的反应条件下，就形成拟组分的速率方面，氧化后的原油会加速分子的热裂解，同时也会在水相中形成大量的碱性物质，大量的碱性物质能够加速烃类化合物的氧化，并使氧气能够在更低的温度条件下进入地层发生反应。

2. 水热裂解反应

低温氧化反应中，水的存在能够减缓一些消极的影响，例如抑制焦炭类的生成，这会使产出原油的黏度降低、酸性增强。高温条件下水性质的变化为原油的水热裂解反应创造了条件，油层矿物在高温蒸汽的作用下生成了结构类似于无定形催化剂的物质，催化剂中的金属离子与水分子络合，生成的络离子对原油中杂原子 S 的进攻，使原油分子中 C—S 键断裂，原油分子变小；水热裂解反应导致饱和烃、芳香烃含量增加，胶质、沥青质含量降低，为原油黏度的降低提供了条件。

3. 氮气和二氧化碳的抽提作用

在注入空气的过程中，除了氧气与原油发生低温氧化反应生成二氧化碳（CO_2），空气中所占比例最高的部分—氮气（N_2），也能与地层中的原油发生抽提效应。通过对原油的抽提，将原油中的轻质组分抽提出来，进入气相，最后随着气相被携带到地面。另外，氮气与二氧化碳还能进行溶解气驱，在高温、高压条件下，氮气与二氧化碳能与原油形成混相，从而降低原油的黏度，增加地层原油的流动性。

4. 热效应

当空气被注入到油层后，在油层温度条件下会发生低温氧化反应，放出大量热量，这就是所谓的热效应。Moore 等对 Buffalo 油田的研究表明，当空气被注入地层后，空气中的氧气与地层中的碳氢化合物发生反应，从而放出热量。同时，地层的原始温度也促使了更多热量产生。燃烧前缘能够活化部分的剩余油，而这部分剩余油能够通过烟道气驱被开采出来。2010 年，加拿大卡尔加里大学的 A.R.Montes 等通过对比燃烧管实验、细管实验及岩心驱替实验的结果证明，地层中的热效应形成的燃烧前缘能活化剩余油，进而通过烟道气进行非混相驱替。随后 Buffalo 油田的现场试验也同样证明热效应对提高采收率起到了重要作用。

5. 岩石基质与金属离子的催化作用

岩石基质中的黏土矿物会对氧化反应中的裂解反应起催化作用。同时，岩石基质中的金属离子也会因为温度变化和水相的存在，形成过渡金属催化体系，对裂解反应起到催化作用。

由此可知，空气低温氧化反应的机理种类繁多，反应过程也十分复杂，是一个包含多种物理和化学反应的集合。因此，通过实验手段对低温氧化反应进行研究，能够更好地认识这一系列复杂的反应，对研究空气驱提高采收率技术具有重要的意义。

一、气油比

将空气与原油加入氧化管中，在一定温度条件下进行氧化实验，通过分析氧化过程中压力、空气中氧气和二氧化碳组分含量、原油中各组分含量及黏度变化情况，研究了空气中氧含量、气油比、氧化时间、温度、多孔介质等因素对低温氧化反应效果的影响。

1. 实验装置

实验所用主要装置包括：DGM-Ⅲ型多功能岩心驱替装置、不锈钢耐温耐压氧化管（直径 0.8cm×长度 80cm）、7890A 油相色谱仪和 6890 气相色谱仪等，实验装置及实验流程图如图 4-1 所示。

向氧化管中注入不同体积、不同含氧量的空气，使空气与原油在 90℃的温度条件下氧化 6d，对不同气油比和不同含氧量空气对原油的氧化效果进行评价。

2. 实验条件及流程

1）实验条件

（1）实验温度：90℃。

（2）实验压力：15MPa。

（3）实验用油：官 15-2 断块脱水原油。

（4）实验用气：纯空气（含氧量为 21% 的空气）、空气与纯氮气按 1：1 配制的含氧量为 10% 的空气、空气与纯氮气按 1：3 配制的含氧量为 5% 的空气。

(a) 油气相色谱仪

(b) 氧化管

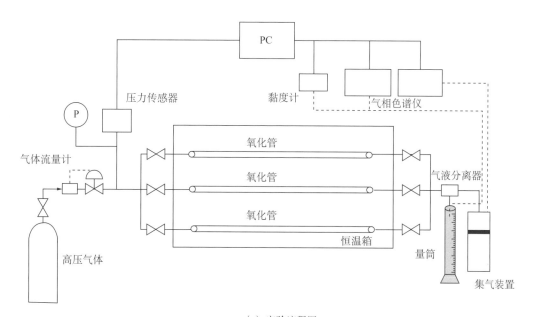

(c) 实验流程图

图 4-1　低温氧化反应实验设备及流程图

2) 实验步骤

（1）将容积均为 48mL 的 9 根氧化管分成 A、B、C 三组，编号 A1 ~ A3、B1 ~ B3 和 C1 ~ C3。

（2）分别在每组的 3 根氧化管中注入官 15-2 脱水原油 24mL、16mL 和 12mL，使得实验过程中的气油比分别为 1 : 1、2 : 1、3 : 1。

（3）将氧化管置于恒温箱中，设置温度为 90℃。

（4）通过气体流量计分别在 A 组氧化管中注入一定量的纯空气（含氧量为 21% 的空

气），B 组氧化管中注入 10% 的空气，C 组氧化管中注入含氧量 5% 的空气，使氧化管中的压力在 90℃ 的温度条件下达到 15MPa 后，恒温 6d，实时监测氧化反应过程中的压力变化，并对氧化反应后的原油及气体进行密度、黏度测试和色谱分析。

3. 实验结果与分析

1）压力与耗氧量变化分析

不同气油比、不同含氧量的空气与官 15-2 原油氧化反应的实验结果见表 4-1。

通过理想气态方程 $pV=nRT$ 计算出反应后气体摩尔数 n；反应后的氧气摩尔数 n_{O_2} 等于气体摩尔数 n 乘以氧气含量 $V_{O_2}\%$；用气态方程将 n_{O_2} 转算成初始压力（p_1）条件下的氧气体积 V_x；消耗的氧气体积 ΔV 等于初始的氧气体积 V 减去折算的氧气体积 V_x；单位原油耗氧量 φ_{O_2} 等于消耗的氧气体积 ΔV 除以初始原油体积 V_{oil}；压力降幅 $\Delta p=$ 初始压力 p_1- 最终压力 p_2。详细计算公式如下：

$$n=p_2V/（RT） \tag{4-1}$$

$$n_{O_2}=n \cdot V_{O_2}\% \tag{4-2}$$

$$V_x=n_{O_2}RT/p_1 \tag{4-3}$$

$$\Delta V=V-V_x \tag{4-4}$$

$$\varphi_{O_2}=\Delta V/V_{oil} \tag{4-5}$$

式中　p_1——原始压力；

p_2——反应后压力；

V——初始条件下气体体积；

R——常数，8.314J(mol·K)；

ΔV——氧气消耗体积。

表 4-1　空气与原油氧化反应相关参数计算结果

编号	反应前氧体含量（%）	气油比	初始压力 p_1（MPa）	初始氧气体积（mL）	最终压力 p_2（MPa）	压力降幅 Δp（MPa）	反应后氧体积含量（%）	反应后的氧气摩尔数 n_{O_2}（mol）	折算到反应前的氧气体积 V_x（mL）	氧气消耗体积 ΔV（mL）	单位原油消耗氧气量 φ_{O_2}（mL/mL）	二氧化碳体积含量（%）
A1		1:1	15.12	5.04	13.27	1.85	18.01	0.019	3.79	1.25	0.05	0.74
A2	21	2:1	15.1	6.72	14.27	0.83	18.63	0.028	5.63	1.09	0.07	0.80
A3		3:1	15.55	7.56	15.48	0.07	19.41	0.036	6.96	0.60	0.05	0.45
B1		1:1	16	2.4	13.99	2.01	8.16	0.009	1.71	0.69	0.03	0.34
B2	10	2:1	15.28	3.2	15.02	0.26	8.34	0.013	2.62	0.58	0.04	0.63
B3		3:1	16.03	3.6	15.78	0.25	8.81	0.017	3.12	0.48	0.04	0.45
C1	5	1:1	14.46	1.2	13.46	1	3.37	0.004	0.75	0.45	0.02	0.28

续表

编号	反应前氧体积含量 (%)	气油比	初始压力 p_1 (MPa)	初始氧气体积 (mL)	最终压力 p_2 (MPa)	压力降幅 Δp (MPa)	反应后氧体积含量 (%)	反应后的氧气摩尔数 n_{O_2} (mol)	折算到反应前的氧气体积 V_x (mL)	氧气消耗体积 ΔV (mL)	单位原油消耗氧气量 φ_{O_2} (mL/mL)	二氧化碳体积含量 (%)
C2	5	2:1	15.3	1.6	14.88	0.42	3.42	0.005	1.06	0.54	0.03	0.43
C3		3:1	14.78	1.8	14.56	0.22	3.43	0.006	1.22	0.58	0.05	0.41

分析表 4-1 中氧化前后气相组分和压力变化数据可以发现：

（1）对于含氧量分别为 21% 和 10% 的低温氧化反应实验，随着气油比的增加，氧气消耗体积逐渐降低，单位原油消耗氧气量有增大趋势；对于含氧量为 5% 的低温氧化反应实验，随着气油比的增加，氧气消耗量逐渐增大，单位原油消耗氧气量有增大趋势。总体上看，氧气消耗量中间差值变化不大；在相同气油比条件下，随着氧含量增加，氧气消耗量降低，单位原油耗氧量有降低趋势，每毫升原油耗氧量在 0.02 ~ 0.07mL 之间。

（2）氧化反应后均生成少量的二氧化碳（<1%），说明发生了微弱的碳键剥离反应；但氧气的消耗量与二氧化碳的生成量并非成正相关性，这是由于消耗的氧气并非完全成为了二氧化碳，有一部分氧气与原油发生了加氧反应。

（3）三个含氧量条件下，随着气油比增大，耗氧量变化不大，表明氧气是过量的，一定体积的原油只能消耗一定量的氧气，氧化反应存在一个终点。

2）组分变化分析

在 90℃、不同气油比条件下，采用不同含氧量的空气与官 15-2 原油进行 6d 的氧化反应实验，组分变化的实验结果如图 4-2 至图 4-4 所示。为了方便分析，将原油组分划分成 4 个部分：C_1—C_6 组分，C_7—C_{16} 组分，C_{17}—C_{35} 组分和 C_{35+} 组分。

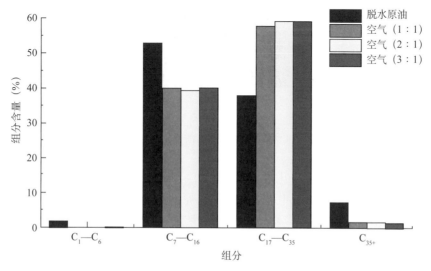

图 4-2　空气（含氧量 21%）与原油氧化反应的组分变化

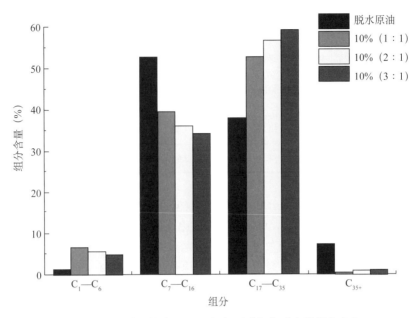

图 4-3　空气（含氧量 10%）与原油氧化反应的组分变化

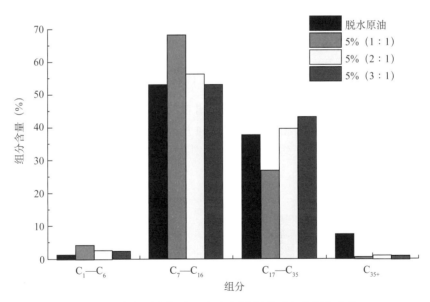

图 4-4　空气（含氧量 5%）与原油氧化反应的组分变化

对原油氧化反应前后的组分变化进行分析可知：

（1）对于含氧量分别为 21% 和 10% 的空气与原油的氧化反应，氧化后 C_7—C_{16} 组分含量较原始油样普遍有所降低，而 C_{17}—C_{35} 组分含量有一定程度的增加，体现出了明显的重质组分增加的加氧反应模式；对于含氧量为 5% 的空气与原油的氧化反应，氧化后原油中 C_7—C_{16} 组分含量有所增加，C_{17}—C_{35} 组分含量变化有增有减，C_{35+} 组分含量降低幅度较大，体现了"加氧反应"与"碳键剥离"的动态竞争关系，氧气量增加会促进加氧反应，抑制碳键剥离反应。

（2）C$_{35+}$组分含量呈现减少趋势，说明C$_{35+}$组分发生了碳键剥离反应，由于C$_{35+}$组分原始含量相对较少，因此碳键剥离程度不高。

（3）随着注气量增大（即气油比增大），对于含氧量为21%的空气与原油的氧化反应，C$_7$—C$_{16}$组分含量和C$_{17}$—C$_{35}$组分含量变化的趋势不明显，这可能是由于空气中氧气相对过剩，而能够参与反应的原油量有限，因此，增大注气量并不能够显著改变原油组分；对于含氧量为10%的空气与原油的氧化反应，C$_7$—C$_{16}$组分含量不断降低，且C$_{17}$—C$_{35}$组分含量不断增加，反应过程以加氧反应为主；对于含氧量为5%的空气与原油的氧化反应，C$_7$—C$_{16}$组分含量增幅降低，这主要是由于氧气量增加使得发生加氧反应的C$_7$—C$_{16}$组分又进行了碳键剥离反应。

3）黏度变化分析

在温度为90℃、不同气油比条件下，采用不同含氧量的空气与官15-2原油进行6d的氧化反应实验，黏度变化的实验结果如图4-5所示。

对氧化反应前后原油黏度的变化进行分析可知：

（1）随着气油比增大，对于含氧量分别为21%和5%的空气与原油的氧化反应，原油氧化反应后的黏度增大，但与原始油样黏度相比增幅不大，并且在气油比1∶1时出现了黏度降低现象，说明气油比1∶1下的空气注入量最为合适，反映出低温氧化反应过程键断裂程度略大于加氧反应，如果增加空气注入量，在空气过剩情况下会继续发生加氧反应，从而使得原油性质变差，黏度提高；对于含氧量为10%的空气与原油的氧化反应，氧化后的原油黏度随着注入气油比的增加而增加，气油比为3∶1时，原油黏度增幅达到19.5mPa·s。

（2）氧化反应前后的原油密度基本无变化，约为0.898～0.899g/mL。

4）气油比对原油氧化效果的影响规律

（1）原油在3种不同含氧量的空气中均发生了加氧反应和碳键剥离反应，"加氧反应"与"碳键剥离"处于动态竞争关系。

（2）氧气量增加会促进加氧反应，抑制碳键剥离反应。

（3）氧气的存在能够催化中质组分自聚合形成重质组分。

（4）在同一空间体积条件下，只要是在含氧量相同的条件下，气油比增加，实际上是增加了空间体积内氧气的绝对质量，同时，原油的体积相对成比例减少，在这样的条件下，低温氧化反应更加充分，所以，单位体积原油消耗的氧气是增加的。实验结果表明，大量的氧气消耗，又会抑制碳键剥离，使原油黏度不降反升，产生与预期相反的结果，为此，适当降低空气中的氧含量对增加空气驱油效果是有利的。

二、氧化时间

由于氧化时间是影响原油与氧气发生低温氧化反应作用的关键参数，实验设计固定气油比为1∶1，空气与原油氧化反应时间设定为3d、6d和8d，研究氧化时间与氧化反应效果的相关性，从而为相关的室内实验和现场试验方案设计提供技术支持，实际矿场气驱过程中，注入的空气将在油藏中运移一年至几年的时间，具有充分足够的时间发生低温氧化反应。

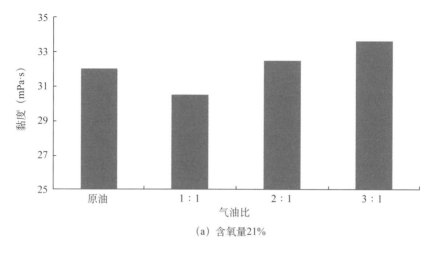

(a) 含氧量21%

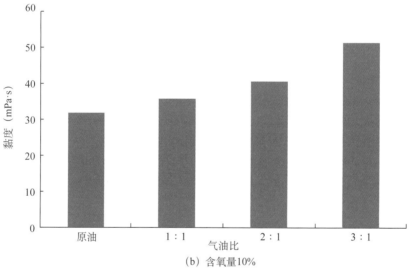

(b) 含氧量10%

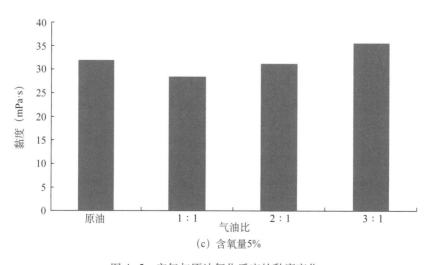

(c) 含氧量5%

图 4-5   空气与原油氧化反应的黏度变化

1. 实验程序

（1）向容积均为 48mL 的 3 根氧化管中注入 24mL 的官 15-2 脱水原油。

（2）将氧化管置于恒温箱中，设置温度为 90℃。

（3）通过气体流量计分别向每根氧化管中注入纯空气，使氧化管中的压力在 90℃ 的温度条件下达到 15MPa 后，分别恒温 3d、6d 和 8d，实时监测整个氧化反应过程中的压力变化，并对氧化反应后的原油及气体进行密度、黏度测试和色谱分析。

2. 实验结果与分析

1）耗氧量与二氧化碳生成量变化分析

在低温氧化反应实验后，取氧化管中的气体进行色谱分析，测定不同氧化时间条件下氧气的消耗量以及生成的二氧化碳量，实验结果见表 4-2 和表 4-3。

表 4-2　低温氧化反应前后气相组分含量变化结果

检测项目	原始	低温氧化反应时间		
		3d	6d	8d
O_2 体积含量（%）	21.03	20.17	19.08	18.11
N_2 体积含量（%）	77.96	77.62	77.19	77.01
CO_2 体积含量（%）	0	0.062	0.19	0.21
CO 体积含量（%）	0	0.070	0.046	0.043
C_2 体积含量（%）	0	0.35	0.21	0.37
C_3 体积含量（%）	0	0.038	0.027	0.022
iC_4 体积含量（%）	0	0.036	0.059	0.06
nC_4 体积含量（%）	0	0	0	0
iC_5 体积含量（%）	0	0.021	0.024	0.026
nC_5 体积含量（%）	0	0.014	0	0.10
C_6 体积含量（%）	0	0	0	0

表 4-3　低温氧化反应不同时刻的耗氧速率变化

低温氧化反应时间	3d	6d	8d
氧气消耗体积 ΔV（mL）	0.21	0.47	0.70
单位原油消耗氧气量 ϱ_{O_2}（mL/mL）	0.01	0.02	0.03
单位原油平均耗氧速率 [（mL/mL）/d]	0.0029	0.0033	0.0037

分析表 4-2 和表 4-3 中氧化反应前后气相组分的变化数据可以看出：

（1）随着氧化时间由 3d 增加到 8d，单位原油消耗氧气量由 0.01mL/mL 增大到 0.03mL/mL，说明随着空气与原油间的低温氧化反应不断进行，原油消耗氧气量增大，氧化反应程度增加。

（2）氧化时间分别为 3d、6d 和 8d 时，单位原油平均耗氧速率分别为 0.0029（mL/mL）/d，

0.0033（mL/mL）/d 和 0.0037（mL/mL）/d，氧气消耗速率（即低温氧化反应速率）随着时间的延长而增大。

2）组分变化分析

氧化反应前后原油组分测试结果如图 4-6 所示。

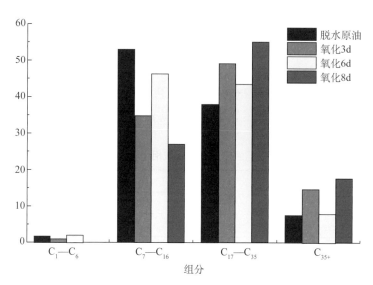

图 4-6　空气（含氧量 21%）与原油氧化反应的组分变化

对原油氧化前后组分变化情况进行分析可知：

（1）氧化后 C_7—C_{16} 组分含量较原始油样有一定程度的降低，而 C_{17}—C_{35} 组分含量有一定程度增加，出现这种情况的原因可能是：

① C_7—C_{16} 组分部分发生加成反应，生成 C_{17}—C_{35} 组分，从而使 C_{17}—C_{35} 组分含量增加；

② 由于氧的存在，使 C_7—C_{16} 组分中的部分组分发生自聚合，生成 C_{17}—C_{35} 组分。

（2） C_{35+} 组分含量呈现增加趋势，但在氧化时间为 6d 时， C_{35+} 组分含量有一定程度的降低，这是由于 C_{35+} 组分发生了部分碳键剥离反应。

3）黏度变化分析

氧化前后原油黏度变化结果如图 4-7 所示。对实验数据进行分析可知，原油初始黏度约为 32.4 mPa·s，原油发生 3d、6d 和 9d 氧化反应后黏度提高幅度分别约为 5.6mPa·s、0.6mPa·s 和 9.6mPa·s，当氧化时间为 6d 时，原油黏度提高幅度最小，这是由于反应时间为 6d 时重质组分参与碳键剥离反应的程度更高，有更多的重质组分变为中轻质组分，部分抵消了中轻质组分氧化成为重质组分增大原油黏度的趋势。

三、温度

在低温氧化反应阶段，除了气油比对原油的氧化反应具有显著的影响外，温度也是影响氧化反应效果的一个重要因素。因此，本实验选取在最佳气油比的条件下，在 70℃、90℃ 和 110℃ 的温度条件下进行静态氧化反应实验，对比分析不同温度条件下，不同含氧量的空气与原油产生低温氧化反应的效果。

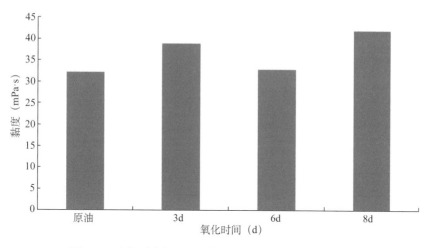

图 4-7　空气（含氧量 21%）与原油氧化反应的黏度变化

1. 实验流程

（1）将容积均为 48mL 的 9 根氧化管分为 A、B、C 三组，编号 $A_1 \sim A_3$、$B_1 \sim B_3$ 和 $C_1 \sim C_3$。

（2）向 9 根氧化管中注入官 15-2 脱水原油 24mL，使得实验过程中气油比为 1:1。

（3）将 3 组氧化管分别置于温度为 70℃、90℃ 和 110℃ 的恒温箱中，然后分别向每根氧化管中注入纯空气（含氧量为 21% 的空气）、含氧量为 10% 的减氧空气及含氧量为 5% 的减氧空气，使氧化管中的压力在实验温度下达到 15MPa 后，恒温 6d，实时监测整个氧化反应过程的压力变化，并对氧化反应后的原油以及气体进行密度、黏度测试和色谱分析。

2. 实验结果及分析

1）压力与耗氧量变化分析

在气油比为 1:1、不同温度条件下，采用不同含氧量的空气与官 15-2 原油进行 6d 的氧化反应实验，压力与耗氧量变化的实验结果见表 4-4。

表 4-4　不同温度条件下压力与耗氧量变化的实验结果

编号	反应前氧体积含量（%）	温度（℃）	初始压力 p_1（MPa）	初始氧气体积（mL）	最终压力 p_2（MPa）	压力降幅 Δp（MPa）	反应后氧体积含量（%）	反应后的氧气摩尔数 n_{O_2}（mol）	折算到反应前的氧气体积 V_x（mL）	氧气消耗体积 ΔV（mL）	单位原油消耗氧气量 $\varnothing_{O_2}$（mL/mL）	二氧化碳体积含量（%）
A1	21	70	14.61	5.04	12.83	1.78	18.23	0.020	3.84	1.20	0.05	0.74
A2		90	15.12	5.04	13.27	1.85	18.01	0.019	3.79	1.25	0.05	0.80
A3		110	14.32	5.04	13.16	1.16	17.99	0.018	3.97	1.07	0.04	0.45
B1	10	70	13.53	2.4	13.12	0.41	8.19	0.009	1.91	0.49	0.02	0.34
B2		90	16	2.4	13.99	2.01	8.16	0.009	1.71	0.69	0.03	0.63

续表

编号	反应前氧体积含量 (%)	温度 (℃)	初始压力 p_1 (MPa)	初始氧气体积 (mL)	最终压力 p_2 (MPa)	压力降幅 Δp (MPa)	反应后氧体积含量 (%)	反应后的氧气摩尔数 n_{O_2} (mol)	折算到反应前的氧气体积 V_x (mL)	氧气消耗体积 ΔV (mL)	单位原油消耗氧气量 $\varnothing_{O_2}$ (mL/mL)	二氧化碳体积含量 (%)
B3	10	110	14.5	2.4	13.69	0.81	7.01	0.007	1.59	0.81	0.03	0.45
C1		70	13.55	1.2	10.75	2.8	4.4	0.004	0.84	0.36	0.02	0.28
C2	5	90	14.46	1.2	13.46	1	3.37	0.004	0.75	0.45	0.02	0.43
C3		110	15.01	1.2	14.62	0.39	3.79	0.004	0.89	0.31	0.01	0.41

分析表 4-4 中氧化反应前后气相组分和压力变化数据可以发现：

（1）不同氧含量的氧化反应实验中，随着初始氧含量的增加，单位体积原油最大耗氧量增加，初始氧含量分别为 21%、10% 和 5% 时，温度由 70℃ 上升到 110℃，单位体积原油耗氧量的增大幅度分别为 0.05mL/mL、0.03mL/mL 和 0.02mL/mL。

（2）随着温度提高，氧化反应生成的 CO_2 量略有增加，说明温度升高有利于碳键剥离反应的进行，但反应程度受温度影响不明显。

（3）综合评判实验结果，在低于 110℃ 的低温条件下，20 ~ 40℃ 的温差范围波动，对低温氧化反应的影响不明显。

2）组分变化分析

在气油比为 1：1、不同温度条件下，采用不同含氧量的空气与官 15-2 原油进行 6d 氧化实验，组分变化的实验结果如图 4-8 至图 4-10 所示。

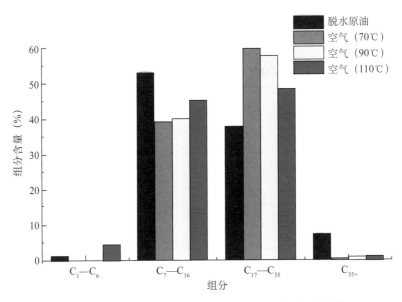

图 4-8　空气（含氧量 21%）与原油氧化反应的组分变化

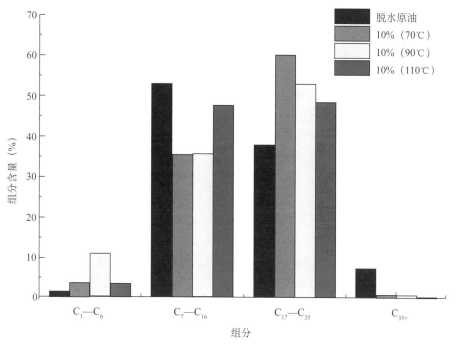

图 4-9　空气（含氧量 10%）与原油氧化反应的组分变化

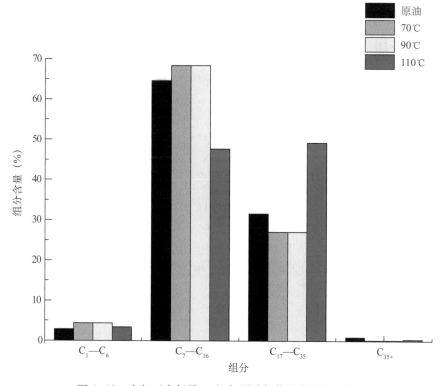

图 4-10　空气（含氧量 5%）与原油氧化反应的组分变化

对原油氧化反应前后组分变化数据进行分析可知：

（1）氧化反应发生后，原油中 C_7—C_{16} 组分含量减少，C_{17}—C_{35} 组分含量增加，C_{35+} 组分含量降低，体现出明显的加氧反应。

（2）随着温度升高，对于氧含量分别为 21% 和 10% 的空气与原油的氧化反应，C_7—C_{16} 组分含量降幅减小，C_{17}—C_{35} 组分含量增幅降低，出现这种现象的原因为：高温促进 C_7—C_{16} 组分发生加氧反应能力大于促进其发生碳键剥离反应的能力，而高温对 C_{17}—C_{35} 组分的影响规律相反，C_{35+} 组分发生碳键剥离反应程度随温度增加略有增加；对于氧含量为 5% 的空气与原油的氧化反应，轻质组分 C_1—C_6 和中间组分 C_7—C_{16} 含量依然有所降低，但重质组分 C_{17}—C_{35} 含量随着温度升高明显增加，这是由于高温导致了部分组分自聚合现象，从原油氧化反应前后组分变化来看，反应依然呈现出了加氧反应模式。

（3）温度升高有抑制加氧反应耗氧或促进碳键剥离反应的作用。

3）黏度变化分析

在气油比 1:1、不同温度条件下，采用不同含氧量的空气与官 15-2 原油进行 6d 氧化反应实验，黏度变化的实验结果如图 4-11 所示。

对氧化前后黏度数据进行分析可知：

（1）70℃ 和 90℃ 的温度条件下氧化反应发生后原油黏度变化不大，110℃ 的温度条件下氧化反应发生后原油黏度大幅升高，这是由于氧化反应在高温条件下消耗了相对较多的氧，促进了氧化产物的自聚，反应过程中生成了较多的重组分，导致黏度明显增加，这也从侧面反映出原油低温氧化反应过程极其复杂。

（2）氧化前后的原油密度基本无变化，约为 0.89g/mL。

四、多孔介质

除了以上因素影响低温氧化效果外，多孔介质的存在对低温氧化反应效果也有一定影响。在 90℃ 的温度条件下，向氧化管中加入 60 ~ 80 目的石英砂模拟多孔介质环境，进行静态氧化反应实验，同之前纯油氧化反应实验结果进行对比，评价多孔介质存在对官 15-2 原油氧化反应效果的影响。

1. 实验流程

（1）向容积均为 48mL 的 3 根氧化管中注入 24mL 的官 15-2 脱水原油，并加入石英砂。

（2）将氧化管置于恒温箱中，设置温度为 90℃。

（3）通过气体流量计分别向每根氧化管中注入空气（纯空气，含氧量为 10% 的减氧空气和含氧量为 5% 的减氧空气），使氧化管中的压力在 90℃ 温度条件下达到 15MPa 后，恒温 6d，实时监测整个氧化反应过程的压力变化，并对氧化反应后的原油以及气体进行密度、黏度测试和色谱分析。

2. 实验结果及分析

1）压力与耗氧量变化分析

在温度为 90℃、气油比为 1:1、不同介质环境条件下，采用不同含氧量的空气与官 15-2 原油进行 6d 的氧化反应实验，压力与耗氧量变化的实验结果见表 4-5。

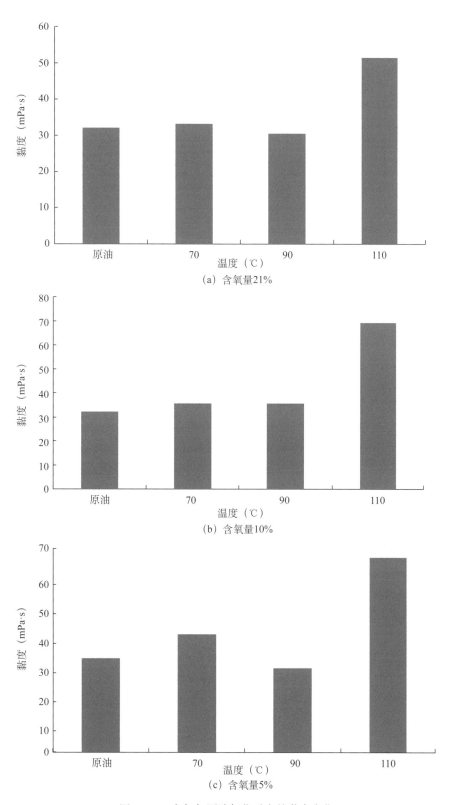

(a) 含氧量21%

(b) 含氧量10%

(c) 含氧量5%

图4-11　空气与原油氧化反应的黏度变化

表4-5　氧化实验结果数据表

编号	介质环境	反应前氧体积含量(%)	初始压力(MPa)	初始氧气体积(mL)	最终压力(MPa)	压力降幅(MPa)	反应后氧体积含量(%)	反应后的氧气摩尔数 n_{O_2}(mol)	折算到反应前的氧气体积 V_x(mL)	氧气消耗体积 ΔV(mL)	单位原油消耗氧气量 $\varnothing_{O_2}$(mL/mL)
A1	油气直接接触	21	15.12	5.04	13.27	1.85	18.01	0.019	3.79	1.25	0.052
B1		10	16	2.4	13.99	2.01	8.16	0.009	1.71	0.69	0.029
C1		5	14.46	1.2	13.46	1.00	3.37	0.004	0.75	0.45	0.019
F1	多孔介质环境	21	14.68	5.04	12.19	2.49	17.11	0.017	3.41	1.63	0.068
F2		10	15.08	2.4	12.98	2.10	7.79	0.008	1.61	0.79	0.033
F3		5	15.12	1.2	13.87	1.25	3.30	0.004	0.73	0.47	0.020

对表4-5中数据进行分析可以发现：

（1）多孔介质环境中发生空气与原油低温氧化反应过程中单位原油消耗氧气量为0.020～0.068mL/mL，高于油气直接接触环境中的耗氧量，为0.019～0.052mL/mL。这是由于多孔介质环境中石英砂的比表面积效应能够使氧气与原油更充分地接触，从而促进原油发生更充分的氧化反应，说明原油在油藏多孔介质条件下氧化反应效果更佳。

（2）多孔介质环境中发生低温氧化后的压力降幅为1.25～2.49MPa，高于油气直接接触环境下的压力降幅，为1.00～2.01MPa。这是由于多孔介质环境中低温氧化反应更充分，消耗的氧气量更大，因此压降幅度更大。

2）组分变化分析

纯空气、含氧量为10%的减氧空气和含氧量为5%的减氧空气与原油和加入石英砂的原油氧化后组分变化如图4-12、图4-13所示。

对图4-12、图4-13中数据进行分析可知，氧化后原油组分整体呈现出 C_1—C_6 含量减少，C_7—C_{16} 含量增加，C_{17}—C_{35} 含量略微增加的趋势，为典型加氧反应：

（1）加入石英砂后，C_1—C_6 含量降幅较大，C_{17}—C_{35} 含量增幅较大，说明石英砂的加入能够促进加氧反应。

（2）C_7—C_{16} 含量变化不明显，说明石英砂对 C_7—C_{16} 组分含量的影响较小。

（3）石英砂的比表面积效应促进原油组分整体向重质方向转移。

3）黏度变化分析

对图4-14中黏度变化数据进行分析可以看出：

（1）多孔介质环境中石英砂比表面积效应促进原油组分整体向重质方向转移，官15-2原油以加氧反应为主。

（2）与油气直接接触的反应环境相比，加入石英砂的多孔介质环境中，原油氧化后黏度普遍有所增大，其中注入含氧量为21%的空气时黏度增幅最大，为8.1mPa·s。

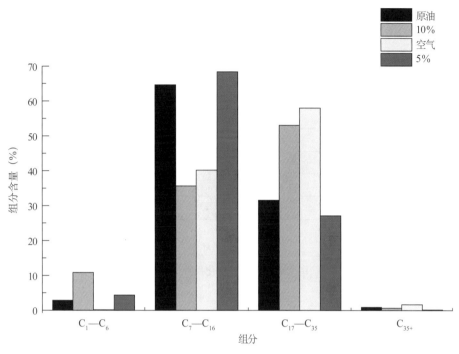

图 4-12　空气与原油氧化反应的组分变化

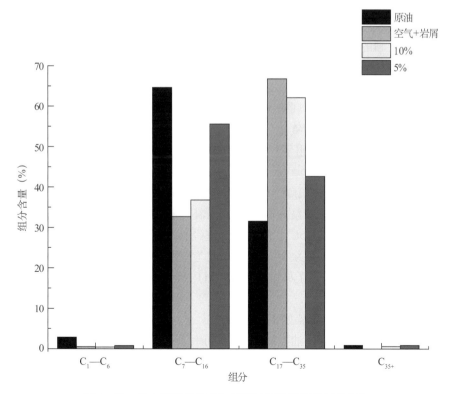

图 4-13　加入石英砂的空气与原油氧化反应的组分变化

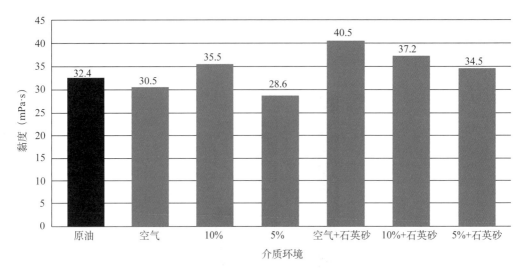

图 4-14　空气与原油氧化反应的黏度变化

五、原油低温氧化反应的热效应

注入空气在油藏温度条件下与地层原油接触后会发生低温氧化反应，放出大量热量，这就是所谓的热效应。地层中热效应形成的燃烧前缘能活化剩余油，进而通过烟道气进行非混相驱替，对提高采收率具有一定的作用。本节对空气与原油低温氧化反应产生的热效应进行了监测研究，同时对热效应引起的岩心介质的微观变化进行了分析。

目前还没有明确的研究设备对热效应进行监测，通常采用小型容器等温氧化来监测放热现象。如 ARC 反应容器容积通常为 10 ~ 100mL，而小型台架反应器（SBR）容积通常为 100mL，由于反应容器容积有限，装入的原油体积较少，同时压入到反应容器中氧的含量也会大打折扣，这些因素都不利于大量放热。加上实验设备很难做到绝热，并且当前设备普遍存在的缺陷，即使在等温氧化反应过程中产生良好的热效应甚至自燃，也将很难捕捉到明显生热现象。为此，研制出了一套大尺度热效应监测设备。

1. 实验装置与设备

氧化管筒体直径为 2.5cm，长度 100cm，容积 490mL，原油载入量和空气饱和量可增加许多，同时可根据实际情况继续泵入高压空气来补充氧，以便于持续生热。装置示意图如图 4-15 所示，氧化管材料为 316L 不锈钢，内壁经打毛处理，内置 4 个温度探针，灵敏度 ±0.1℃，氧化管外围为加热带缠绕层，紧接触的为壁厚约 5cm 的保温层，最外部为不锈钢外壳；气相色谱仪、环境扫描电子显微镜（ESEM）及红外光谱仪。

2. 实验方法与步骤

实验流程如图所示，实验步骤如下：

（1）取一定质量的塔里木 K 油藏储层岩心碎屑（粒径 50 ~ 60 目），装入热效应监测实验装置中的氧化管筒体中以模拟多孔介质。

（2）将选取的岩屑对应的岩心母体制成薄片，并通过扫描电子显微镜分析其表面微观结构，再重新选取四个岩屑样品对应的岩心薄片，并植入氧化管筒体中不同部位。

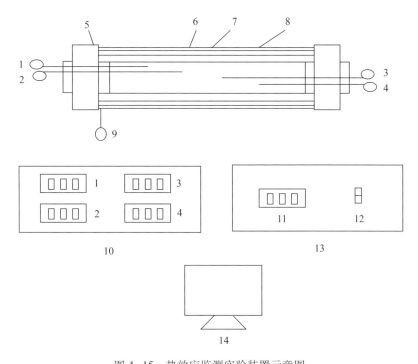

图 4-15　热效应监测实验装置示意图

1，2，3，4—温度显示器；5—氧化管；6—加热带；7—绝热层；8—保护层；

9—温度控制器；10—温度测试箱；11—温度控制器；12—开关；

13—加热控制箱；14—数据采集系统

（3）将载有岩屑的氧化管筒体抽空饱和地层水，然后缓慢泵入 K322 井原油，水驱油至束缚水饱和度。

（4）将实验装置连接好，打开加热系统，通过温度控制器将温度加热至设定值 80℃。

（5）待温度监测装置显示温度恒定时，通过连接好的空气瓶和中间容器，在恒压条件下向筒体中连续注入空气，待系统中压力升至设定值 16.7MPa 时，停止注入空气，并将系统密封，实验在恒温空气浴下进行。

（6）通过温度监测系统，记录温度随时间的变化关系，实验结束后对产出气进行气相色谱分析，同时对氧化前后的原油进行红外光谱分析。

（7）将四个岩心薄片取出，用丙酮反复清洗表面的残余油和其他有机物或杂质，并用扫描电子显微镜再次观察其表面微观形态，与实验步骤（2）中实验现象进行对比。

3. 实验结果与讨论

1）热效应监测

图 4-16 显示了其中一个温度探针记录所接触的多孔介质附近温度随时间的变化情况，实验开始后 28620min（20d）时监测到温度突然由恒定温度 79.6℃升高到 82.9℃，在整个温度上升过程中温度变化并非呈现出连续性逐渐上升的趋势。在 31975min（22d）时温度上升到最高为 89℃，温度升高接近 10℃，表明原油在氧化反应过程中热量不断积累直至达到质变过程，但该热滞后现象在某种程度上也体现了 Turta 和 Singhal 提出的"自燃延迟时间"

的观点。之后，温度开始下降，但仍高于初始设定温度，若在油藏条件下，可能成为自燃的前兆。其余 3 个探针，温度升高幅度稳定在 5℃ 左右，可能与附近含油饱和度大小有关。

整个实验过程中，尽管做了大量的绝热保护措施，但由于金属温度探针并不具备完全绝热性能，且探针尺寸较长，因此在温度监测过程中，必然存在一定程度热损失和监测滞后性。无论如何，室内实验进行到 20d 时观察到了明显的放热现象，充分说明该原油活性较高，若在油藏条件下，在高压空气流动态条件下可能仅需数天便可实现自燃。

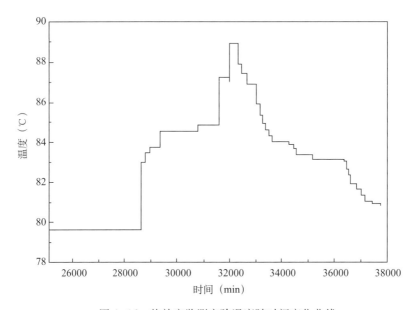

图 4-16　热效应监测实验温度随时间变化曲线

2）产出气体组成分析

通过产出气中氢碳原子摩尔比（H/C）可判断出多孔介质中原油是否经历过燃烧或大量生热，H/C 比值越低，反映出放热程度越高，反之则越低。重油就地燃烧研究中，通过产出气体组成计算的方法如下：

$$\frac{H}{C} = \frac{4\left[(\gamma_i / v_i) v_o - C_{CO_2} - 0.5 C_{CO} - \gamma_o \right]}{C_{CO_2} + C_{CO}} \tag{4-6}$$

式中　γ_i——注入气中氧摩尔浓度，%；

γ_o——产出气中氧摩尔浓度，%；

v_i——注入气中 N_2 摩尔浓度，%；

v_o——产出气中 N_2 摩尔浓度，%；

C_{CO_2}、C_{CO}——分别为产出气中 CO_2 和 CO 摩尔浓度，%。

使用该方法的前提是产出气中不含氧，认为氧全部反应生成了水，轻质原油等温氧化反应实验中由于氧并不一定能被彻底燃烧消耗掉，因此，只能通过产出气中各碳烃组分及碳氧化合物中氢原子和碳原子总摩尔数来计算求取 H/C 比值。表 4-6 中总结了产出气体组成，实验结果表明：等温氧化反应后，氧浓度已降至 4.54%，CO_2 浓度增至 4.79%，H/C 比为 1.50，产出气中 H/C 值低于 3.0 表明地层中原油实现自燃，即表现出燃烧前缘驱替，由于当前评价空气驱中几乎所有的实验设备都做不到完全绝热，即使在油藏条件下原油具备自燃或产生大量热效应的潜力，室内实验也不容易监测到，但 H/C 比值低于 3.0，在某种程度上可折射出产生过大量的热量，塔里木 K 油藏原油具有较低的活化能，因此，较低的 H/C 比值可证明原油低温氧化反应阶段产生了可观的热效应。

表 4-6　产出气体组分含量

组分	C_1	C_2	C_3	iC_4	nC_4	iC_5
体积含量（%）	0	0	0	0	0	2.32
组分	NC_5	C_6	O_2	CO	CO_2	N_2
体积含量（%）	0.06	0.25	4.54	0.53	4.79	87.51

3）原油红外光谱分析

图 4-17 显示了原油氧化反应前后的红外光谱，$1224.58 \sim 829.24 cm^{-1}$ 处出现明显的吸收峰，该区域是吸收峰的指纹区，显示了氧化反应后的分子结构。$1889.86 cm^{-1}$ 和 $1224.58 cm^{-1}$ 处出现的裂分峰为基团 C=C-O-C 中 O-C 的伸缩振动；$1093.44 cm^{-1}$ 处为 arC-O-alC 的振动峰；$1031.73 cm^{-1}$ 处为 C-O 伸缩振动特征峰；$887.09 cm^{-1}$、$829.24 cm^{-1}$ 处是 O-O 伸缩振动产生的裂分吸收峰，以上分析证明原油氧化反应过程消耗了空气中大量的氧。

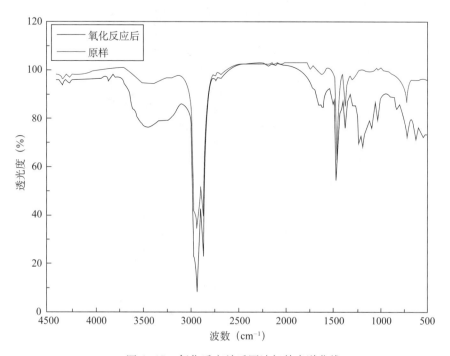

图 4-17　氧化反应前后原油红外光谱曲线

4）岩心薄片扫描电子显微镜分析

图 4-18 描绘了实验前后四个岩心薄片扫描电子显微镜微观结构，实验后的岩心薄片上产生了许多白色沉淀覆盖物，含量和形貌差异较大。这与 Bufflo 油田空气驱项目现场取心中发现的现象类似，BRRU14-22 井 8609.40ft 处取心照片分析表明岩石表面覆盖着高含量的岩盐，其为岩石在高温条件下的产物。从扫描电子显微镜图来看，有些沉淀覆盖物与岩盐非常相似，例如 70 号岩心薄片上出现了许多白色覆盖物，此外，实验发现这些覆盖物不容易用有机溶剂清洗掉，可判断出这些覆盖物应该是黏附或胶结在岩心薄片表面上的岩盐晶体，这些物质的生成即为岩心经历过高温的表现。岩性差异，热效应大小和波及程度会影响覆盖物形态；另外，岩心中黏土矿物类型和含量在原油氧化裂解燃烧中也起着关键性作用，也会影响覆盖物形态。从覆盖物类型和产状来看，未见如重油燃烧中热效应所带来的迹象，相比于重油就地燃烧，轻质原油在低温氧化反应模式中可能并不会释放出大量的热量。

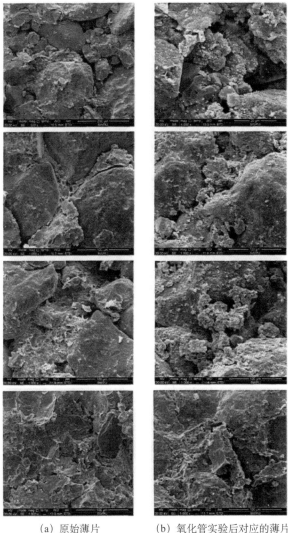

（a）原始薄片　　　　（b）氧化管实验后对应的薄片

图 4-18　岩心薄片扫描电镜微观形貌

第二节　低温氧化反应对提高驱油效率的贡献

在减氧空气注入油藏的过程中，减氧空气与原油接触发生低温氧化反应，产生的气体使原油膨胀、热效应使原油降黏，有利于原油在孔隙中的流动，对提高采收率有一定的帮助，所以有必要对减氧空气的低温氧化反应对驱油效率的影响进行研究。

为了研究低温氧化反应对减氧空气驱油效果的影响，设计了两组不同驱替方式的均质岩心驱替实验，实验方案如下：

（1）纯气驱实验。

①空白实验（以纯氮气驱做参比），模拟初始含油饱和度，首先注入氮气，使氮气与原油接触 6d 后，再进行氮气驱替。

②减氧空气驱，模拟初始含油饱，首先注入含氧量为 5% 或 10% 的减氧空气，使空气与原油接触 6d 后，再进行氮气驱替。减氧空气驱与纯氮气驱的 EOR 差值即是低温氧化反应效果对提高驱油效率的贡献。

（2）水驱后气驱实验。

①空白实验（以水驱后纯氮气驱做参比），模拟残余油饱和度，首先水驱至含水率为98% 后，再进行氮气驱替。

②水驱后减氧空气驱，模拟残余油饱和度，首先水驱至含水率为 98% 后，再进行含氧量为 5% 的减氧空气驱替。水驱后减氧空气驱与纯氮气驱的 EOR 差值即是低温氧化反应效果对提高驱油效率的贡献。

一、纯气驱

本节通过两组岩心驱替实验，对比分析驱替过程中压差变化、气窜规律、驱油效率特征来研究低温氧化反应对减氧空气驱油效果的影响程度。

1. 实验装置与材料

1）实验装置

所用主要装置和设备包括：多功能岩心驱替装置、岩心夹持器、油相色谱仪和气相色谱仪（图 4-19 至图 4-21）。

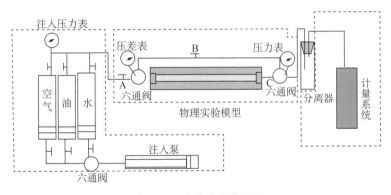

图 4-19　实验模拟流程图

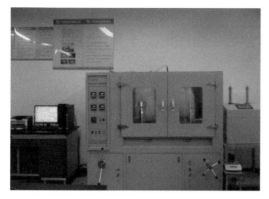

图 4-20　高温、高压岩心驱替装置图

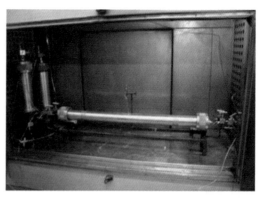

图 4-21　长岩心夹持器

2）实验材料

实验所用岩心为定制的人造岩心（直径为 3.8cm，长度为 7.6cm），水测渗透率分别为 99.97mD、105.07mD 和 91.96mD，注入介质设计为纯氮气、含氧量为 5% 的减氧空气和含氧量为 10% 的减氧空气，油样为官 15-2 断块油藏地层原油，水样为官 15-2 断块油藏地层水。

2. 实验流程

实验温度为地层温度 90℃，压力为 20MPa，驱替速度为 0.125mL/min。实验按照如下步骤进行：

（1）饱和地层水：将岩心连接在置于烘箱中的多功能岩心驱替装置内，然后采用真空抽提法注地层水饱和岩心，在实验温度和压力条件下稳定 4h 左右，使岩心得到充分饱和后，记录饱和量。

（2）建立束缚水饱和度：以恒定液相体积流量向岩心中注入 5PV 原油，记录驱出水量，计算岩心初始含油饱和度，老化 24h。

（3）气驱：在实验温度、压力条件下，先注入一定量的氮气（含氧量为 5% 或 10% 的减氧空气），气窜发生时关闭驱替泵，使注入气和原油接触 6d，然后再以 0.125mL/min 速度注入氮气驱替原油，直到出口端不出油为止。在此过程中记录进出口端压力，油、气、水的产量，并对产出的气样和油样做色谱分析。

3. 实验结果与分析

将长岩心饱和原油后，分别注入氮气和减氧空气与原油接触 6 天后进行氮气驱替，实验所用岩心基本参数见表 4-7，具体实验数据见表 4-8 至表 4-10 和图 4-22 至图 4-24。

表 4-7　纯气驱实验岩心基本参数

岩心编号	长度（cm）	横截面积（cm²）	孔隙体积（cm³）	孔隙度（%）	水测渗透率（mD）	初始含油饱和度（%）	饱和油量（mL）
1	84.8	11.38	156.47	16.0	99.97	61.8	96.7
2	85.4	11.42	149.0	15.28	105.07	60.64	90.4
3	85.2	11.38	148.0	15.32	91.96	58.70	86.88

表 4-8　纯氮气驱替实验数据（1# 岩心）

点序	注入体积（PV）	注入压差（MPa）	气油比（cm³/g）	驱油效率（%）	备注
1	0	15.02	0	0	
2	0.04	15.13	0	9.1	
3	0.08	15.45	0	10.13	
4	0.13	15.79	0	12.07	
5	0.15	15.62	32	13.48	气体突破
6	0.23	15.41	64	15.24	
7	0.28	15.15	96	19.89	
8	0.32	14.67	126	22.82	
9	0.39	14.21	164	24.96	
10	0.46	13.85	192	27.89	
11	0.52	13.34	215	32.26	
12	0.57	12.78	289	36.71	
13	0.61	11.63	380	38.33	
14	0.65	11.35	560	40.54	
15	0.72	10.84	720	40.64	
16	0.76	10.67	980	41.37	

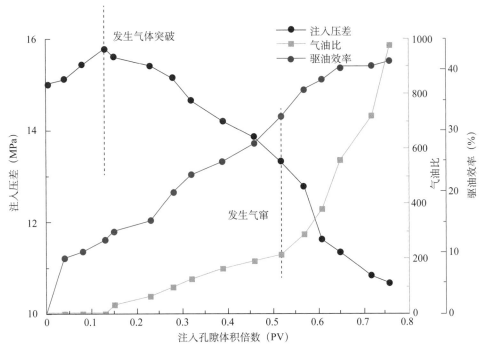

图 4-22　纯氮气驱替实验结果（1# 岩心）

表 4-9　含氧量 5% 减氧空气与原油低温氧化反应后氮气驱替实验数据（2# 岩心）

点序	注入体积（PV）	注入压差（MPa）	气油比（cm³/g）	驱油效率（%）	备注
1	0	15.56	0	0	
2	0.053	15.64	0	4.83	
3	0.105	15.86	0	7.71	
4	0.158	15.96	0	9.87	
5	0.211	16.12	0	15.45	气体突破
6	0.264	15.36	30	17.33	
7	0.29	14.67	80	19.23	
8	0.316	14.33	160	23.6	
9	0.369	13.09	250	26.78	
10	0.395	12.99	330	33.89	
11	0.448	11.21	380	40.54	
12	0.527	10.33	410	42.3	
13	0.58	9.45	480	44.03	
14	0.632	8.61	650	44.68	
15	0.685	7.47	780	46.86	
16	0.764	7.02	960	47.03	

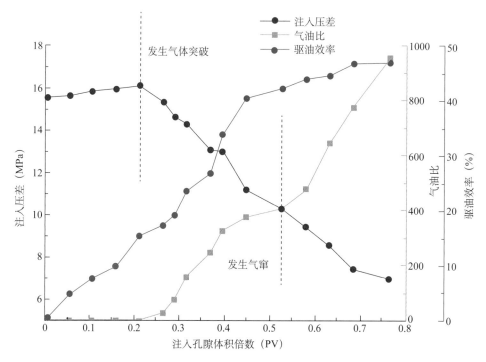

图 4-23　含氧量 5% 减氧空气与原油低温氧化反应后氮气驱替实验结果（2# 岩心）

表 4-10　含氧量 10% 减氧空气与原油低温氧化反应后氮气驱替实验数据（3# 岩心）

点序	注入体积 （PV）	实验压差 （MPa）	气油比 （cm³/g）	驱油效率 （%）	备注
1	0	0	0	0	
2	0.05	17.64	0	4.83	
3	0.10	17.86	0	7.71	
4	0.15	17.96	0	9.78	
5	0.21	18.12	0	15.09	
6	0.23	17.36	30	17.39	发生气窜
7	0.29	16.67	80	19.60	
8	0.31	16.33	160	22.40	
9	0.36	15.09	250	26.30	
10	0.39	13.99	330	32.82	
11	0.44	12.21	380	36.54	
12	0.52	11.33	410	42.30	大量气体出现
13	0.58	10.45	480	43.22	
14	0.63	9.61	650	47.68	
15	0.68	8.47	780	48.86	
16	0.76	8.02	960	49.80	

将纯气驱实验的气体突破时机、气窜时机和驱油效率总结于表 4-11，并对图 4-22 至图 4-24 中结果进行分析可以看出：

（1）低温氧化反应后氮气驱实验的采收率高于纯氮气驱实验，并且高含氧量空气与原油发生低温氧化反应提高驱油效率的作用更强。纯氮气驱和低温氧化反应后氮气驱实验过程中气驱采收率均随注入孔隙体积倍数的增加逐渐升高；纯氮气驱实验的最终采收率为 41.36%，含氧量为 5% 和 10% 减氧空气低温氧化后氮气驱实验的最终采收率分别为 47.03% 和 49.80%。驱替过程中减氧空气中的氧与原油发生低温氧化反应，使得原油的重质组分含量升高，重质组分对部分大孔喉形成有效堵塞，阻碍减氧空气的流动，促进减氧空气流向小孔隙喉道，一定程度上扩大了减氧空气的波及系数，所以低温氧化反应后的氮气驱比纯氮气驱的总驱油效率高。

（2）低温氧化反应对提高驱油效率具有一定程度的贡献，并且高含氧量空气驱油过程中低温氧化反应对提高驱油效率的贡献程度更高。低温氧化反应后氮气驱实验的采收率与纯氮气驱实验的差值即为低温氧化对驱油效率的贡献，对于含氧量为 5% 减氧空气低温氧化反应后氮气驱实验，差值为 5.67%，即低温氧化效应对驱油效率的贡献程度为 12.06%，排驱作用对驱油效率的贡献程度为 87.94%；对于含氧量为 10% 减氧空气低温氧化反应后氮气驱实验，差值为 8.44%，即低温氧化反应对驱油效率的贡献程度为 16.95%，排驱作用对驱油效率的贡献程度为 83.05%。

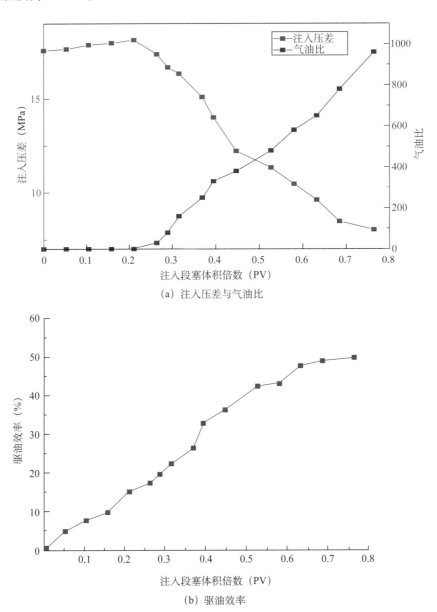

(a) 注入压差与气油比

(b) 驱油效率

图 4-24 含氧量 10% 减氧空气与原油低温氧化反应后氮气驱替实验结果（3# 岩心）

（3）低温氧化反应后氮气驱实验的气体突破和气窜时机均晚于纯氮气驱实验，并且高含氧量的空气延缓气体突破和气窜的作用更强，这是由于空气中的氧与原油发生低温氧化反应延缓了气体在孔隙介质中的运移。纯氮气驱和低温氧化反应后氮气驱实验初始阶段注入压差和生产气油比均随注入孔隙体积倍数的增加而增加；纯氮气驱实验的气体突破时机为 0.15PV，气窜时机为 0.52PV，气窜发生后，生产气油比趋于无穷大，注入压差趋于稳定；含氧量为 5% 和 10% 减氧空气低温氧化后氮气驱实验的气体突破和气窜的时机分别为 0.21PV 和 0.53PV，0.23PV 和 0.61PV，均晚于纯氮气驱实验。

表4-11　纯气驱实验结果总结

驱替方式	气体突破时机 （PV）	气窜时机 （PV）	驱油效率 （%）	驱油效率提高幅度 （%，OOIP）
纯氮气驱	0.15	0.52	41.36	—
含氧量为 5% 减氧空气低温 氧化后氮气驱	0.21	0.53	47.03	5.67
含氧量为 10% 减氧空气低温 氧化后氮气驱	0.23	0.61	49.80	8.44

二、水驱后气驱

实验温度为地层温度 90℃，压力为 20MPa，水驱后气驱实验所用两根岩心的水测渗透率分别为 61.5mD 和 63.5mD，驱替速度为 0.125mL/min。实验按照如下步骤进行：

（1）饱和地层水和建立束缚水饱和度的实验步骤如前所述；

（2）建立含水饱和度：用地层水驱油，记录驱出油量，水驱至含水率达到 98%；

（3）气驱：在实验温度、压力条件下，分别采用氮气和含氧量为 5% 的减氧空气以 0.125mL/min 速度驱替原油，直到出口端不出油为止。在此过程中记录进出口端压力、油、气、水的产量，并对产出的气样和油样作色谱分析。

模拟官 15-2 断块油藏高含水现状，首先将长岩心水驱至含水率 98%，然后再分别注入氮气和减氧空气，实验所用岩心基本参数如表 4-12 所示，实验结果数据见表 4-13、表 4-14 和图 4-25 至图 4-26。

表4-12　水驱后气驱实验岩心基本参数

岩心 编号	长度 （cm）	横截面积 （cm²）	孔隙体积 （cm³）	孔隙度 （%）	水测渗透率 （mD）	初始含油饱 和度（%）	初始含油 体积（cm³）	水驱油效 率（%）
4	84.2	11.38	146	15.3	61.5	66.3	96.8	41.3
5	84.2	11.38	163	17.1	63.5	65.03	106	42.1

表4-13　水驱后氮气驱替实验数据（4# 岩心）

序号	注入体积 （PV）	注入压差 （MPa）	气油比 （cm³/g）	驱油效率 （%）	备注
1	0	11.75	0	0	
2	0.05	13.48	0	0.83	
3	0.10	16.6	0	1.76	
4	0.15	21.15	0	2.69	

续表

序号	注入体积 (PV)	注入压差 (MPa)	气油比 (cm³/g)	驱油效率 (%)	备注
5	0.20	23.16	5	3.93	气体突破
6	0.25	22.5	36	5.37	
7	0.30	21.37	180	6.19	
8	0.35	20.86	380	6.72	
9	0.41	20.18	480	7.02	
10	0.46	20.26	634	7.23	
11	0.51	20.23	750	7.33	
12	0.56	20.21	835	7.39	
13	0.61	20.15	987	7.41	

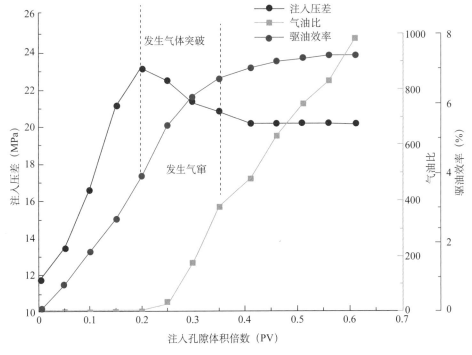

图 4—25　水驱后氮气驱替实验结果（4# 岩心）

表 4—14　水驱后减氧空气驱替实验结果（5# 岩心）

序号	注入体积（PV）	注入压差（MPa）	气油比（cm³/g）	驱油效率（%）	备注
1	0.05	12.13	0	1.98	
2	0.09	12.34	0	3.49	

续表

序号	注入体积（PV）	注入压差（MPa）	气油比（cm³/g）	驱油效率（%）	备注
3	0.14	12.58	0	5.18	
4	0.18	12.92	0	6.98	
5	0.21	12.77	3	8.72	气体突破
6	0.28	11.92	10	9.29	
7	0.32	10.65	50	10.04	
8	0.37	9.85	50	10.80	
9	0.41	9.08	81	11.36	
10	0.48	8.61	116	11.55	
11	0.53	8.61	355	11.74	
12	0.58	8.43	350	11.74	

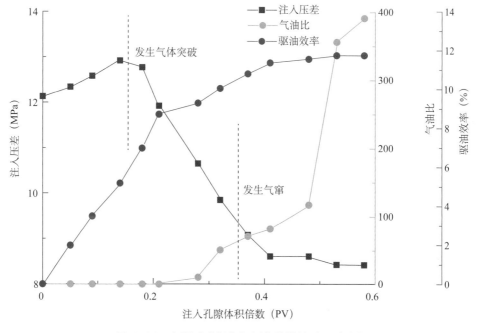

图 4-26　水驱后减氧空气驱实验结果（5#岩心）

将纯气驱实验的气体突破时机、气窜时机和驱油效率总结于表 4-15，并对图 4-25、图 4-26 中结果进行分析可以看出：

（1）低温氧化反应对提高驱油效率具有一定程度的贡献。对于水驱后纯氮气驱实验，氮气驱可在水驱基础上（41.3%）提高驱油效率 7.41%（OOIP），最终驱油效率为 48.71%；对于水驱后减氧空气驱实验，减氧空气驱在 42.1% 水驱效率的基础上提高驱油效率 11.74%

(OOIP)，最终总驱油效率达到53.84%。减氧空气驱油效率与氮气驱油效率的差值即为低温氧化对驱油效率的贡献值为4.33%（OOIP），即低温氧化反应对驱油效率的贡献程度为36.88%，排驱作用对驱油效率的贡献程度为63.12%。因此，认为影响减氧空气驱油效率的主控因素为排驱作用。

（2）减氧空气驱实验的气体突破和气窜时机均晚于纯氮气驱实验。水驱后纯氮气驱和减氧空气驱实验初始阶段生产压差均缓慢上升，体现了气体对油藏的增压作用，对于水驱后纯氮气驱实验，气体注入量为0.2PV时注入压差升高到23.16MPa，出口端有气体产出，注入气发生突破，生产压差开始逐渐降低，气体注入量为0.35PV时生产压差下降到20.86MPa，注入气发生气窜，生产气油比急剧增大；对于水驱后减氧空气驱实验，发生气体突破和气窜的时机分别为0.21PV和0.41PV，原油和空气发生低温氧化反应延缓了气体的突破时机。

表4-15 水驱后气驱实验结果总结

驱替方式	气体突破时机（PV）	气窜时机（PV）	气驱驱油效率（%）	气驱采收率增幅（%，OOIP）	总驱油效率（%）
水驱后纯氮气驱	0.20	0.35	7.41	—	48.71
水驱后含氧量5%减氧空气驱	0.21	0.41	11.74	4.33	53.84

表4-16总结了减氧空气驱过程中不同时刻产出气组分含量变化情况，对实验数据进行分析可知，气窜过后至气体完全突破前，产出气中CO、CO_2含量先增加后降低，检测到CO含量最高为1.21%，CO_2含量最高为0.58%，体现了一定程度的碳键剥离反应。产出气中O_2浓度较初始浓度略有下降，消耗约0.59%，说明动态驱替下原油在油藏条件下耗氧速率不高。

表4-16 减氧空气驱产出气组成

序号	CO_2含量（%）	CO含量（%）	O_2含量（%）
空白样品	0	0	7.21
1	0.81	0.21	7.04
2	1.04	0.34	6.91
3	1.21	0.36	6.82
4	1.06	0.58	6.62
5	0.53	0.27	6.93
6	0.14	0.05	7.13

表4-17总结了减氧空气驱过程中不同时刻产出油组分含量变化情况，对实验数据进行分析可知，原油组分中C_1—C_{16}含量有一定程度的降低，而C_{17}—C_{35+}的含量略有上升。结

合表 4-16 中 CO，CO_2、O_2 含量变化可判断，减氧空气动态驱替促进了加氧反应和碳键剥离反应。分析数据可知，在实验温度下，减氧空气中的氧分子同多孔介质中的原油经历了低温氧化反应与高温裂解反应过程，低温氧化反应阶段氧原子通过化学键的方式结合在液态烃分子中，生成诸如过氧化物、醛、酮和酸等物质，产物可进一步聚合形成高分子链烃，造成产出油中重质组分含量升高；反应伴随着油层温度上升，为裂解燃烧提供了有利条件。对于低渗透储层，重质组分含量升高，降低了原油在岩石孔隙中的流动效率；但重质组分对大孔喉形成有效堵塞，阻碍减氧空气的流动，促进减氧空气流向小孔隙喉道，一定程度上扩大了减氧空气的波及效率，增加了氧分子与原油的接触机会，起到了延缓气窜作用，有助于提高减氧空气驱油效率。

表 4-17 减氧空气驱产出油组成

序号	C_1—C_6 含量（%）	C_7—C_{16} 含量（%）	C_{17}—C_{35} 含量（%）	C_{35+} 含量（%）
1	2.865	64.642	31.579	0.907
2	4.872	44.623	47.054	1.204
3	1.721	41.896	54.892	1.685
4	1.721	41.896	54.892	1.685
5	2.292	43.914	51.105	1.62

第三节 油藏参数对减氧空气驱效果的影响

本节通过岩心驱油物理模拟实验，研究储层物性（渗透率、渗透率变异系数）及流体物性（主要研究原油黏度）对减氧空气驱提高采收率的影响。实验采用人造均质岩心（直径 3.8cm，长度 7.6cm），减氧空气设定含氧量为 5%（实验室实际制备的含氧量为 7.21%），驱替介质体积流量 0.125mL/min，油样为官 15-2 和港 2025 井原油，水样为官 15-2 断块油藏地层水，油藏温度 89℃，评价 4 个油藏参数对驱替效果的影响程度。

（1）渗透率：选取三种渗透率（2mD、20mD 和 50mD）人造均质岩心进行驱替实验。

（2）储层非均质性：采用渗透率变异系数为 0.2、0.5 和 0.7 的人造非均质岩心进行驱替实验。

（3）原油黏度：采用官 15-2 和港 2025 的原油（地下原油黏度分别为 32.4mPa·s、16.8mPa·s）、渗透率为 20mD 的人造均质岩心进行驱替实验。

（4）含油饱和度：采用人造均质岩心，水驱油岩心含油饱和度达到 50%、40%、30%后，再进行减氧空气驱。

一、渗透率对驱替效果的影响程度

1. 不同渗透率岩心减氧空气驱油实验

实验采用的岩心参数见表 4-18。

表 4−18 气驱实验岩心基本参数

岩心编号	长度（cm）	截面积（cm²）	孔隙体积（cm³）	孔隙度（%）	渗透率（mD）	含油饱和度（%）	饱和油量（cm³）
1−1	84.2	11.38	45	4.7	1.14	42.1	18.9
1−2	84.2	11.38	105	11.1	19.5	49.52	52
1−3	84.2	11.38	163	17.1	63.5	65.03	106

岩心水驱至 2PV，含水率为 98%，再注减氧空气 0.7PV 结束实验。实验模拟地层压力，回压设置为 20MPa。

1）渗透率为 2mD 岩心驱油实验

（1）水驱阶段（图 4−27），水驱至 0.6PV，注入压差升至最高 17.3MPa 后迅速下降，含水率快速上升，水驱至 1.2PV，含水率达到 98%，注入压差最终降低至 14.2MPa 保持平稳，最终水驱油效率约为 21%。

（2）水驱结束后转为减氧空气驱（图 4−28），减氧空气驱至 0.2PV 为见气点，至 0.25PV 为气体突破点，气体突破点的注入压差达到最大值 19.22MPa，随后逐渐下降至气驱结束，注入压差降至 15.63MPa。气窜点的标定位置，确定在驱油效率曲线上升至平滑段的拐点处，本实验的气窜点为 0.58PV。分析认为，0～0.25PV 阶段，注入压力升高是因为气体的压缩性致使能量不断积聚，增加了气体的排驱作用，驱油效率迅速增加，随着气体的不断注入，气体从突破到气窜阶段，经历了约 0.4PV，气体在高压驱动作用下，气体分子进入了水分子不能进入的小孔道气排驱原油，驱油效率快速增加。随着气油比迅速上升，注入压差降低，驱油效率增幅减缓，此时确认为气体发生气窜，气窜点为 0.58PV 时，气油比超过 400m³/m³，此后，基本为气体单项渗流，原油基本不再流动，减氧空气驱油效率增幅为 6.86%（OOIP）。

表 4−19 为减氧空气驱不同阶段产出气组分含量变化情况，检测到 CO 含量最高为 0.38%，CO_2 含量最高为 0.45%，产出气中 O_2 浓度较初始浓度略有下降，消耗约 0.52%，主要是因为在气体发生气窜以前，在岩心中发生低温氧化反应，氧气含量降低，气体发生气窜后，气体在岩心中存留时间降低，低温氧化反应时间短，产出气中氧气含量与注入的氧含量基本相当。

表 4−19 减氧空气驱产出气组成（渗透率为 2mD 岩心）

序号	注入孔隙体积倍数（PV）	CO_2（%）	CO（%）	O_2（%）
空白样品	0	0	0	7.21
1	0.25	0.18	0.15	7.09
2	0.33	0.33	0.32	6.81
3	0.42	0.45	0.38	6.69
4	0.50	0.30	0.13	6.96
5	0.58	0.12	0.09	7.03

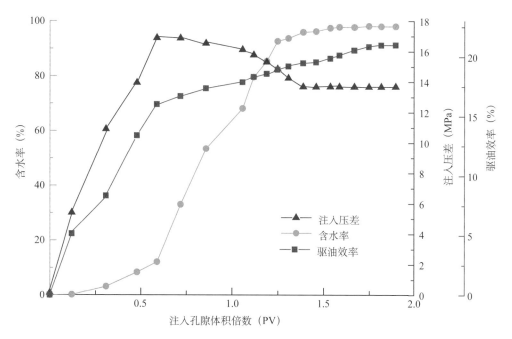

图 4-27 渗透率为 2mD 岩心水驱实验曲线

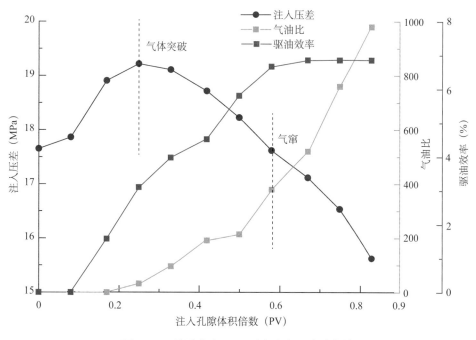

图 4-28 渗透率为 2mD 减氧空气驱实验曲线

2）渗透率为 20mD 岩心的驱油实验

（1）水驱阶段（图 4-29），水驱至 0.5PV，注入压差升至最高 13.2MPa 后缓慢下降，含水率快速上升，水驱至 1.4PV，含水率达到 98%，压差降至 10.3MPa，最终水驱油效率为

32.9%。

（2）水驱结束后转为减氧空气驱（图4-30），减氧空气驱至0.23PV为气体突破点，气体突破压差为15MPa，气窜点为0.5PV，驱油效率增幅约为10.86%（OOIP）。

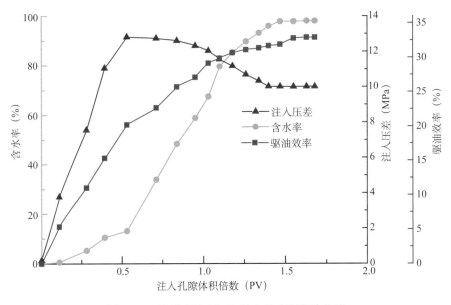

图4-29　渗透率为20mD岩心的水驱实验曲线

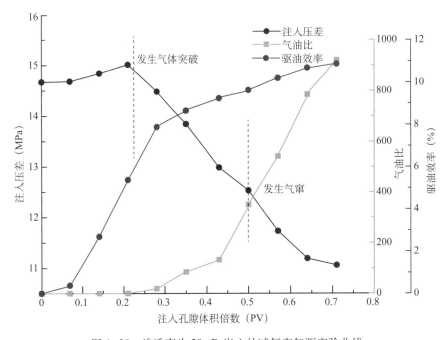

图4-30　渗透率为20mD岩心的减氧空气驱实验曲线

表4-20为减氧空气驱不同阶段产出气组分含量变化情况，检测到CO含量最高为

0.38%，CO_2 含量最高为 0.45%，产出气中 O_2 浓度较初始浓度略有下降，消耗约 0.52%，低温氧化反应未见明显特征。

表 4-20　减氧空气驱产出气组成（20mD 岩心）

序号	注入孔隙体积倍数（PV）	CO_2（%）	CO（%）	O_2（%）
空白样品	0	0	0	7.21
1	0.23	0.53	0.21	7.03
2	0.28	0.55	0.48	6.72
3	0.35	0.61	0.51	6.65
4	0.43	0.32	0.11	6.98
5	0.50	0.30	0.13	6.96

3）渗透率为 50mD 岩心的驱油实验

（1）水驱阶段（图 4-31），水驱至 0.4PV，压差升至 10.9MPa，见水点为 0.35PV，随后含水快速上升，压力降低至 6.8MPa 趋于稳定，最终水驱油效率为 42.1%。

（2）减氧空气驱阶段（图 4-32），气体突破点为 0.21PV、气窜点为 0.41PV 时，转为减氧空气驱后，驱油效率增幅约为 11.74%（OOIP）。

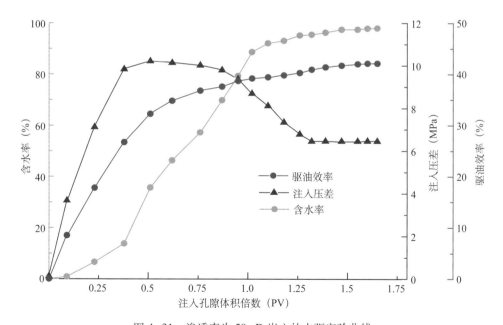

图 4-31　渗透率为 50mD 岩心的水驱实验曲线

表 4-21 为实验中检测得到 CO 含量最高为 1.21%，CO_2 含量最高为 0.58%。产出气中

O_2 浓度较初始浓度略有下降，消耗约 0.59%。

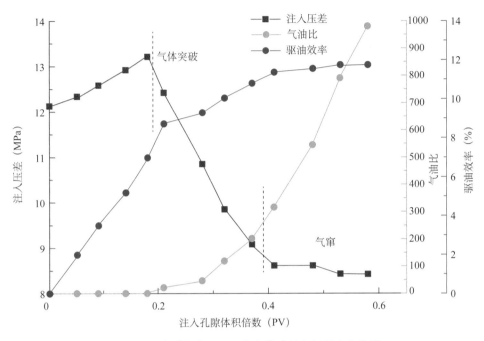

图 4-32　渗透率为 50mD 岩心的减氧空气驱实验曲线

表 4-21　减氧空气驱产出气组成（50mD 岩心）

序号	注入孔隙体积倍数（PV）	CO_2（%）	CO（%）	O_2（%）
空白样品	0	0	0	7.21
1	0.21	0.81	0.21	7.04
2	0.28	1.04	0.34	6.91
3	0.32	1.21	0.36	6.82
4	0.37	1.06	0.58	6.62
5	0.41	0.53	0.27	6.93
6	0.48	0.14	0.05	7.13

2. 渗透率对驱油效果的影响程度分析

1）气体突破与气窜对比分析

由表 4-22 中可以看出，随着渗透率增加，在均质岩心中气体突破越早，发生气窜时间也越早，尤其不同渗透率条件下发生气窜的时机相差较大，渗透率为 2mD 时，气体突破点与气窜点相差 0.33PV，渗透率 50mD 气体突破点与气窜点相差 0.2PV，为此，气驱技术不易在渗透率较高的油藏实施。

表 4-22　气体突破和气窜时间表

岩心渗透率（mD）	2	20	50
气体突破点（PV）	0.25	0.23	0.21
气窜点（PV）	0.58	0.50	0.41

2）产出气组成变化

由表 4-23 可以看出，不同渗透率条件下，氧气的消耗量较低且相差不大，说明在本实验过程中，由于氧气与原油的接触时间短，尚未有充分的低温氧化反应过程，气体和原油就已经被排驱出岩心，为此，驱油效率的增加主要是排驱作用。

表 4-23　产出气组分含量变化表

渗透率 （mD）	CO_2 含量最高值 （%）	CO 含量最高值 （%）	O_2 含量下降最大值 （%）
2	0.45	0.38	0.52
20	0.83	0.61	0.66
50	1.21	0.58	0.59

3）驱油效率对比分析

将 3 个不同渗透率岩心的水驱油、减氧空气驱共计 6 组曲线进行汇总分析，将水驱油效率及减氧空气驱增幅对比结果汇总于表 4-24，将驱油效率曲线绘制成图 4-33。

表 4-24　3 种渗透率岩心减氧空气驱油效率增幅对比表

岩心渗透率 （mD）	水驱油效率 （%）	最终采收率 （%）	减氧空气驱驱油效率增幅 （%）
2	21	27.86	6.86
20	32.9	43.76	10.86
50	42.1	53.84	11.74

（1）在低渗透油藏，渗透率越高，水驱油效率越高，岩心渗透率 50×10mD 的水驱油效率比渗透率 2mD 高一倍。

（2）岩心渗透率分别为 2mD、50mD 的减氧空气驱油效率增幅超过 10%（OOIP），增幅相差不大，比渗透率 2mD 的高出近一倍，说明在低渗透油藏中，当渗透率超过一定范围以后，渗透率与驱油效率增幅属于正相关性，及渗透率越高、气驱油效率越高，最高限度在 11.74%（OOIP），本实验充分证明了低渗透油藏空气驱提高驱油效率的作用。

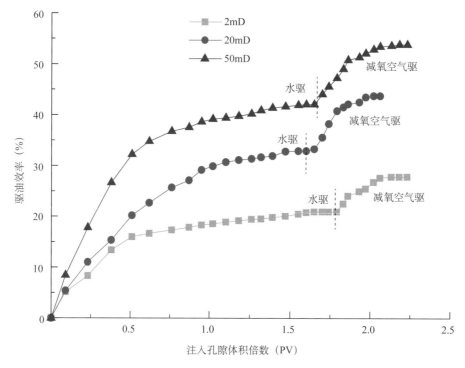

图 4-33 3 种渗透率岩心驱油效率对比图

二、储层非均质性对驱替效果的影响程度

1. 不同渗透率变异系数岩心减氧空气驱油实验

实验程序：岩心水驱至含水率 98%，再转注 1PV 减氧空气。

实验所用岩心参数见表 4-25。

表 4-25 减氧空气驱实验岩心基本参数

岩心编号	长度 (cm)	截面积 (cm²)	孔隙体积 (cm³)	孔隙度 (%)	分层渗透率 (mD)	渗透率变异系数	平均渗透率 (mD)	含油饱和度 (%)	饱和油量 (mL)
1—4	84.2	11.38	81	8.5	18/102	0.7	14.5	45.7	37
1—5	84.2	11.38	90	9.4	40/120	0.5	35.8	57.1	51.4
1—6	84.2	11.38	112	11.7	80/120	0.2	45.3	63.8	71.5

1）渗透率变异系数为 0.7 岩心减氧空气驱油实验

（1）水驱阶段（图 4-34），水驱至 0.1PV 时，岩心出口见水，水驱至 0.3PV 时，含水率快速上升，注入水已经突破，水驱压差最高升至 14MPa 后趋于缓慢下降，直至含水率上升至 98% 后趋于稳定，最终水驱采收率为 24.3%。

（2）减氧空气驱阶段（图 4-35），气驱压差峰值为 14.69MPa，随后下降至最低值 13.47MPa。当注入量约为 0.2PV 时气体突破，注入压差开始降低，当注入量约为 0.54PV 时，注入气体已发生气窜，生产气油比急剧增大，原油基本停止产出。减氧空气驱提高采收率约为 6.35%，岩心最终原油采收率可达 30.65%。

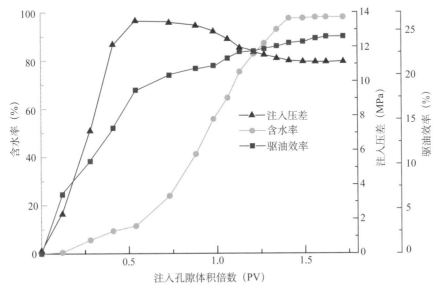

图 4-34 渗透率变异系数为 0.7 岩心水驱实验曲线

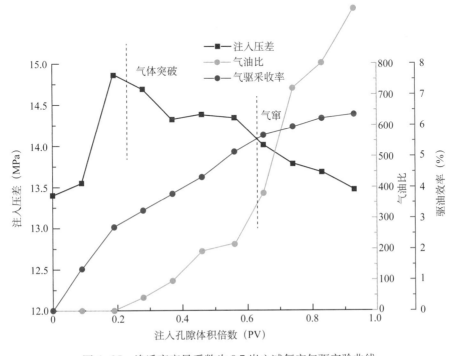

图 4-35 渗透率变异系数为 0.7 岩心减氧空气驱实验曲线

（3）表 4-26 为实验中产出气组分含量变化情况，检测得到 CO 含量最高为 0.45%，CO_2 含量最高为 0.40%，产出气中 O_2 浓度较初始浓度略有下降，消耗约 0.46%，实验过程中未出现明显的低温氧化反应。

表 4-26　减氧空气驱产出气组成（渗透率变异系数 0.7）

序号	注入孔隙体积倍数（PV）	CO（%）	CO_2（%）	O_2（%）
空白样品	0	0	0	7.21
1	0.28	0.21	0.22	7.01
2	0.37	0.45	0.40	6.75
3	0.46	0.32	0.25	6.92
4	0.65	0.08	0.18	7.05

2）渗透率变异系数为 0.5 岩心减氧空气驱油实验

（1）水驱阶段（图 4-36），水驱注 0.5PV 时，驱替压差达到最高值 13.5MPa，含水快速上升，水驱至 1.2PV 时，含水率接近 98%，水驱采收率为 31.6%。

（2）减氧空气驱阶段（图 4-37），减氧空气驱至 0.22PV，注入压差开始下降，出口端有少量气体产出，随着注入量进一步增加，注入压差继续降低，当注入量约为 0.58PV 时产生气窜，生产气油比急剧增大，原油基本停止产出，减氧空气驱提高采收率 14.62%（OOIP）。

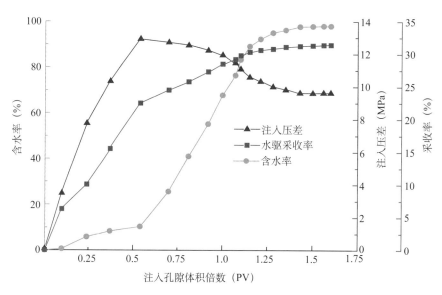

图 4-36　渗透率变异系数为 0.5 岩心水驱实验曲线

（3）表 4-27 为岩心产出气组分含量变化情况，检测得到 CO 含量最高为 0.49%，CO_2

含量最高为 0.57%。产出气中氧气浓度较初始浓度略有下降，消耗约 0.5%，耗氧量高于同等条件下渗透率变异系数为 0.7 的岩心。

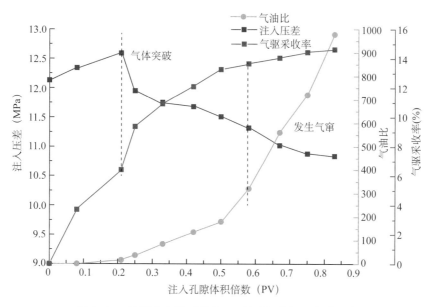

图 4–37　渗透率变异系数为 0.5 的减氧空气驱实验曲线

表 4–27　减氧空气驱产出气组成（渗透率变异系数 0.5）

序号	注入孔隙体积倍数（PV）	CO（%）	CO_2（%）	O_2（%）
空白样品	0	0	0	7.21
1	0.21	0.18	0.20	6.98
2	0.25	0.45	0.50	6.73
3	0.33	0.49	0.57	6.71
4	0.5	0.21	0.32	6.90

3）渗透率变异系数为 0.2 岩心的连续气驱油实验

（1）水驱阶段（图 4–38），水驱注 0.5P 后含水快速上升，水驱采收率为 37.4%。

（2）减氧空气驱阶段（图 4–39），减氧空气驱至 0.25PV 气体突破，驱替压差开始下降，驱替至 0.6PV 产生气窜，气油比急剧增大，原油停止产出，减氧空气驱提高采收率 14.62%（OOIP）。

（3）表 4–28 为实验中产出气组分含量变化情况，检测得到 CO 含量最高为 0.56%，CO_2 含量最高为 0.68%。产出气中 O_2 浓度较初始浓度略有下降，消耗约 0.59%，耗氧量高于同等条件下渗透率变异系数为 0.7 的岩心。

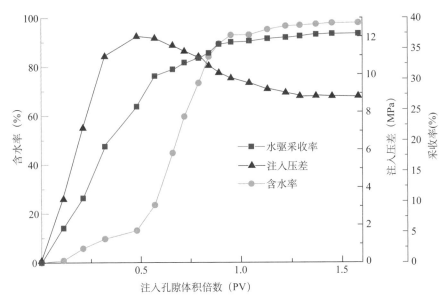

图 4-38　渗透率变异系数为 0.2 岩心水驱实验曲线

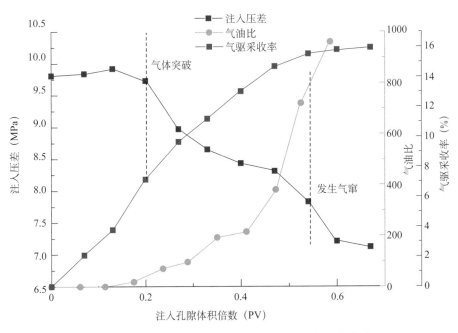

图 4-39　渗透率变异系数为 0.2 岩心的减氧空气驱实验结果

表 4-28　减氧空气驱产出气组成（渗透率变异系数 0.2）

序号	注入孔隙体积倍数（PV）	CO（%）	CO_2（%）	O_2（%）
空白样品	0	0	0	7.21

续表

序号	注入孔隙体积倍数（PV）	CO（%）	CO_2（%）	O_2（%）
1	0.20	0.11	0.20	6.92
2	0.27	0.32	0.42	6.80
3	0.33	0.56	0.68	6.62
4	0.54	0.12	0.06	7.02

2.渗透率变异系数对采收率的影响程度分析

1）气体突破和气窜对比分析

由表4–29表明，渗透率变异系数越小，气体突破时间越晚，发生气窜时间也越晚，证明渗透率变异系数越小的储层，越有利于开展减氧空气驱。

表4–29　气体突破和气窜时间表

渗透率变异系数	0.7	0.5	0.2
气体突破点（PV）	0.2	0.22	0.25
气窜点（PV）	0.54	0.58	0.6

2）产出气组成变化

由表4–30中可以看出，本实验不能反映渗透率变异系数与空气在岩心中耗氧量关系，但可以间接地证明，只要空气与原油接触，即可发生氧化反应，消耗一定量的氧，从而生成CO、CO_2。

表4–30　产出气组分含量变化表

渗透率变异系数	CO_2含量最高值（%）	CO含量最高值（%）	O_2含量下降最大值（%）
0.7	0.4	0.45	0.46
0.5	0.57	0.49	0.5
0.2	0.68	0.56	0.59

3）渗透率变异系数与提高采收率的关系

将3组不同渗透率变异系数的驱油实验曲线归纳为图4–40和表4–31。

由图4–40可知，随着变异系数的减小，连续气驱获得的采收率增大，最终采收率最高，具体见表4–31。

表 4-31　渗透率异系数与岩心驱油效果对比分析

渗透率变异系数	0.7	0.5	0.2
水驱采收率 (%)	24.3	31.6	37.4
最终采收率 (%)	30.65	46.22	53.34
气驱采收率提高值 (%)	6.35	14.62	15.94

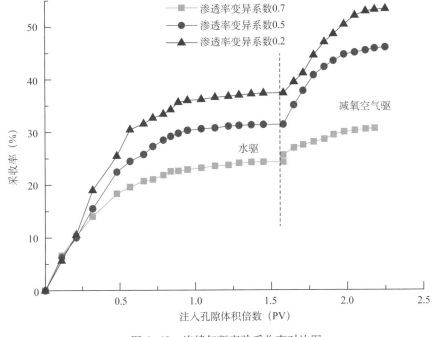

图 4-40　连续气驱实验采收率对比图

水驱阶段，渗透率变异系数越小，最终采收率越高，渗透率变异系数 0.2 时水驱采收率比变异系数 0.7 时高 13.1%（OOIP）；同样，转为减氧空气驱后，变异系数越小，气驱提高采收率幅度越大，渗透率变异系数 0.2 时采收率增幅比渗透率变异系数 0.7 时采收率增幅高 9.59%（OOIP），升高了 1.5 倍。

4）渗透率变异系数的最佳范围确定

将上述减氧空气驱实验数据，通过 MATLAB 软件，应用最小二乘法拟合得到油藏条件下非均质岩心减氧空气驱采收率与渗透率变异系数的关系方程如下：

$$EOR=-36.05V_k^2+11.6988V_k+16.4127 \qquad (4-7)$$

式中　V_k——渗透率变异系数。

在一定的变异系数范围内，上述经验公式能有效预测储层渗透率变异系数对减氧空气驱油效果的影响规律，非均质岩心渗透率变异系数越低，注入介质中的氧气与原油发生氧化反应的程度越高，越不容易发生气窜，有利于提高减氧空气驱采收率。根据拟合的关系式和实验结果，可以得到适合减氧空气驱的渗透率变异系数应小于 0.5，最佳范围为 0 ~ 0.2，该研究结果表明，气驱适合于均质储层油藏。

三、原油黏度对驱替效果的影响程度

1. 不同原油黏度的岩心驱油实验

1）实验设计

岩心：采用人造均质；

原油：港 2025 原油（黏度 18.6mPa·s）和官 15-2 断块原油（黏度 32.4mPa·s）。

官 15-2 断块原油减氧空气驱实验已经在本节第一项研究（渗透率对驱替效果的影响程度）中完成，本项研究直接引用前面的实验结果进行对比分析。

2）实验程序

岩心饱和原油建立束缚水饱和度，水驱至含水 98% 后，转注减氧（氧含量 5%）空气至气体单项渗流，结束实验。

3）实验结果分析

（1）水驱阶段（图 4-41），水驱油效率为 37.4%。

（2）减氧空气驱阶段（图 4-42），减氧空气驱至 0.17PV 气体突破，驱替压差开始下降，驱替至 0.35PV 产生气窜，减氧空气驱油效率 65.61%。

（3）表 4-32 为实验中产出气组分含量变化情况，测得产出气组分中 CO 和 CO_2 含量最高值分别为 0.32% 和 0.27%，氧气消耗量最大值为 0.64%，证明实验过程中发生了低温氧化反应。

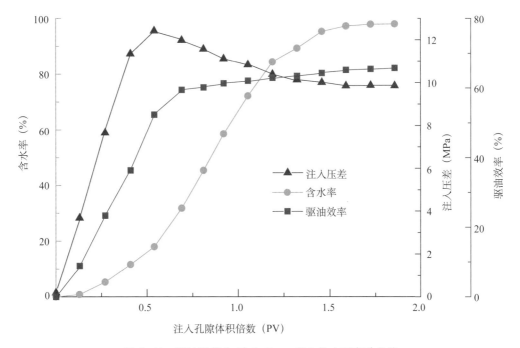

图 4-41　原油黏度为 18.6mPa·s 岩心的水驱实验曲线

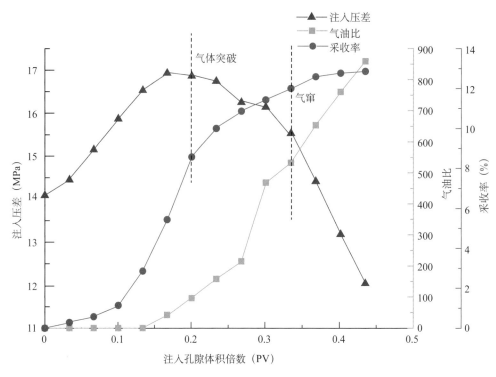

图 4-42　原油黏度为 18.6mPa·s 岩心的减氧空气驱实验曲线

表 4-32　减氧空气驱产出气组成（港 2025 原油）

序号	注入孔隙体积倍数（PV）	CO（%）	CO_2（%）	O_2（%）
空白样品	0	0	0	5.98
1	0.17	0.1	0.09	5.79
2	0.20	0.15	0.13	5.64
3	0.23	0.21	0.17	5.51
4	0.35	0.32	0.27	5.44

2. 原油黏度对驱替效果的影响程度分析

将两组不同原油黏度的减氧空气驱油实验曲线进行汇总，其中官 15-2 断块原油（黏度 32.4mPa·s）实验结果取自本节第一项研究，将两部分实验结果归纳为图 4-43 和表 4-33。

由图 4-43 可知，不同原油黏度条件下水驱油效率相差较大，减氧空气驱过程中，原油黏度越低，减氧空气驱驱油效率增幅越大；原油黏度为 18.6mPa·s 和 32.4mPa·s 时的减氧空气驱油效率增幅分别为 12.77%（OOIP）和 10.86%（OOIP）。

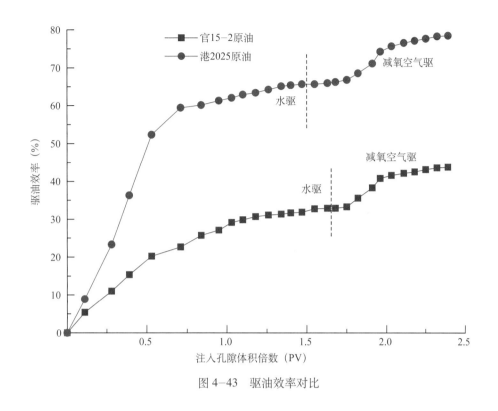

图 4-43 驱油效率对比

表 4-33 不同原油黏度条件下减氧空气驱驱油效率增幅

井号	原油黏度（mPa·s）	水驱油效率（%）	最终驱油效率（%）	减氧空气驱油效率增幅（%，OOIP）
官 15-2	32.4	32.9	43.76	10.86
港 2025	18.6	65.61	78.48	12.77

四、含油饱和度对驱替效果的影响程度

1. 不同原油饱和度岩心减氧空气驱油实验

实验设计：首先将人造均质岩心饱和油建立束缚水饱和度，在原始含油饱和度条件下，先向岩心中注入含氧量为 5% 的减氧空气，将岩心驱替至设计的目标残余油饱和度，然后焖井 140h 后，再实施氮气驱替。

实验目的：研究在不同残余油饱和度条件下，减氧空气与原油发生低温氧化反应对驱油效率的贡献。

1）岩心残余油饱和度为 50% 的驱油实验

实验结果见图 4-44 至图 4-46。

（1）减氧空气驱阶段（图 4-44），注入体积 0.36PV 时，气体开始发生突破，最高注入压差 4MPa，驱油效率为 12.23%。

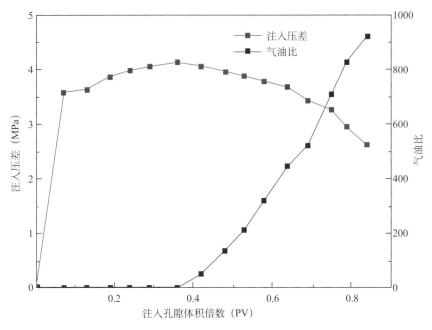

图 4-44　减氧空气驱至残余油饱和度 50% 时实验曲线

（2）焖井阶段（图 4-45），在前 30h 内，压力由 12.5MPa 升高至 17MPa，在 30h 以后，压力逐渐降低至 15MPa。

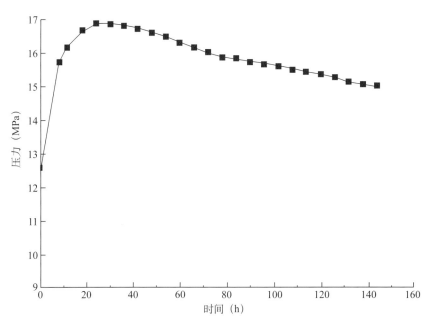

图 4-45　焖井过程岩心压力随时间变化曲线（残余油饱和度 50%）

（3）氮气驱阶段（图 4-46），驱油效率增幅 41.25%（OOIP），总驱油效率为 53.48%。

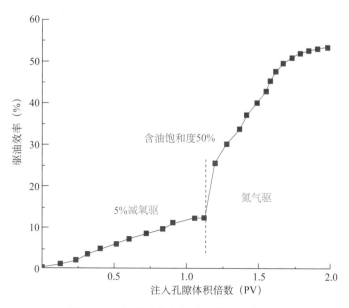

图4-46 气驱油效率与注入体积的变化曲线

2）岩心残余油饱和度为 40% 的驱替实验

实验结果见图 4-47 至图 4-49。

（1）减氧空气驱阶段（图 4-47），注入体积为 0.34PV 时，气体开始发生突破，最高注入压差 3.5MPa，驱油效率为 31.96%。

（2）焖井阶段（图 4-48），在前 25h 内，压力由 14.5MPa 升高至 17.5MPa，在 30h 以后，压力逐渐降低至 16MPa。

（3）氮气驱阶段（图 4-49），驱油效率增幅 19.38%（OOIP），总驱油效率为 51.34%。

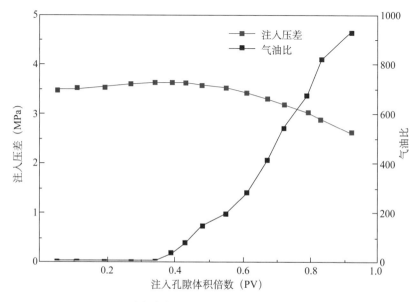

图4-47 减氧空气驱至残余油饱和度40%时实验曲线

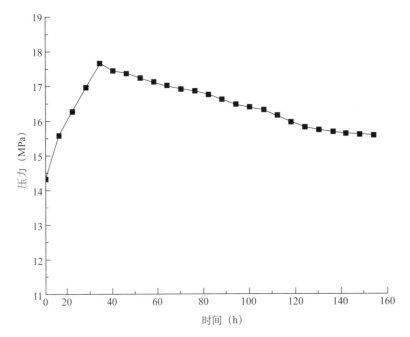

图 4-48　焖井过程岩心压力随时间变化曲线（残余油饱和度 40%）

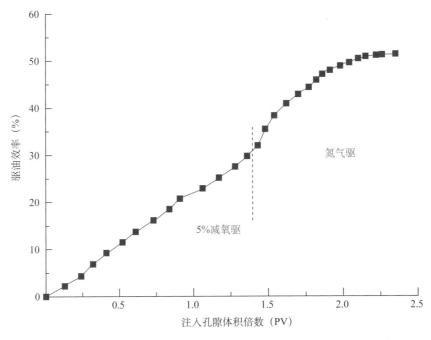

图 4-49　气驱驱油效率随注入体积的变化曲线（含油饱和度 40%）

3）岩心残余油饱和度为 31.4% 的驱替实验

（1）减氧空气驱阶段（图 4-50），注入体积 0.24PV 时，气体开始发生突破，最高注入压差 3.5MPa，驱油效率为 49.1%。

（2）焖井阶段（图 4-51），在前 30h 内，压力由 13.5MPa 升高至 16.5MPa，在 30h 以后，压力逐渐降低至 15MPa。

（3）氮气阶段（图 4-52），驱油效率增幅 1.78%（OOIP），总驱油效率为 50.88%。

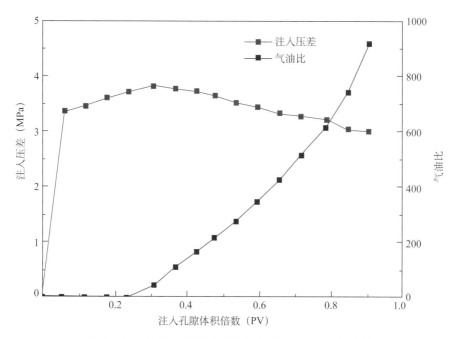

图 4-50　减氧空气驱至残余油饱和度 31.4% 时实验曲线

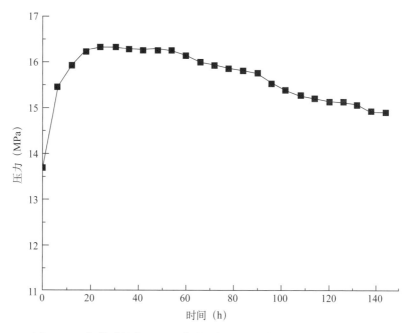

图 4-51　焖井过程岩心压力随时间变化曲线（残余油饱和度 31.4%）

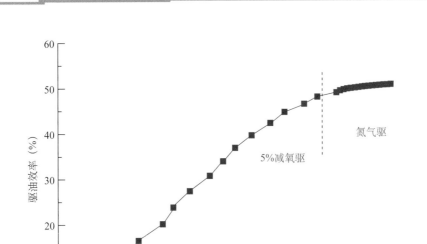

图4-52 气驱驱油效率随注入体积的变化曲线（残余油饱和度31.4%）

2.残余油饱和度对驱替效果的影响分析

1）气体突破和气窜对比分

由表4-34可知，随着残余油饱和度的降低，气体突破时间早，气窜时间提前。

表4-34 气体突破和气窜时间表

残余油饱和度（%）	50	40	30
气体突破点（PV）	0.36	0.34	0.24
气窜点（PV）	0.69	0.67	0.6

2）驱油效率增幅

表4-35为残余油饱和度与减氧空气驱效率关系。

（1）残余油饱和度低（30%），相对应的减氧空气驱油效率则最高为49.1%，焖井低温氧化反应后氮气驱的驱油效率增幅仅为1.78%（OOIP），岩心孔隙内仅有少量的原油残余低温氧化反应，没有足够的原油供给后期的氮气驱。

（2）高残余油饱和度（50%）岩心孔隙内有足够的原油参与低温氧化反应，为后期的氮气驱提供了物质基础，氮气驱油效率高达41.25%，远高于残余油饱和度（30%）的氮气驱油效率，由于低温氧化反应，总驱油效率高出2.6个百分点。

（3）残余油饱和度越高、低温氧化反应越大、驱油效率越高，对于低渗透油藏早期开发，注气时机越早越好，理想的是初始开发就实施注气，不建议注水。

表 4-35　残余油饱和度与减氧空气驱效率关系

残余油饱和度（%）	50	40	30
减氧空气驱油效率（%）	12.23	31.96	49.1
氮气驱油效率（%）	41.25	19.38	1.78
总驱油效率（%）	53.48	51.34	50.88

第五章　注空气原油氧化热动力学

目前，一般采用 CMG 油藏数值模拟软件进行注空气过程中的中质油低温氧化反应、稠油高温燃烧提高采收率的数值模拟，同时进行开发方案设计及效果预测，模型中的关键参数如氧化反应速率、反应活化能、指前因子、反应温度等氧化动力学参数，拟组分划分及其相对分子质量、拟组分相态、反应焓等均通过实验测定获得；有些参数如油、气、水的相渗曲线，相态平衡常数等则根据实验结果进行相关计算获得。国内在使用该软件进行模拟计算时，所采用的参数大部分为软件本身提供的参数，目前还没有开展过针对具体油藏条件测定以上参数的研究，因此，注空气原油氧化热动力学参数的测定对于数值模拟及开发方案的制订具有极其重要的意义。本章主要研究两部分（或两种）化学反应热动力学行为：一部分是研究港东二区五断块的轻质原油，主要研究原油与氧气在低温条件下的反应行为，该部分为本节研究的重点，温度主要集中在 50 ~ 160℃ 范围内；另一部分是研究大港油田枣 35 断块稠油，该部分主要研究其与氧气在高温条件下的氧化反应或燃烧行为，研究的温度范围为室温至 500℃ 以上。

第一节　化学反应动力学计算

燃烧反应涉及许多复杂的高温化学反应问题，热分析是研究物质在一定的加热条件下，通过分析其加热（包括冷却）过程中的物理和化学变化的一种测试技术。由于现在普遍采用了温度程序控制、连续跟踪的测试方式并通过计算机实现的自动化数据录取，因而使得这项技术研究更加成熟。因其具有快速、操作简便及信息多样化的特点，已经在无机、有机、化工、地质及能源等领域中得到了广泛的应用，成为一种多学科通用的分析测试手段。

一、反应动力学方法及理论

化学热力学主要探讨反应的可能性和反应进行的方向问题，但探讨反应进行的速率，了解各种因素（如浓度、温度、压力、介质、催化剂等）对反应速率的影响，以及进一步对反应机制做出判断，是反应动力学的基本内容和研究任务。化学动力学的基本理论是建立在等温过程和均相反应（例如气相反应和液相反应）基础上的，考虑到热分析技术快速、方便等优点，将热分析应用于动力学研究，从而产生了热分析动力学。

热分析动力学的研究目的在于定量表征反应（或相变过程），确定其遵循的最概然机理函数 $f(\alpha)$，求出动力学参数 E 和 A，算出速率常数 k，提出模拟 TA 曲线的反应速率 $\Delta\alpha/\Delta t$ 表达式，为反应过程及反应速率、反应机理的推断，石油自发点火温度和热爆炸临界温度的计算，燃烧初始阶段的定量描述等提供科学的依据。

假设物质反应过程仅取决于转化率 α 和温度 T，这两个参数是相互独立的，则不定温、非均相反应的动力学方程可以表示为：

$$\frac{\mathrm{d}\alpha}{\mathrm{d}t} = f(\alpha)k(T) \tag{5-1}$$

式中　t——时间；

　　　T——热力学温度；

　　　$k(T)$——速率常数的温度关系式；

　　　$f(\alpha)$——反应的机理函数。

当线性升温时，通过温度与时间的转化，式（5-1）可以转化为：

$$\frac{\mathrm{d}\alpha}{\mathrm{d}T} = \frac{1}{\beta}f(\alpha)k(T) \tag{5-2}$$

$$\beta = \mathrm{d}T/\mathrm{d}t \tag{5-3}$$

式中　β——升温速率。

在大多数实验中升温速率是个定值，在本书中只考虑这类反应。方程（5-2）是反应动力学在等温和非等温过程中最基本的方程，其他所有的方程都是在这个方程的基础上推导出来的。

动力学方程中的速率常数 k 与温度有密切的关系，19 世纪末提出了许多二者间的关系式，其中 Arrhenius 通过模拟平衡常数与温度关系式的形式所提出的速率常数—温度关系式最为常用：

$$k(T) = A\mathrm{e}^{-E/RT} \tag{5-4}$$

式中　A——指前因子；

　　　E——活化能；

　　　R——普适气体常量；

　　　T——热力学温度。

式（5-4）在均相反应中几乎适用于所有的基元反应和大多数复杂反应，式中两个重要参数的物理意义分别由碰撞理论和建立在统计力学、量子力学和物质结构之上的活化络合物理论所诠释。

将式（5-4）代入式（5-2），可得非均相体系在非定温条件下的常用动力学方程式：

$$\mathrm{d}\alpha/\mathrm{d}T = (A/\beta)\mathrm{e}^{-E/RT}f(\alpha) \tag{5-5}$$

二、数据分析—等量转化分析

1. 等转化率法

等转化率法是应用较广泛的一种数据处理方法，其应用过程为：对于同一种物质的同种反应，在不同的升温速率下进行实验，如 β_1，β_2，…最终可以得到一组关于 α 和 T 的曲线。在图中选定一个 α_1 做水平线，这一水平线和曲线相交，交点为 (α_1, T_{11})，(α_1, T_{12})，…，与其对应的升温速率为 β_1，β_2，…。再选定一个 α_2，重复上面的过程，就可以得到另外一组数据 (α_2, T_{21})，(α_2, T_{22})，…，与其对应的升温速率仍然是 β_1，β_2，…。

式（5-5）可以变形为：

$$\frac{\mathrm{d}\alpha}{f(\alpha)} = \frac{A}{\beta}\mathrm{e}^{-E/RT}\mathrm{d}T \tag{5-6}$$

对于 β_1 的曲线，对式（5-6）两边积分可得：

$$\int_{\alpha_1}^{\alpha_2}\frac{\mathrm{d}\alpha}{f\alpha} = \frac{A}{\beta_1}\int_{T_{11}}^{T_{12}}\mathrm{e}^{-E/RT}\mathrm{d}T \tag{5-7}$$

对于 β_2 的曲线，对式（5-6）两边积分可得：

$$\int_{\alpha_1}^{\alpha_2}\frac{\mathrm{d}\alpha}{f(\alpha)} = \frac{A}{\beta_2}\int_{T_{11}}^{T_{12}}\mathrm{e}^{-E/RT}\mathrm{d}T \tag{5-8}$$

将式（5-7）与式（5-8）两式相减就可将 $\int_{\alpha_1}^{\alpha_2}\frac{\mathrm{d}\alpha}{f(\alpha)}$ 消掉，这样就可避免反应机理函数的求取。

2. 静态法

静态法是在恒温、恒压条件下测量反应的速率方程及速率常数与温度的关系，静态法是在恒温条件下进行测量，也就是说式（5-1）中的 $k(T)$ 是个恒定值，并不随时间的变化而变化，因此，在对式（5-1）进行计算时，$k(T)$ 就是定值。

在具体处理时，可以使用以下两种方法：

（1）反应机理函数已知，如对于一级反应 $f(\alpha) = 1-\alpha$。对式（5-1）进行积分得：

$$\int_0^\alpha\frac{\mathrm{d}\alpha}{f(\alpha)} = k(T)t \tag{5-9}$$

用 Arrhenius 公式来描述 $k(T)$，可得：

$$\int_0^\alpha\frac{\mathrm{d}\alpha}{f(\alpha)} = A\exp(-E/RT)t \tag{5-10}$$

由于 α 和 t 是已知的，反应机理函数 $f(\alpha)$ 也是已知的，因此只要取两组不同的 α 和 t，就可以求出活化能 E 和指前因子 A。

（2）反应机理函数未知，同样对式（5-1）进行积分，可得到式（5-9）。在反应温度为 T_1 时，选定反应转化率 α 与其对应的时间 t_1，式（5-9）则变为：

$$\int_0^\alpha\frac{\mathrm{d}\alpha}{f(\alpha)} = k(T_1)t_1 \tag{5-11}$$

反应温度为 T_2 时，选定反应转化率 α 与其对应的时间 t_2，式（5-9）则变为：

$$\int_0^\alpha\frac{\mathrm{d}\alpha}{f(\alpha)} = k(T_2)t_2 \tag{5-12}$$

动力学分析主要用来估算反应速率，反应速率可以用单位体积内某一组分的生成速率来定义。对伴随多个反应的反应体系来说，反应速率 r_j 是反应物浓度和温度的函数。一般表示为：

$$r_j=k(T)f(C) \tag{5-13}$$

速率常数其实并非常数，是温度的函数，其与温度的关系由 Arrhenius 方程进行关联：

$$k(T)=Ae^{-E/RT} \tag{5-14}$$

式中　E——反应活化能，J/mol；

　　　T——绝对温度，K；

　　　R——气体常数，8.314J/(mol·K)；

　　　A——指前因子。

活化能为分子发生反应需要克服的"堡垒"，指前因子可以被认为是参与反应的分子在某一温度条件下的碰撞概率。

第二节　低温氧化反应热动力学行为

在温度达到 250℃ 以上时，氧气与原油开始发生明显的氧化反应。对于温度低于 160℃ 时的低温氧化反应，由于反应速度很慢，常规的观察时间范围内（0～6h）很难观察到原油性质的变化，必须延长反应时间。

本节针对大港油田港东二区五断块原油低温氧化反应的研究使用了高温去活性砂和地层产出砂。地层原油与砂混合后直接置于燃烧池中，由于上述反应中只有原油和空气，即反应的接触方式比较充分，此时反应的难易程度决定了反应速度。因此，计算的活化能代表了原油本身的化学动力学本质。

一、原油基本性质测定

实验以大港油田港东二区五断块原油为研究对象，开展轻中质油低温氧化反应、稠油高温燃烧参数及可行性研究。

轻中质油低温氧化反应是自发的，不需要点火，氧化反应的产物主要是氮气和二氧化碳。轻中质油的流动性好，无须高温降黏，且低温氧化反应产生的热量有助于提高原油采收率。

稠油中的固体组分主要包括石蜡、沥青质和胶质，这些固体物质在稠油中的浓度较大时，稠油便具有明显的非牛顿流体的特征。开采这类稠油需采用火驱油藏开采方式，通过降低原油的黏度，提高原油的流动性，同时改变地层中矿物的含量，从而提高原油的采收率。

1. 原油含水率测定

1）蒸馏法测定稀油含水率

（1）实验仪器与材料。

工业溶剂油或直馏汽油 80℃ 以上的馏分，电子天平 METTLER AE200（灵敏度为 0.1mg），酒精灯，无釉瓷片，一端封闭的玻璃毛细管（在使用前经过烘干），一端带橡皮头的玻璃棒，水分测定器（图 5-1）。

（2）实验步骤。

①预先洗净、烘干水分测定器的烧瓶、接收器、冷凝管。

②用无水氯化钙脱水，过滤溶剂。

③将稠油加热到 40 ~ 50℃，使之完全熔融后再进行摇匀，向预先洗净、烘干的烧瓶中倒入已摇匀的原油 100g，精确至 0.1g；用量筒量取 100mL 原油并注入烧瓶中，再用这个未经洗涤的量筒量取 100mL 溶剂测定稀油水分。

④用量筒量取 100mL 溶剂注入烧瓶中，将烧瓶中的混合物仔细摇匀后，投入数片无釉瓷片或浮石。

⑤将接收器的支管紧密地安装在烧瓶上，使支管斜口进入烧瓶 15 ~ 20mm，然后将冷凝管安装在接收管上。安装时，冷凝管与接收器必须垂直，冷凝管下端的斜口切面与接收器支管管口相对，并用干净的棉花将冷凝管上端轻轻挡住。

⑥用酒精灯加热烧瓶，调节回流速度，使冷凝管斜口每秒滴下 2 至 4 滴液体。开始加热要快些，当油品开始汽化、沸腾时，立即减小加热强度，保持一定的回流速度。

⑦测定时，水蒸气与溶剂蒸气一起蒸出，在冷凝器下部冷凝、冷却后流入接收管中，水分沉于底部，多余的溶剂流回蒸馏烧瓶。最初的冷凝液是浑浊的，当水分逐渐增多时，水层呈清液，溶剂也逐渐变清，最后成为澄清的溶液。

⑧当接收器中收集的水的体积不再增加，而水层上面的溶剂层完全透明时，停止加热。

⑨停止加热后，冷凝管壁上沾有水滴，可从冷凝管上端倒入经过脱水和过滤的溶剂，把水滴冲入接收器。

⑩待烧瓶冷却后，将仪器拆卸开，读出接收器中水的体积；

⑪含水质量分数 $W_{水}$ 按下式计算：

$$W_{水} = \rho_{水} \cdot V/m \qquad (5-15)$$

式中　V——接收器中收集的水的体积，mL；

　　　m——原油的质量，g；

　　　$\rho_{水}$——水的密度，g。

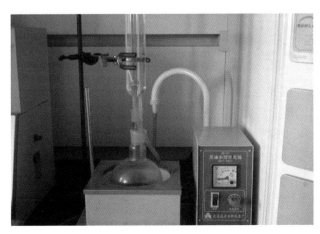

图 5-1　水分测定装置

（3）实验结果。

经蒸馏法测定的大港油田港东二区五稀油的含水率为 1.43%。

2）电脱水法测定原油含水率

（1）实验仪器与材料。

石油醚和 DTS—Ⅳ 型密闭脱水仪（由釜体、压力表、内电极、外电极、电流表、温度控制器、铜直嘴旋塞组成）。

（2）实验步骤。

①安装仪器，检查无误，接通电源，松开加热釜 4 个紧固螺栓，取下釜盖。

②将原油倒入脱水仪釜内，装至釜容积的三分之二左右。

③检查并确认釜盖上的密封圈完好，盖上釜盖，拧紧 4 个螺栓，压住釜盖，套上防护罩，插上高压接线插头。

④将温度控制器的温度设定为 60～80℃，插上脱水仪主机电源插头。

⑤加热脱水仪，温度升高时，按下脱水开关。

⑥加热脱水约 2h 后，将温度控制器温度设定为室温。

⑦当釜内的压力小于 0.1MPa、温度低于 50℃后，关闭脱水开关，打开釜体下端的铜直嘴悬塞，将分离出的水放出，见油后关闭，计算含水率。

（3）实验结果。

实验结果见表 5-1，由实验结果可见，经电脱水法测定的大港油田枣 35 稠油含水率平均值为 43.43%，稠油含水率远远高于港东二区五稀油的含水率（1.43%）。

表 5-1　稠油电脱水实验结果数据表

次数	油样（kg）	出水量（kg）	含水率（%）	温度（℃）	脱水时间（h）
1	1.6400	0.750	45.73	80～85	4.5
2	1.5575	0.693	44.50	65～75	4
3	1.6395	0.700	42.70	65～75	4
4	1.5160	0.675	43.66	65～75	4
5	1.7575	0.755	43.20	65～75	4
6	1.3435	0.575	42.80	65～75	3.5
7	1.5160	0.650	42.88	65～75	3.6
8	1.7290	0.740	42.80	65～75	3.2
9	1.6850	0.740	43.92	65～75	4
10	1.3445	0.575	42.77	65～75	3.6
11	1.7650	0.750	42.49	65～75	3.3
12	1.7100	0.725	42.40	65～75	3
13	1.8035	0.785	43.53	65～75	4
14	1.3340	0.595	44.66	65～75	4

2.原油性质测定

1）沥青质及胶质含量测定

原油中色谱分离物对原油的性质起决定作用，其中沥青质与胶质的组分主要为大分子非烃化合物，并含有硫、氮、氧等元素，具有一定的极性。可利用红外光谱对沥青质与胶质进行分析，从而判断分离物的极性。原油中的胶质、沥青质用四组分分离法获取，分离过程如图 5-2 所示。用溶剂提取各组分后，再去除溶剂，获得沥青质、胶质、饱和烃及芳香烃 4 种组分，然后对其中的沥青质、胶质进行红外光谱、紫外光谱及荧光光谱的测定。

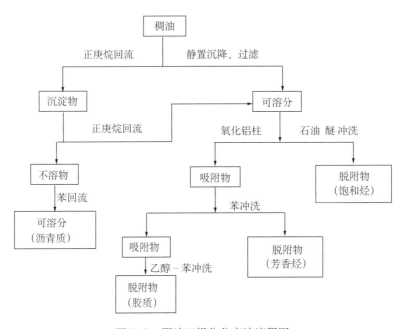

图 5-2　原油四组分分离法流程图

（1）沥青质含量的测定。

由于所处环境条件的改变，沥青质在原油开采、运输和后期处理过程中容易发生沉淀现象。沥青质沉淀程度轻时会造成油井、管道部分堵塞，导致采油工作量加大，成本提高；严重时则导致油层孔喉堵塞，油井封死，造成采收率降低甚至无法采出油藏中的原油。

实验仪器与材料：水浴，抽提器，恒温箱（恒温 100 ~ 110℃），蒸发皿（直径 90mm），干燥器，短径漏斗，定量慢速滤纸（直径 11.0 ~ 12.5cm），硫酸（密度 1.84g/mL），正庚烷，丙酮，甲苯，重铬酸钾。

实验步骤如下：

①在蒸馏瓶中放入 8 ~ 10g 样品，精确至 0.01g，若沥青质含量大于 0.25%，适当减少试样，每克试样加入 30mL 正庚烷，用回流冷凝器煮沸样品，取下蒸馏瓶并盖好盖子，放于暗箱中在室温条件下静置 1.5 ~ 2.5h。

②将滤纸叠好放在漏斗中，在不搅拌的情况下将溶液倒入滤纸过滤，连续多次用正庚烷将蒸馏瓶中的残留物尽可能地完全转移到滤纸上，必要时可使用玻璃棒，最后再用正庚烷冲洗蒸馏瓶内壁，洗涤液全部通过滤纸过滤，蒸馏瓶放置备用。

③从漏斗上取下滤纸，放在抽提器中，使用蒸馏瓶用 50mL 正庚烷回流抽提，控制正庚烷从冷凝器末端滴下的速度为每秒 2 至 4 滴，抽提时间不少于 1h，直至从抽提器底部取出的正庚烷在滤纸上蒸发后不留残迹为止。

④换上步骤②中用过的蒸馏瓶，加入 30 ～ 60mL 甲苯，继续回流直至沥青全部从滤纸上溶解下来为止。

⑤将蒸馏瓶中的溶液转移至已称重的蒸发皿中，再用总量不超过 30mL 的温热甲苯分数次冲洗蒸馏瓶，将洗涤液收集于蒸发皿中，在通风橱中用沸水浴蒸出甲苯，蒸发皿和沥青质放在恒温 100 ～ 110℃的烘箱中加热干燥 1h，再在干燥器中冷却 0.5h 后称重。

⑥计算试样中沥青质含量 X（%），计算公式如下：

$$X=[(m_2 - m_1)/m] \times 100\% \tag{5-16}$$

式中 m——试样质量，g；

m_1——蒸发皿质量，g；

m_2——带有沥青质的蒸发皿的质量，g。

（2）胶质含量测定。

实验仪器与材料：

胶质的碳、氢、氮元素质量分数采用 Carlo Erba EA1110 型元素分析仪测定，硫元素采用氧弹法测定，氧元素为差减法获得，相对分子质量用 Knauer 蒸气压渗透（VPO）分子量仪测定。

胶质的 1H-NMR、13C-NMR 测定采用 BRUKER-AM300 型超导核磁共振波谱仪。1H-NMR 的测试条件为：共振频率 300.13MHz，重复延迟时间 1s，数据采集 16k 点，累加次数 64 次，测试温度为室温采样时间 1.82s，脉冲角度 45°。13C-NMR 的测试条件为：共振频率 75.47MHz，重复延迟时间 15s，数据采集 16k 点，累加次数 10000 次，测试温度为室温，采样时间 0.49s。

胶质的红外光谱测定采用 Bruker EQUINOX55 型傅立叶红外光谱仪。测试条件为：分辨率 2cm⁻¹，检测器为 DTGS。固体试样用溴化钾压片，液体试样涂在溴化钾压片上测定。

胶质的紫外光谱测定采用 UV-2602 型紫外—可见光光度计。参比液为甲苯，胶质的浓度为 13.2mg/L。

胶质的荧光光谱测定采用 SPEX-F212 型荧光光谱仪。溶剂为氯仿溶液，浓度控制在 5mg/L 以内，激发光和发射光狭缝宽度均为 5nm，激发光和发射光的波长差 $\Delta\lambda=3nm$，扫描范围 250 ～ 650nm。

测定原油中胶质含量的实验试剂包括正庚烷（分析纯），甲苯（分析纯），石油醚（分析纯，60 ～ 90℃），丙酮（分析纯），乙醇（工业级）；氧化铝：层析用，0.15 ～ 0.076mm（100 ～ 200 目），中性。

实验仪器包括超级恒温水浴（控制温度波动范围 ±0.5℃）；电热套（0.6 ～ 1.8kW），功率可调；真空烘箱（可使温度保持在 105 ～ 110℃）；玻璃吸附柱，吸附柱外面带循环水夹套；高温炉（最高温度不低于 800℃）；锥形瓶（100mL）；烧杯（50mL）；真空泵，吸滤用；分析天平（感量 0.0001g）；干燥器等。

实验步骤如下：

①将吸附柱与超级恒温水浴相连，循环水温保持在 45℃±1℃，吸附柱下端塞少许脱脂

棉，加入经活化处理后的氧化铝 30g 并敲紧，用 20mL 石油醚润湿吸附柱，吸附柱下端用恒重的锥形瓶（100mL）接取流出液。

②在小烧杯（50mL）中称取处理过的残油试样约 1g，准确至 0.0001g，记为 W_4。在水浴上将试样加热至融化后，加入 10mL 石油醚稀释试样。待吸附柱上部石油醚进入氧化铝层时，倒入稀释的试样，并用 10mL 石油醚分三次洗涤锥形瓶，洗涤液倒入吸附柱，待溶液全部进入氧化铝层后加入少量氧化铝于吸附柱中。

③加入 60mL 甲苯冲洗油蜡，保持流出液的流出速度在 2 ~ 3mL/min 之间，至无流出液为止。

④取下锥形瓶，在通风橱内将锥形瓶放入温度为 120℃ 油浴中蒸去大部分溶剂，接近蒸干时，将锥形瓶放到真空烘箱中，在 100 ~ 110℃、21 ~ 35kPa 的负压下放置 60min，取出样品放在干燥器内冷却 40min 后称重，待质量恒定为止，精确至 0.0001g，求得油蜡质量 m_2。

⑤向油蜡中加入 30mL 脱蜡溶剂（甲苯与丙酮 1∶1 混合），然后在水浴中缓慢加热，待溶液透明后再冷却至室温，将此混合液转入蜡含量测定仪的试样冷却筒中，再用 10mL 脱蜡溶剂分三次洗涤锥形瓶，洗涤液倒入试样冷却筒中。

⑥将蜡含量测定仪降温至 -20℃±0.5℃，将试样冷却筒放入蜡含量测定仪中，不断搅拌试样 30min。

⑦将蜡含量测定仪的过滤漏斗（预冷至 -20℃）吊置在试样冷却筒中，用真空泵抽滤析出的蜡，保持滤速为每秒 1 滴左右。当蜡层上的溶液将滤尽时，一次加入 20mL 预冷至 -20℃ 的脱蜡溶剂，洗涤蜡含量测定仪的过滤漏斗、试样冷却筒内壁和蜡层，当脱蜡溶剂在蜡层上消失后，继续抽滤 5min。

⑧从测定仪中取出试样冷却筒，用 100mL 预热至 30 ~ 40℃ 的石油醚将冷却筒、蜡含量测定仪过滤漏斗上的蜡溶解在恒重的锥形瓶（100mL）中。

⑨在通风橱内将锥形瓶放入水浴中蒸去大部分溶剂，接近蒸干时，移入真空烘箱内，在 100 ~ 110℃、53.3 ~ 66.7kPa 的负压下保持 60min。取出锥形瓶放在干燥器中冷却 40min 后称量，待质量恒定为止，精确至 0.0001g，求得蜡质量 m_3。由此，可以计算胶质含量：

$$\omega_3 = \left(1 - \frac{m_2}{W_4} - \frac{m_1}{W_3}\right) \times Y \times 100\% \tag{5-17}$$

$$Y = \frac{W_2}{W_1} \times 100\% \tag{5-18}$$

式中　ω_3——胶质含量，%；

m_1——沥青质质量，g；

m_2——油蜡质量，g；

W_1——蒸馏前所用试样质量，g；

W_2——蒸馏后试样质量，g；

W_3——测沥青质含量所用试样质量，g；

W_4——测蜡含量所用试样质量，g；

Y——样品残油质量收率，%。

（3）实验结果。

四组分含量测定结果见表 5-2 和表 5-3。对于稀油油藏港东二区五油藏，沥青质含量为 0.7125%，饱和组分含量为 65.64%，芳香烃含量为 19.92%，胶质含量为 13.74%。对于稠油油藏（枣 35 油藏），沥青质含量为 2.508%，饱和组分含量为 42.827%，芳香烃含量为 29.141%，胶质含量为 25.525%。由实验结果可见，稠油的沥青质、芳香烃和胶质含量均高于稀油，而饱和烃组分含量低于稀油。

表 5-2　稀油四组分含量

组分	沥青质				饱和组分			
实验编号	1	2	3	4	1	2	3	4
瓶重（g）	123.9068	123.7026	123.8125	123.9443	137.2634	137.3012	137.5021	137.4112
样重（g）	0.7468	0.7554	0.7436	0.7643	0.7468	0.7554	0.7436	0.7643
瓶重＋质重（g）	123.9109	123.7067	123.8166	123.9485	137.6421	137.6821	137.8786	137.7958
质重（g）	0.0041	0.0041	0.0041	0.0042	0.3787	0.3809	0.3765	0.3846
收率（%）	0.55	0.54	0.55	0.55	50.71	50.42	50.63	50.33
总收率（%）	77.26	76.17	76.98	77.47	77.26	76.17	76.98	77.47
含量（%）	0.7118	0.7125	0.7163	0.7093	65.64	66.20	65.78	64.96
平均含量（%）	0.7125				65.64			
组分	芳香烃				胶质			
实验编号	1	2	3	4	1	2	3	4
瓶重（g）	106.2431	106.2013	106.3112	106.1825	124.6321	124.5201	124.6115	124.6241
样重（g）	0.7468	0.7554	0.7436	0.7643	0.7468	0.7554	0.7436	0.7643
瓶重＋质重（g）	106.358	106.3214	106.4244	106.2957	124.7114	124.5904	124.6901	124.7145
质重（g）	0.1149	0.1201	0.1132	0.1131	0.0793	0.0703	0.0786	0.0904
收率（%）	15.39	15.90	15.22	14.81	10.62	9.31	10.57	11.83
总收率（%）	77.26	76.17	76.98	77.47	77.26	76.17	76.98	77.47
含量（%）	19.92	20.87	19.78	19.11	13.74	12.22	13.73	15.27
平均含量（%）	19.92				13.74			

注：瓶重指实验瓶质量，样重指所用稠油的质量，质重指洗脱出来的组分净质量。

表 5-3　稠油四组分含量

组分	沥青质				饱和组分			
实验编号	1	2	3	4	1	2	3	4
瓶重（g）	130.5142	130.4236	130.6125	130.5412	132.6052	132.7126	132.5689	132.8652
样重（g）	0.7244	0.7366	0.7141	0.7292	0.7244	0.7366	0.7141	0.7292
瓶重＋质重（g）	130.5271	130.4368	130.625	130.5544	132.8255	132.9404	132.7906	132.6503
质重（g）	0.0129	0.0132	0.0125	0.0132	0.2203	0.2278	0.2217	0.2149

组分	沥青质				饱和组分			
实验编号	1	2	3	4	1	2	3	4
收率（%）	1.78	1.79	1.75	1.81	30.41	30.93	31.05	29.46
总收率（%）	71.01	72.400	70.65	70.46	71.01	72.40	70.65	70.46
含量（%）	2.51	2.48	2.48	2.57	42.83	42.72	43.94	41.82
平均含量（%）	2.508				42.827			
组分	芳香烃				胶质			
实验编号	1	2	3	4	1	2	3	4
瓶重（g）	107.2055	107.3155	107.1865	107.4112	109.3288	109.4236	109.2846	109.432
样重（g）	0.7244	0.7366	0.7141	0.7292	0.7244	0.7366	0.7141	0.7292
瓶重＋质重（g）	107.3554	107.4702	107.3291	107.2563	109.4601	109.5612	109.4123	109.3012
质重（g）	0.1499	0.1547	0.1426	0.1549	0.1313	0.1376	0.1277	0.1308
收率（%）	20.69	21.00	19.97	21.24	18.13	18.68	17.88	17.94
总收率（%）	71.01	72.40	70.65	70.46	71.01	72.40	70.65	70.46
含量（%）	29.14	29.01	28.27	30.15	25.53	25.8	25.31	25.46
平均含量（%）	29.141				25.525			

2）原油酸值的测定

（1）实验仪器与材料。

锥形烧瓶（250mL），球形回流冷凝管（长约 300mm），量筒（25mL），微量滴定管（2mL，分度为 0.02mL），水浴，95% 乙醇，氢氧化钾（配成浓度为 0.05% 氢氧化钾乙醇溶液），碱性蓝 6B 指示剂，酚酞指示剂（质量分数为 1%），甲酚红指示剂。

（2）实验步骤。

①缓冲溶液配置，用移液管移取 6mL 水至 500mL 容量瓶中，用异丙醇（494mL）定容至刻度线，摇匀后静置；另外移取 500mL 甲苯至 1000mL 容量瓶中，并将上述水—异丙醇混合溶液转入到该容量瓶中进行混合，用少量异丙醇定容至刻度线。

②配置滴定液，准确移取 0.1N 异丙醇—氢氧化钾标准溶液 50mL，并用异丙醇进行 1 : 1（体积比）稀释，转入滴定瓶中，完成密封及排空后与电极连接；测定前分别用甲苯和异丙醇洗涤作备用。

③打开设备，输入测试时间和操作者，然后将设备调至空白（blank）测定模式。

④取 50mL 混合溶液（甲苯—水—异丙醇）置于 100mL 烧杯中，将滴定头、电极浸入到待测液体中，开始测定，完成背景酸值的测定。

⑤称取 0.5 ~ 1.0g 原油，置于 100mL 烧杯中，用 50mL 混合溶液（甲苯—水—异丙醇）进行溶解稀释；测定前依次用甲苯、异丙醇清洗滴定头和电极，从滴定瓶中排出少量滴定液后将滴定头、电极同时浸入待测烧杯中，开始测定原油酸值。

（3）实验结果。

原油酸值测定结果见表 5-4 和表 5-5。由实验结果可见，稀油酸值（0.4487mg/g，以

KOH 计）显著低于稠油酸值（7.8891mg/g，以 KOH 计）。

表 5-4　稀油酸值测定结果（以 KOH 计）

样品	样品质量 (g)	突跃点消耗量 (mg/g)	背景酸值 (mg/g)	样品酸值 (mg/g)	平均值 (mg/g)
1	0.5	0.6001	0.1422	0.4579	
2	0.5	0.5506	0.1058	0.4448	
3	0.5	0.5700	0.1354	0.4346	0.4487
4	0.5	0.5611	0.1036	0.4575	

表 5-5　稠油酸值测定结果（以 KOH 计）

样品	样品质量 (g)	突跃点消耗量 (mg/g)	背景酸值 (mg/g)	样品酸值 (mg/g)	平均值 (mg/g)
1	0.5	7.8964	0.1132	7.7832	
2	0.5	7.9912	0.1004	7.8908	
3	0.5	8.0103	0.1098	7.9005	7.8891
4	0.5	8.0984	0.1165	7.9819	

3）原油全组分分析

（1）实验仪器。

美国 PE 公司 Autosystem 型气相色谱仪；SE-54 化学键合石英弹性毛细管柱；1022 工作站和 TC4 软件。

（2）样品处理。

分别称取 20～50mg 已脱水的重质原油和轻质原油（除去杂质）样品，放入 50mL 的三角瓶中，在不断晃动条件下逐渐加入 30mL 正己烷，静置 12h 后，滤去沉淀物，反复洗涤几次，将滤液转移至三角瓶中进行蒸馏，浓缩至 3～5mL。用经过硝酸或盐酸处理并在 150℃的温度条件下活化的 60～100 目粗孔硅胶，以及在 400℃的温度条件下活化的活性氧化铝填充色谱柱，对滤液进行洗脱分离，以每次 5mL 正己烷淋洗饱和烃，共淋洗 6 次。用称量瓶分别接取饱和烃馏分。最后将分离好的饱和烷烃承接瓶置于 40℃的温度条件下，蒸干溶剂，置于冰箱待用。

（3）实验条件及步骤。

色谱柱采用 SE-54 石英弹性毛细管柱，25mm×0.25mm，柱温采用二阶程序升温，设置初始温度为 160℃，恒温 3min，以 6℃/min 的速率升温至 190℃，再恒温 5min；而后以 8℃/min 的速率升温至 310℃，恒温至峰全部出完。

实验过程中的实验参数如下：分流比为 1∶100；载气为高纯氦气或氮气，纯度大于 99.99%；柱前压为 0.14MPa；检测器为 FID；汽化室温度为 320℃；检测室温度为 340℃；氢气流速为 45mL/min；空气流速为 450mL/min。

（4）实验结果。

对港东二区五稀油进行色谱分析，结果如图 5-3 所示，可以看出，与重质油相比，其色谱图具有典型的直链烷烃的特征。

结合拟组分分析结果可知，C_8 以前的组分主要为沸点在 130℃ 以前的轻质组分，含量为 5.0% ～ 10.0%。C_8 以后的组分分布数据见表 5-6，其分布比较均匀，C_8—C_{31} 组分均有分布，且含量一般在 3.0% ～ 4.5%。

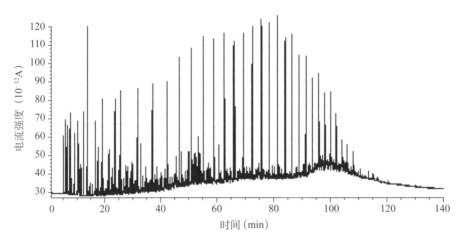

图 5-3　原油全组分色谱分析结果

表 5-6　港东二区五原油全组分分析结果数据表（C_8 以上）

碳数	面积	含量(%)	碳数	面积	含量(%)	碳数	面积	含量(%)	其他	
C_8	19.72	2.71	C_{23}	35.07	4.82	C_{38}	2.03	0.28	MAX-PEAK	C23
C_9	20.49	2.81	C_{24}	30.48	4.19	C_{39}	1.27	0.17	$C_{21}-/C_{22}+$	1.26
C_{10}	19.12	2.63	C_{25}	33.58	4.61	C_{40}	0.59	0.08	C_{21+22}/C_{28+29}	1.59
C_{11}	20.24	2.78	C_{26}	26.08	3.58	C_{41}	—	—	Pr/Ph	1.16
C_{12}	23.81	3.27	C_{27}	27.20	3.74	C_{42}	—	—	Pr/nC_{17}	0.72
C_{13}	31.28	4.30	C_{28}	20.82	2.86	C_{43}	—	—	Ph/nC_{18}	0.60
C_{14}	27.23	3.74	C_{29}	21.88	3.01	C_{44}	—	—	CPI	1.17
C_{15}	31.27	4.30	C_{30}	17.74	2.44	C_{45}	—	—	OEP	1.09
C_{16}	28.50	3.92	C_{31}	20.48	2.81	—	—	—	—	—
C_{17}	30.45	4.18	C_{32}	12.60	1.73	—	—	—	—	—
C_{18}	31.69	4.35	C_{33}	6.76	0.93	总值	728.04	100.00	—	—
C_{19}	30.17	4.14	C_{34}	5.59	0.77	—	—	—	—	—
C_{20}	34.02	4.67	C_{35}	5.63	0.77	—	—	—	—	—
C_{21}	34.48	4.74	C_{36}	1.68	0.23	Pr	21.89	3.01	—	—
C_{22}	33.54	4.61	C_{37}	1.75	0.24	Ph	18.91	2.60	—	—

对于碳原子数不大于 C_8 的组分，其色谱图如图 5-4 所示。

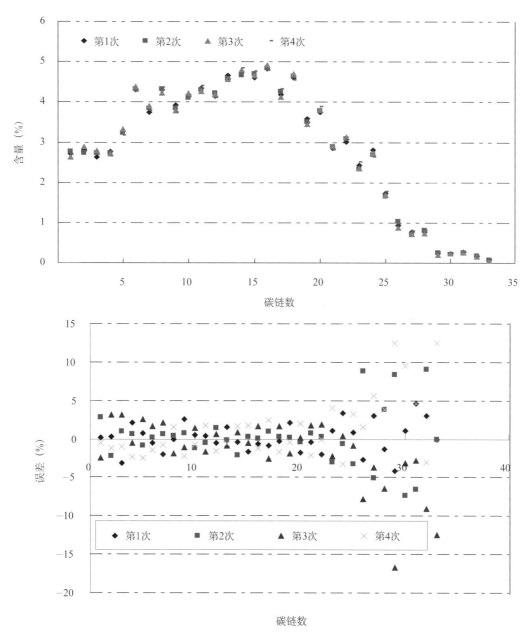

图 5-4　原油组分分布特征

紫外—可见吸收光谱是检测芳香化合物的常用方法。由于不同芳香环系对紫外光有特征吸收峰，因此，可通过各种芳香环系类型模型化合物的紫外光谱，与测定的胶质、沥青质紫外光谱进行分析比较，初步判断胶质、沥青质的化学结构。荧光光谱法的灵敏度和选择性比紫外—可见吸收光谱高，为了得到高分辨率的谱图，用同步荧光光谱法（SFS）对样品进行扫描。SFS 法由 Lloyd 提出的，具体做法是把荧光分光光度计的激发光波长和发射光波长固定一个差值进行同时扫描。它的显著优点之一是对于多环芳香烃化合物可提供一个窄的特征光谱峰。根据同步荧光光谱峰的波长可以定性分析多环芳香烃的环数分布，还可以定量测定混合物中某种特定的多环芳香烃化合物；同步荧光光谱也可用于分析稠油中各组分的环数分布。大港油田稀油、稠油两个样品的烷烃、芳香烃含量测定结果见表 5-2 和表 5-3。

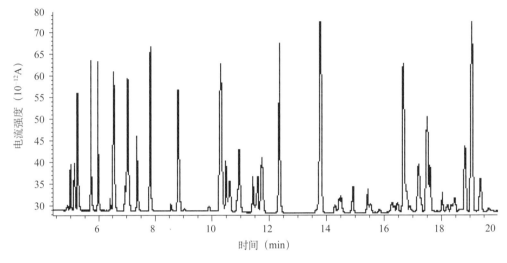

图 5-5 小于 C_8 的轻组分分布情况

图 5-6 为大港枣 35 断块稠油气相色谱分析结果，由图中数据可见，由于重组分含量高，基线严重漂移，同时从色谱峰形状可以看出，烷烃主要为脂肪烃，环烃含量较少。

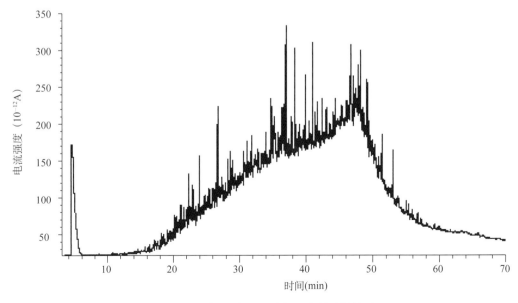

图 5-6 枣 35 断块稠油气相色谱分析结果

4) 原油微量元素分析

石油中的金属含量是表征重油的重要指标之一，对其加工过程及使用性能有着直接的影响。重油中的 Fe、Ni、V、Cu 等重金属元素及 Ca、Na 含量的高低，直接影响催化裂化、加氢裂化等重油加工工艺。

稠油燃烧行为及中轻质油的低温氧化反应都与其中的金属元素密切相关，有些金属元素的存在能显著降低燃烧的活化能，从而改变其燃烧行为。

国内外常用的油品中金属含量的测定方法为 ICP2AES 法和 AAS 法，由于 ICP2AES 法可实现多种元素的同时测定，且分析速度快、灵敏度高，因此应用最广。但无论选用哪种方法，测定之前均需要进行样品的预处理，将油样转化为水溶液的形式，再进行测定（直接进样的情况极少）。

测定方法参照 GB/T 18608—2001，试样采用干法灰化，所得灰分用稀盐酸溶解，用水定容。用空气－乙炔火焰原子吸收光谱法测定铁、镍、钠的含量；用石墨炉原子吸收光谱法测定钒的含量；用标准曲线法定量。

（1）实验仪器与材料。

盐酸，优级纯，配成 1 + 1 溶液；三氧化二铁（或铁粉），光谱纯；氧化镍（或金属镍），光谱纯；氯化钠，光谱纯；五氧化二钒，光谱纯；普通氮气；压缩空气；金属含量标准样品。

样品预处理装置的主要功能：程序升温，气体净化，气体流量控制，容纳多个样品杯，装置内腔耐高温、耐腐蚀、对测定结果无影响。

仪器名称及相关测试参数见表 5-7。

表 5-7　等离子体发射光谱仪参数

仪器名称	等离子体发射光谱仪 (ICP - OES)		型号		IRIS Intrepid II XSP (美国 ThermoFisher)	
环境条件	温度（℃）	22	相对湿度（%）	18	其他	—
仪器状况	检测前	正常	检测后	正常		
仪器主要工作参数	等离子体功率：1150W；雾化气压力：26.0psi；辅助气流量：1.0L/min；蠕动泵转数：100r/min					

（2）实验步骤。

①按照规范的取样方法，取适量的待测油样于石英烧杯内，取样量视样品金属含量而定，以满足 ICP/AES 方法的需要量为准，一般为 10 ~ 30g（使用 100mL 烧杯时，最大取样量为 40g）。

②将样品杯放入专用的预处理装置内，预处理过程在程序控制下自动进行：在 2L/min 的氮气流量条件下，以 10℃/min 的升温速度升至 600℃，停留 20min。在此过程中，油样中的轻重馏分陆续气化，油气在氮气携带下沿指定通道经冷却后进入废油收集瓶内。80min 的油气蒸发过程结束后，烧杯中只剩下类似残炭的残余物质。同样的温度条件下，改为通净化空气，流量为 15mL/min，进行残余物的氧化反应。在此过程中，残炭被烧掉，金属元素

转化为氧化物粉末。

③取出烧杯，冷却后，加入 10mL 的浓度为 715mol/L 硝酸和 3mL 的浓度为 6mol/L 的盐酸，然后将烧杯置于电热板上缓慢加热至灰分全部溶解，待酸液蒸发至 2～3mL 后，转移至 25mL 容量瓶内，用水稀释至刻度线。

④用 ICP 仪器测试制备好的样品溶液，即可求出测试样品中的金属元素含量。

仪器的主要工作参数为：高频发生器功率：112kW；等离子气流量：15L/min；载气流量：2L/min；辅助气流量：115L/min。

（3）实验结果。

对大港油田两个区块的原油样品进行金属元素的测定，结果见表 5-8 和表 5-9。由表 5-8 可知，稠油中的钙元素含量较高（113.4μg/g）；其次为镍元素（34.34μg/g）；而对于稀油，其金属元素含量明显低于稠油，含量最高的为铁元素仅为 14.96μg/g。

表 5-8　稠油金属元素测定结果数据表

元素名称	含量（μg/g）	含量（μg/g）	含量（μg/g）	修正后（μg/g）
Al	1.151	1.150	1.151	1.628
Ca	113.4	113.3	113.2	160.419
Cd	<1.00	<1.00	<1.00	<1.415
Cr	<1.00	<1.00	<1.00	<1.415
Cu	1.359	1.357	1.360	1.922
Fe	5.388	5.387	5.386	7.622
K	0.6755	0.6756	0.6757	0.956
Mg	0.0483	0.0481	0.0485	0.068
Mn	1.614	1.614	1.615	2.283
Na	3.912	3.913	3.911	5.534
Ni	34.34	34.32	34.35	48.578
Sn	<1.00	<1.00	<1.00	<1.415
Zn	1.159	1.158	1.160	1.640
含盐量	—	—	—	233.65

表 5-9　稀油金属元素测定结果数据表

元素名称	含量（μg/g）	含量（μg/g）	含量（μg/g）	修正后（μg/g）
Al	3.252	3.253	3.252	3.299
Ca	9.261	9.261	9.260	9.395

续表

元素名称	含量（μg/g）	含量（μg/g）	含量（μg/g）	修正后（μg/g）
Cd	<1.00	<1.00	<1.00	<1.015
Cr	<1.00	<1.00	<1.00	<1.015
Cu	0.5351	0.5350	0.5352	0.543
Fe	14.96	14.961	14.962	15.177
K	0.2593	0.2591	0.2594	0.263
Mg	3.464	3.462	3.464	3.514
Mn	0.1167	0.1166	0.1167	0.118
Na	1.194	1.193	1.195	1.211
Ni	10.94	10.941	10.942	11.099
Sn	<1.00	<1.00	<1.00	<1.015
Zn	4.311	4.3111	4.3112	4.374
含盐量	—	—	—	51.993

5）原油全馏分测定及馏分收集

原油能否发生低温氧化反应、稠油能否发生高温燃烧行为不仅取决于原油中的烃组分，还与原油不饱和键及杂原子存在及分布密切相关。不同烷烃相对分子质量决定了原油具有多种组分，可以用蒸馏的方法进行分离，也可以用气相色谱的方法进行更细致的分离，以便对其组分信息有更多的了解。

原油评价常用的方法包括实沸点蒸馏及分离效率较低的釜氏蒸馏法，其中最重要的是原油实沸点蒸馏，是考察原油馏分组成的重要方法，实沸点蒸馏就是在实验室中，用比工业上分离效果更好的设备，利用原油中各馏分沸点的不同，通过汽化和冷凝使溶液达到分离目的，把石油按照沸点高低分割成许多馏分。所谓实沸点蒸馏（或真沸点蒸馏）也就是分馏精确度比较高，其馏出温度和馏出物质的沸点相接近的意思，但这并不是说真正能够分离出一个个的纯烃来。馏出时可以按每馏出 3% 取一个馏分，也可以是温度每隔 10℃ 取一份，从而得到许多窄馏分。

对实沸点蒸馏得到的窄馏分，进一步测定其他性质（如密度、黏度、凝点等），根据这些性质就可以绘制出原油及其窄馏分的性质曲线。进一步可以得到一些性质的中百分比曲线，更重要的是还可得到原油各种产品的产率曲线（如汽油产率曲线、不同深度重油性质曲线等）。在得到了上述原油的实沸点蒸馏数据和曲线、中比性质曲线及产率性质数据和曲线以后，就完成了原油初步的评价，对原油的性质有较全面的了解。

气相色谱法的原理是：使混合物中各组分在固定相和流动相间进行交换，由于各组分在性质和结构上的不同，当其被流动相推动经过固定相时与固定相发生相互作用的大小、强弱会有差异，以致各组分在固定相中的滞留时间不同，不同组分按顺序流出，达到分离的目的。

（1）实验仪器。

FY－Ⅲ型微机控制原油实沸点蒸馏仪（抚顺石油化工研究院生产）由蒸馏釜、精馏柱、冷凝器、接收器、压力调节器及辅助设备组成，其中各部分的具体参数为：蒸馏釜（容积为5L），精馏柱（柱内放有6mm×6mm的不锈钢多孔填料），馏分收集器（转盘式），回流冷凝器（能保持回流比为4:1）。

实沸点蒸馏仪包括塔Ⅰ和塔Ⅱ两个蒸馏塔。塔Ⅰ用来对原油从初馏点到400℃的馏分进行常减压蒸馏；主要包括以下系统：①实沸点塔Ⅰ流程及计算机版面控制系统；②蒸馏系统，主要包括蒸馏釜、加热炉、蒸馏塔、分馏头、回流比控制线圈、土冷凝器及真空泵等装置；③接收系统；④冷凝、冷却系统。塔Ⅱ用来在蒸馏结束后对塔Ⅰ蒸馏釜内残油进行深切割，其最终切割温度可达530～550℃；主要包括以下系统：①实沸点塔Ⅱ及微机版面控制系统；②蒸馏及接收系统；③冷凝、冷却系统。

（2）实验步骤。

①开启设备：打开冷却水；接通总电源。制冷：开冷槽冷却，冷阱冷却，开恒温水浴电源。

②塔Ⅰ常压蒸馏：调节加热功率为45%（后调整为35%），开始加热，设定接收馏分范围；当塔内保温温度升高后，开塔顶冷却泵源，开恒温水浴泵源；有塔顶气相后（外温一、二温度升高），调节回流比为5，调节加热功率为35%。

③塔Ⅰ减压蒸馏：调节加热功率为45%（后调整为30%）；关闭阀二、截阀二（白色），打开截阀一；开冷阱泵源；开泵一，调节真空度（1330Pa）；有塔顶气相后，调节回流比为4，调节加热功率为30%。

④塔Ⅱ减压蒸馏：塔Ⅱ减压蒸馏是在承接塔Ⅰ减压蒸馏的基础上，继续进行的深切割，调节加热功率为45%（后需调整为约15%）；关闭阀二、截阀一（白色），打开截阀二；开冷阱泵源；开泵二，调节真空度（133Pa，67Pa）。

⑤关闭设备：蒸馏完毕，加热功率回零，塔Ⅰ调节回流比为10，取下保温套；将外温一、外温二点白，外温一、外温二的加热功率调节为0；打开釜冷却水；釜温降至150℃以下，打开阀二，待真空度在计算机上显示最大值时，停真空泵一；关冷槽，关冷阱，关恒温水浴；关配电柜内电源；拔下总电源插座；关冷却水。

⑥渣油处理：塔Ⅱ减压蒸馏结束后，称取蒸馏釜内的渣油质量，计算总收率。

（3）实验结果及分析。

稀油蒸馏结果分析：表5-10和表5-11为两釜模拟蒸馏实验结果。由实验结果可见，由于原油含有水，导致两釜蒸馏结果有一定的差异，尤其在低沸点（不大于100℃）阶段。其在温度为350℃以前的收率基本相同，分别为33.735%和31.807%。图5-7和图5-8分别为第一釜、第二釜的模拟蒸馏各组分含量分布图，可以看出温度为300℃以前的组分含量都比较低，均不超过8%；大部分为较重的中质组分，原油中沸点在温度为330℃以上的组分占65%以上。

表 5-10　稀油实沸点蒸馏各馏分含量数据表（第一釜）

	瓶号	沸点范围（℃）	瓶质量（g）	瓶质量＋油质量（g）	原油质量（g）	原油总质量（g）	各馏分收率（%）	累计收率（%）
				第一釜（空釜质量 3.391kg，釜内原油质量 3.6955kg）				
常压	1	35～43.5	172.0	174.712	2.712	3695.5	0.734	0.734
	2	43.5～70	164.5	269.5	105.0	3695.5	2.841	3.575
	3	70～97.3	180.5	405.0	224.5	3695.5	6.075	9.650
	4	97.3～98	150.0	174.139	24.1386	3695.5	0.653	10.303
减 I	5	138～200	170.5	287	116.5	3695.5	3.152	13.455
	6	200～227	168.0	235.5	67.5	3695.5	1.827	15.282
	8	227～250	155.5	303.5	148.0	3695.5	4.005	19.287
	9	250～276.3	175.0	321.0	146.0	3695.5	3.950	23.237
	10	276.3～300	164.0	305.0	141.0	3695.5	3.815	27.052
	11	300～325	178.5	344.0	165.5	3695.5	4.478	31.530
	12	325～333	174.5	256.0	81.5	3695.5	2.205	33.735

注：初馏点为 35℃，常压条件下出水量未测定，常压馏分收率为 10.303%。减 I 共蒸出馏分为 866g，占总量（含常压蒸馏水）的 23.433%，无异常现象。

减 I 结束后，称得釜中渣油重 2.4665kg，馏分总收率为 33.735%。

表 5-11　稀油实沸点蒸馏各馏分含量数据表（第二釜）

	瓶号	沸点范围（℃）	瓶质量（g）	瓶质量＋油质量（g）	原油质量（g）	原油总质量（g）	各馏分收率（%）	累计收率（%）
				第二釜（空釜质量 3.391kg，釜内原油质量 3.6955kg）				
常压	13	33～70	169	190.5	21.5	3650.5	0.487	0.734
	14	70～93.6	151	308.0	47	3650.5	2.888	3.622
	15	93.6～135	171	247.0	51	3650.5	2.175	5.797
减 I	1	139～200	172	287.5	115.5	3650.5	2.616	8.413
	21	200～235	153	306	153	3650.5	3.466	11.879
	16	235～250	170.5	318.5	148	3650.5	3.353	15.232
	19	250～280	177	432	255	3650.5	5.776	21.008
	20	280～300.5	173.5	286	112.5	3650.5	2.248	23.256
	17	300.5～331	166.5	385.5	219	3650.5	4.961	28.217

减 I	瓶号	第二釜（空釜重 3.391kg，釜内油重 3.6955kg）						
		沸点范围（℃）	瓶重（g）	瓶+油(g)	油重（g）	油总重（g）	各馏分收率（%）	累计收率（%）
	12	331～350	174.5	333	158.5	3650.5	3.590	31.807

注：初馏点为 33℃，常压条件下出水量为 125.5g（其中 14 号管中含水 80.5g，15 号管中含水 45g），常压馏分收率为 5.797%。减 I 共蒸出馏分为 1161.5g，占总量的 31.807%。

减 I 结束后，称得釜中渣油重 2.4665kg，馏分总收率为 33.735%。

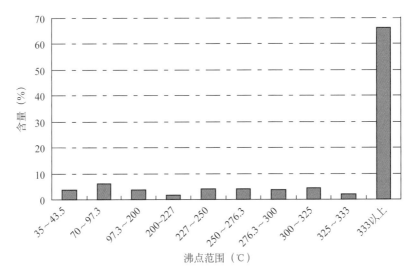

图 5-7　稀油拟组分分布结果（第一釜蒸馏结果）

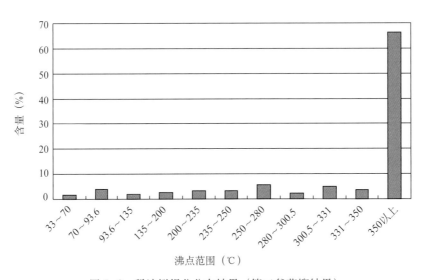

图 5-8　稀油拟组分分布结果（第二釜蒸馏结果）

图 5-9 为稠油模拟蒸馏实验结果，可以看出沸点在 260 ~ 360℃、450 ~ 500℃、500℃ 以上分布的拟组分含量较多，分别为 11.2%（300 ~ 330℃）、14.313%（400 ~ 450℃）和 61.74%（500℃以上）。

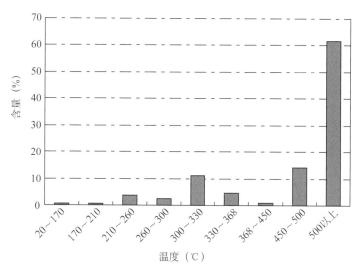

图 5-9　稠油拟组分分布结果

3. 原油流变性测定

原油的流动行为受其流变特性影响强烈，原油在孔隙中的渗流能力与其黏度相关。随着原油重组分含量增加，黏度增大；当原油中大分子（如胶质、沥青质）含量达到一定浓度时，原油会偏离牛顿流体的特性，呈现出非牛顿流体特征。因此，研究稠油体系的流变性，尤其是黏度随温度的变化特征，对指导稠油的热采开发具有重要意义。

采用 RS-150 流变仪对原油的流变性进行了测定，实验步骤如下：

（1）将原油放入恒温水浴中，直至原油的温度稳定。

（2）使用 RS-300 流变仪测量不同剪切速率下的原油黏度变化。

（3）升高温度，继续测定不同剪切速率下的原油黏度。

原油的流变特征如图 5-10 所示，原油黏度随温度升高而急剧降低，当温度为 21℃时，原油黏度为 254000mPa·s；而当温度为 90℃时，其黏度降至 383.9mPa·s。从拟合趋势看，原油黏度随温度升高呈幂指数下降，根据此趋势，预测当体系温度升高到 200℃和 400℃时，原油黏度将会分别为 8.5mPa·s 和 0.32mPa·s。

图 5-11 为大港稠油在不同温度条件下的流变行为，可以看出，在所研究的温度区间，其黏度随着剪切速率的增加均呈现非线性降低，即具有剪切变稀的特性。

二、多孔介质中原油低温体相氧化

在本研究中，使用了以下两种控温方式：一种为恒温控制方式，研究原油与氧气在体相中的反应行为；另一种为线性升温控制方式，研究油砂混合体系在恒定氧气浓度、开放条件下的反应。

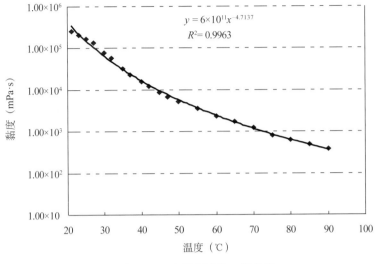

图 5-10　大港稠油黏—温曲线

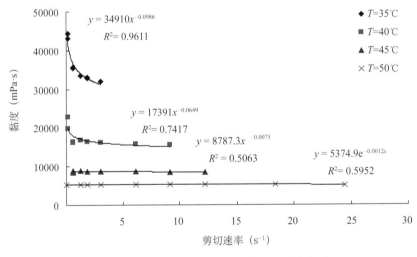

图 5-11　大港稠油在不同温度下的流变行为

1. 原油酸值随时间的变化规律

将 200mL 原油转移至容积为 300mL 的 316L 不锈钢容器中，留出一部分空间用于充入空气，便于原油与氧气充分接触。将整个系统置于 70℃ 的恒温炉中，同时在反应过程中不断摇晃，使得原油与空气充分接触，并定期补充空气，保证氧气过量。在不同时刻取出 5mL 原油，利用电位滴定仪测定其酸值。

不同时刻体系的酸值如图 5-12 所示，随着氧化时间（t）的增大，原油低温氧化反应不断进行，原油的酸值（I_A）增加，即氧化程度加深。由拟合的结果可见，氧化程度与时间呈线性关系，其关系式为：

$$I_A = 0.0058t + 0.4048 \tag{5-19}$$

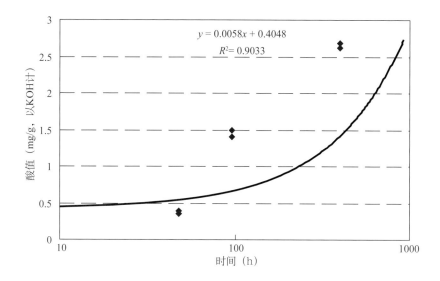

图 5–12　原油在 70℃ 的恒温条件下酸值随反应时间的变化（p=5MPa）

2. 反应速率的计算

石油酸值是表示油脂类、聚酯类、石蜡等有机物质中含有游离酸量的一种指标。具体是指在实验条件下，中和一克试样所需氢氧化钾的毫克值。以前普遍用酸碱滴定法测定，常选用酚酞指示剂确定其终点。

酸值的大小反映了脂肪中游离酸含量的多少。根据有机酸的分子结构及酸液理论可知，酸值的增加主要是由羧基基团贡献的，而一个羧基基团由两个氧原子组成（添加）羧基官能团结构，即可以理解为一个氧分子加到烃中，生成了石油酸。

$$R+O_2 \xrightarrow{\text{加氧反应}} ROOH \tag{5-20}$$

因此，根据酸值的定义及测定结果，得出低温条件下原油与空气的反应速率：

$$v=\frac{m_1-m_0}{t}=\frac{2.7-0.5}{400}=0.0055\text{mg/h}=0.0055\times10^{-3}/56\approx10^{-7}\text{mol/h} \tag{5-21}$$

上述方程是用 1g 原油来计算反应速度的，对于总量为 200g 的原油，由于酸值的变化导致实际参加反应的空气量为：

$$200\times0.0000001\text{mol/h}=0.00002\text{mol/h} \tag{5-22}$$

为了计算以原油为对象的反应速率，根据前文测定的碳量数分布，估计其平均相对分子质量为 150（约为 12 个碳的相对分子质量），则参加反应的原油总摩尔数为：

$$200/150=1.33\text{mol} \tag{5-23}$$

则由 Arrhenius 公式可得：

$$\frac{2\times10^{-7}}{1.33\times3600}=A\mathrm{e}^{-E/_{8.31\times T}} \tag{5-24}$$

三、多孔介质中原油低温梯速升温反应

由于恒温体相中的反应速率较小，另外，体相中的反应与孔隙介质条件下差异较大，因此，结合燃烧池梯速反应的特点，开展孔隙介质条件下梯速升温反应研究。即考虑低温区的反应温度范围（25～220℃），通过降低升温速率来捕捉反应的具体信息。

利用燃烧池开展孔隙介质条件下梯速升温反应研究。实验过程中首先在燃烧池中先放入垫有 200 目滤网的滤杯，再称取 5.0g 大港油田产出砂，置于池中；然后称取 55.0g 产出砂和 1.5g 大港油田稀油，充分混合后放入燃烧池中。连接法兰及温度传感器，将该系统置于线性升温炉中，设定好最高加热温度（200℃）、实验压力（100psi）、加热时间（分别为8h、12h、16h）、空气注入速度（0.6L/min）、加热速率（分别为 0.375K/min、0.25K/min、0.187K/min）等相关参数。打开计算机，启动数据录取软件（其中温度录取用 Data Q；气体浓度录取用 Flowmeter）。

1. 原油氧化反应动力学参数计算

图 5-13 为不同反应时间下的温度及浓度变化曲线，其中图 5-13（a）为反应体系的温度曲线，反应体系分别在 8h、12h、16h 的时刻将温度升至最高，然后进行体系的自然冷却（空气注入速度仍为 0.6L/min）。图 5-13（b）为氧气消耗浓度随时间的变化曲线，可以看出，随着加热速度的降低，氧气消耗浓度减少，这与该原油在 25～550℃温度区间的反应行为一致，即随着加热速度的降低，氧气消耗速度降低。

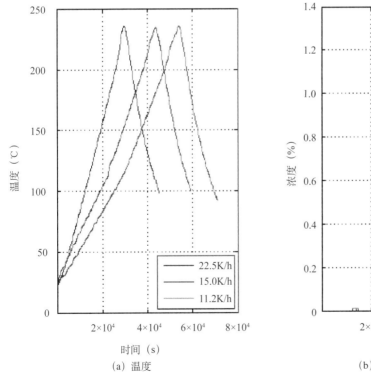
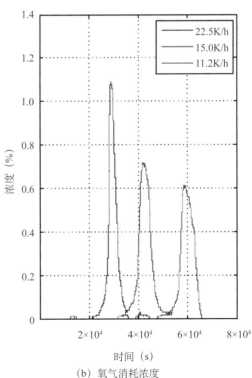

图 5-13　产出砂—稀油混合体系与氧气低温氧化反应温度及浓度变化曲线

根据 Friedman 公式，结合等转化率数据处理方法，反应的活化能可由温度曲线和浓度曲线计算得到，其结果如图 5-14 所示。在温度 120 ~ 155℃区间内，只有一个活化能值出现，表明在该温度区间内，只有 0.5% 总量的氧气被消耗掉。随着温度的升高，当温度在 155 ~ 175℃区间内，活化能数据点增加，但其值随温度上升呈增大趋势，即反应速度降低，与实际情况不符，因此，这个温度区间的指纹图不予考虑。

根据图中的曲线形态，对温度段为 175 ~ 215℃的活化能指纹曲线进行拟合，拟合结果为：

$$E_a = -8824.4T + 2 \times 10^6 \tag{5-25}$$

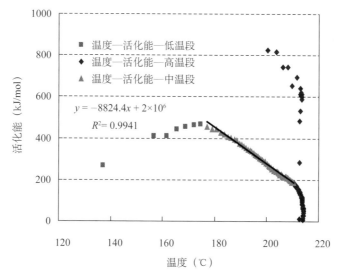

图 5-14　低温氧化反应（160 ~ 210℃）活化能指纹图

把油藏温度 60℃代入式（5-25）中，可以得到活化能 E_a 值约为 1.5×10^3kJ/mol。为了对实验结果合理性进行判断，截取该稀油在全温度段（25 ~ 550℃）活化能指纹图中 215 ~ 235℃温度段的活化能数据点，并对其进行拟合，结果如图 5-15 所示，可以看出其线性规律较好（相关系数 $R^2=0.8837$）。由于全温度段反应的温度升速较快，因此，所选的温度区间虽然比低温氧化反应阶段高，但反应类型仍为同一种加氧反应，得到的结果仍可预测低温加氧反应的反应速率，其方程为：

$$E_a = -17295T + 4 \times 10^6 \tag{5-26}$$

把油藏温度 60℃代入式（5-26）中，可以得到活化能 E_a 值约为 2.8×10^3kJ/mol。

由上述结果可知，低温区测定的活化能大小与所选用的实验方法和条件有关，在较宽的温度范围内，温度升速越快，则得到的活化能值越大。根据上述结果，低温加氧反应活化能取值为（$1.0 \sim 1.2$）$\times 10^3$kJ/mol。根据低温时氧气浓度消耗曲线，对其进行积分，从而得到总耗氧量分别为 0.0526mol（8h）、0.0581mol（12h）、0.04mol（16h），考虑到降温过程，时间增加了 1 倍，因此其耗氧速度分别为 0.0033mol/h、0.0024mol/h、0.0013mol/h。

图 5-16 为低温加氧反应阶段温度随反应进程的变化，氧气每消耗 10%，体系温度升高 1℃，即体系外界环境的实际升温速度为 8.3℃/h。

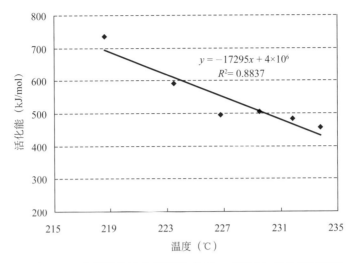

图 5-15　高温燃烧反应低温区（215 ～ 235℃）活化能指纹图

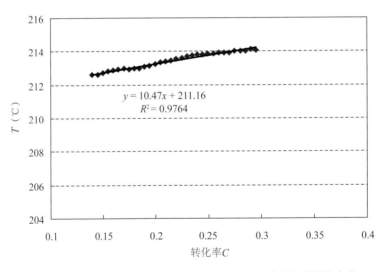

图 5-16　加氧反应在 212 ～ 215℃区间温度随反应进程的变化

指前因子计算结果：由计算的活化能（1.0 ～ 1.2）×10³kJ/mol，根据氧气的消耗速度（10⁻⁷mol/h），计算出反应速率常数为 $10^{-7}/3600=2.788\times10^{-11}$，由 Arrhenius 方程可得指前因子为 5.7×10^{11}。

2. 升温范围对酸值的影响研究

为了进一步研究低温氧化反应的速率，将大港油田原油和高温处理河砂（或产出砂）进行混合，置于燃烧池中进行反应，固定升温时间为 8h 不变，此时，体系的加热速度发生了变化，研究其 pH 值随反应温度的变化。

实验方法过程中分别将 1.5g 港东二区五原油与 55.0g 高温处理砂及 55.0g 产出砂混合，置于燃烧池中，在 100psi 的压力条件下进行不同程度的升温实验，具体的实验方法参照前文。

实验结果见表 5-12，由表中数据可见，随着加热温度的升高，原油酸值增大，即低温氧化程度提高。另外，在相同加热区间内，产出砂—原油体系反应后原油的酸值较高，显示氧化速度较快。

表 5-12　不同加热温度区间下原油酸值的变化

实验加热温度（℃）	加热时间（min）	原油酸值		
		高温处理砂第 1 次测定	高温处理砂第 2 次测定	产出砂
25 ~ 80	480	0.77	1.29	1.24
25 ~ 100	480	0.93		1.45
25 ~ 120	480	1.23		
25 ~ 140	480	2.7	1.85	
25 ~ 160	480	2.37	2.32	3.69
25 ~ 180	480	4.71		4.71
25 ~ 200	480	6.5	6.75	7.29

图 5-17 为原油—高温处理砂反应体系在不同加热区间下原油酸值的变化，由拟合结果可见，其酸值与最高加热温度呈指数函数关系，拟合得到的方程如下：

$$I_A = 0.159e^{0.0184T} \tag{5-27}$$

图 5-18 为原油—产出砂反应体系在不同加热区间下原油酸值的变化，由拟合结果可见，其酸值与加热温度也呈指数函数关系，方程如下：

$$I_A = 0.356e^{0.0147T} \tag{5-28}$$

在实验温度范围内，温度升高导致原油—产出砂体系反应速度的增加较原油—高温处理砂体系慢，但前者方程的系数较大。对比拟合效果可知，产出砂体系反应速度的变化趋势更接近指数关系（相关系数 $R^2 = 0.9915$）。

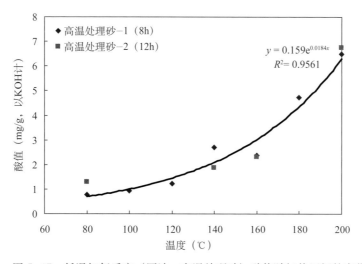

图 5-17　低温加氧反应（原油—高温处理砂）酸值随加热区间的变化

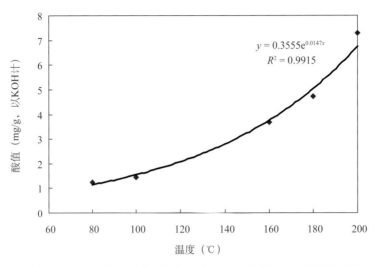

图 5-18　低温加氧反应（原油—产出砂）酸值随加热区间的变化

3. 耗氧量与酸值的关系

前文研究了酸值随反应温度区间的变化，但是真正代表反应速度的参数是氧气消耗速度，因此，需要将酸值变化和耗氧量对应起来，建立耗氧量和酸值的等量方程，从而关联出耗氧量随反应速度的变化。实验获得的总耗氧量与反应温度区间的关系见表 5-13。

表 5-13　总耗氧量与反应温度区间的关系

实验温度（℃）	组分	总耗氧量（mol）	酸值（mg/g，以 KOH 计）
22 ~ 80	原油	0.023	1.29
31 ~ 80（加热 2 次）	原油	0.008	1.50
27 ~ 100（加热 2 次）	原油	0.018	1.80
30 ~ 120（加热 2 次）	原油	0.012	2.19
30 ~ 120	原油	0.012	
27 ~ 140（加热 2 次）	原油	0.316	6.68
25 ~ 160	原油	0.035	3.69
28 ~ 120	（330℃以上）	0.028	4.31
26 ~ 140	（330℃以上）	0.053	4.26
44 ~ 160	（330℃以上）	0.105	6.93
30 ~ 160	（138 ~ 200℃）	0.091	5.04
28 ~ 160	空白（产出砂）	0.013	0.15
25 ~ 160	（35 ~ 43.5）	0.015	0.15
25 ~ 160	（43.5 ~ 70）	0.017	0.15

续表

实验温度（℃）	组分	总耗氧量（mol）	酸值（mg/g，以 KOH 计）
25 ～ 160	(70 ～ 97.3)	0.010	0.15
25 ～ 160	(97.3 ～ 98)	0.011	0.15
21 ～ 80（50%O_2）	原油	0.017	
32 ～ 100（50%O_2）	原油	0.048	
33 ～ 140（50%O_2）	原油	0.044	
26 ～ 200	原油	0.158	7.29
12h，24 ～ 100（LTO-200）	原油	0.001	
16h，24 ～ 200（LTO-200）	原油	0.161	
12h，100 ～ 200（LTO-200）	原油	0.174	

图 5-19 为稀油低温氧化反应过程中耗氧量随酸值的变化，在酸值不大于 8 的范围内，酸值和耗氧量之间呈线性关系，拟合获得的二者间的关系式如下：

$$I_A=0.0204C_o-0.0242 \tag{5-29}$$

实验结果反应，随着低温氧化反应的进行，原油氧化的耗氧量不断增大，氧化程度不断加深，导致原油中产生的游离酸含量不断增加，原油酸值增大。

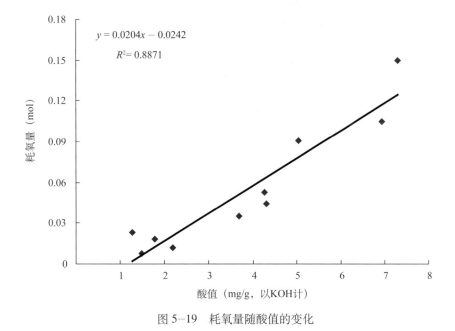

图 5-19 耗氧量随酸值的变化

4. 原油极限耗氧量与耗氧速度关系研究

根据上述研究结果，考虑水体溶解氧以及孔隙介质与氧气的吸附反应，建立原油极限耗氧量与时间的关系。假设空气的注入速度为 Q_a，其远大于低温氧化反应对氧气的消耗；水体及孔隙吸附耗氧速度与注入速度相关，吸附服从等温吸附方程。

原油极限耗氧量可根据 Laak 过滤速度模型（1986）计算：

$$A_o = V_A \phi S_{oil}(OD_{90} + T_{SS}) \tag{5-30}$$

式中　A_o——原油极限耗氧量；

　　　V_A——空气波及体积；

　　　ϕ——孔隙度；

　　　S_{oil}——原油饱和度；

　　　OD_{90}——空气在与原油接触 90d 后的消耗量；

　　　T_{SS}——孔隙表面氧气吸附量。

图 5-20 为空气接触到单位体积原油条件下极限耗氧量与耗氧速度的关系。

根据港东二区五断块的现场条件，随着注入时间的增加，空气和原油接触的时间变长，则产出原油的酸值必然增大，如果不考虑孔隙吸附的影响，则 90d 后原油的极限耗氧量可表示为：

$$A_o = V_A \phi S_{oil}(0.04 + T_{SS}) \tag{5-31}$$

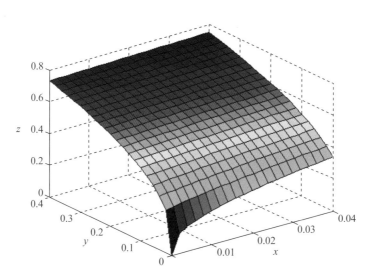

图 5-20　极限耗氧量与耗氧速度的关系图

第三节　稠油高温氧化动力学

大港油田枣 35 断块稠油原油黏度高，黏度随温度升高下降幅度大，因此，实施火驱是开发枣 35 断块稠油的一种有效方式。本节通过进行不同渗透率条件下的稠油燃烧实验，确定了孔隙介质对稠油燃烧行为的影响，同时，对原油中不同组分在燃烧过程中的反应行为进行了研究，确定了稠油燃烧的敏感组分。

一、多孔介质中稠油燃烧行为

利用不同粒径的砂子近似模拟不同渗透率的地层。通过粗略计算可知，粒径为 14 ～ 16 目的砂子，其粒径约为 1.5mm，可以近似模拟大港南部枣 35 区块的裂缝性灰凝岩地层，而用 60 目的河砂可模拟常规孔隙型油藏。不同实验条件汇总见表 5-14。

表 5-14　不同粒径河砂—稠油体系反应条件汇总表

项目 粒径	砂子质量 (g)	粒径分布 (mm)	原油质量 (g)
14 ～ 16 目	18	1 ～ 1.7	0.25
60 目	18	0.1 ～ 0.2	0.25

1. 粗砂与稠油的高温燃烧实验研究

1）实验方法

采用 14 ～ 16 目河砂（高温处理）和枣 35 稠油，在压力为 100psi、温度为室温至 500℃ 的条件下进行实验。

具体实验步骤如下：

(1) 清洁燃烧池内壁及气体过滤器，用普通河砂填满气体过滤器，连接好管线。

(2) 先在燃烧池滤杯底部垫上 25g 经高温处理好的河砂，称取 20g 的 14 ～ 16 目河砂及 0.22g 大港稠油，充分搅拌均匀后加入到燃烧池中。

(3) 用铜环密封燃烧池和法兰的连接处，旋紧螺丝；同时将热电偶插入燃烧池中。

(4) 连接过滤器，将燃烧池和过滤器放入水槽中检查密封性，合格后放入燃烧炉中，连接好管线。

(5) 先对气体分析仪进行标定，完成低标和高标可以使用短管路；一般情况下，低标的时间较短，5 ～ 10min 即可；高标的时间相对较长，一般为 15 ～ 25min。

(6) 设定燃烧炉的加热温度和时间，一般情况下，最高加热温度为 500℃，加热速率为 3.2K/min、2.4K/min 和 1.92K/min。研究燃烧行为时，一般通过改变加热时间，检测不同升温速率下氧气或二氧化碳浓度的变化，从而计算反应的活化能。

(7) 设定注入气体流量，本次研究中设定固定流量为 1.0L/min。

(8) 打开高压空气瓶及多向阀，启动燃烧炉开始升温，同时打开由计算机控制的数据采集及传输系统，记录不同时刻燃烧池中温度及流出气体的组分变化。

(9) 待燃烧炉升到额定温度，且实验完毕后，打开燃烧炉上面的保温盖，开始降温，同时关掉燃烧炉的控制开关，关掉气体，清洗相关设备，结束实验。

2）实验结果与分析

图 5-21 为大港稠油在粗砂中的反应行为，温度曲线为一组平滑的曲线，而每一条浓度曲线一般有两个驼峰。与稠油在体相中相比，其温度及浓度曲线的差异均非常明显，由此可见，不同环境对原油燃烧行为的影响也较大。在体相中反应时，浓度曲线的两个峰值大小基本相同，加热速度快时，其浓度曲线的第一个峰值和第二个峰值差异较大，且第二个

峰值高于第一个峰值。

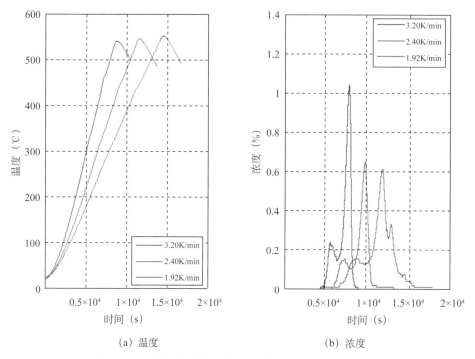

(a) 温度　　　　　　　　　　　　　　(b) 浓度

图5-21　不同加热速率条件下大港稠油在粗砂中的燃烧行为

图 5-22 为活化能计算结果，在低温区，活化能随着反应的进行而增大，达到一个局部最大值后逐渐降至 $120 \sim 180kJ/mol$，并达到一个稳定的水平（$C=0.20 \sim 0.55$）。

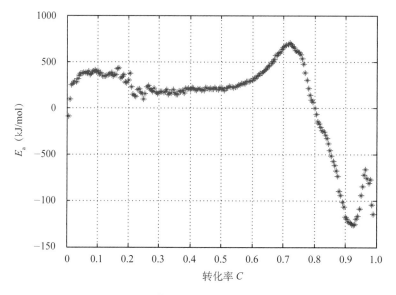

图5-22　大港稠油在粗砂中的活化能指纹图

2. 细砂与稠油的高温燃烧实验

实验材料为 60 目高温处理的河砂，实验方法参照前文所述。

图 5-23 为大港稠油与 60 目砂子混合后反应的温度及浓度随时间的变化。相比于原油与粗砂混合后的燃烧实验，原油与细砂混合后的燃烧实验低温氧化反应更剧烈，产生了更多的二氧化碳。由计算的活化能指纹图（图 5-24）可见，低温区反应的活化能为 60 ~ 70kJ/mol，高温区反应的活化能较低，为 50 ~ 55kJ/mol。

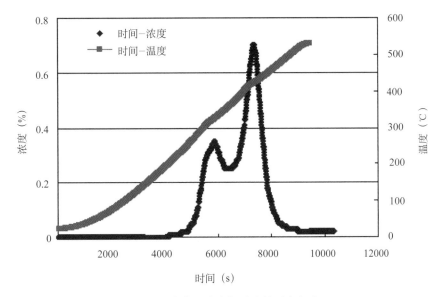

图 5-23　大港稠油在细砂中的反应行为

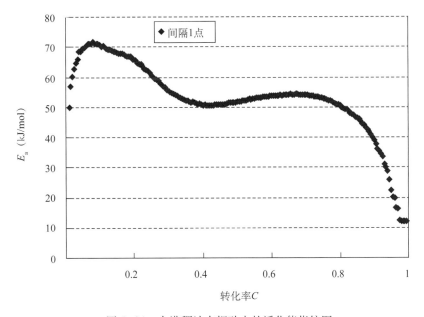

图 5-24　大港稠油在细砂中的活化能指纹图

与稠油在粗砂中的反应结果相比,稠油在细砂中的反应在低温区及高温区反应活化能明显更低,即稠油在孔隙介质中的反应速率远高于裂缝中的反应速率,此结论与国外其他研究人员的研究结果一致。这是由于对于稠油来说,随着混拌的砂粒径的降低,比表面积增大,即空气与稠油的接触面积增大,反应速率增大,从而导致活化能降低。从活化能降低的幅度来看,当砂子粒径由 1.5mm 降低到 0.2 ~ 0.3mm 时,比表面积增大 30 ~ 50 倍,因此,当其他条件相同时,反应速率增大 30 ~ 50 倍。由 Arrhenius 公式可知:

$$k(T)=Ae^{-E/RT} \tag{5-32}$$

方程两边取对数,可得:

$$\ln[(k(T)]=\ln A - E/RT \tag{5-33}$$

当其他反应条件相同时,A 仅与接触效率有关,因此,对于粗砂方程如下:

$$\ln[(k_1(T)]=\ln A_1 - E_1/RT \tag{5-34}$$

对于细砂方程如下:

$$\ln[(k_2(T)]=\ln A_2 - E_2/RT \tag{5-35}$$

两式相减,可得:

$$\ln\left[\frac{k_1(T)}{k_2(T)}\right]=\ln\left(\frac{A_1}{A_2}\right)-\left[(E_1-E_2)/RT\right] \tag{5-36}$$

二、稠油高温燃烧敏感组分确定

为了研究原油燃烧过程中各组分的变化,必须了解原油各组分在燃烧池中的反应行为。为了真正地了解稠油中各种组分与氧气反应的信息,实验中需要做到如下几点:

(1) 固定各拟组分反应的用量,各组分用量固定为 0.22g,只有沸点在 330 ~ 360℃范围内组分用量增加到 0.62g。

(2) 采用相同的升温速率。

(3) 采用相同空气注入速度及背压条件。

实验过程与原油和空气的反应实验步骤基本相同。

1. 轻组分的燃烧行为

对于室温至 160℃的拟组分,由图 5-25 可知,在不同的升温速率条件下,氧气消耗量很低,仅为 0 ~ 0.03%,无法进行活化能计算。当拟组分沸点在 300 ~ 360℃范围内时,与氧气反应后生成的二氧化碳浓度达到 2.2% 时,才可能较准确地计算反应的活化能。

图 5-26 为各种拟组分在同一升温速率 (3.2K/min) 下的耗氧量,由图可知,沸点在 300 ~ 360℃时的拟组分在该升温速率下的最大耗氧量已经达到 0.22%,可以对其进行活化能计算。且随着组分重度的增加,最大耗氧量变大。因此,活化能计算从 300 ~ 360℃组分开始。

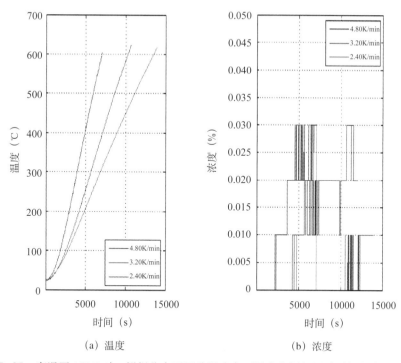

（a）温度　　　　　　　　　　（b）浓度

图 5-25　室温至 160℃时，拟组分在不同升温速率下温度和耗氧量随时间的变化关系曲线

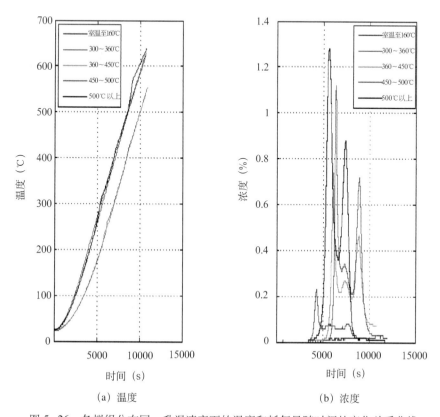

（a）温度　　　　　　　　　　（b）浓度

图 5-26　各拟组分在同一升温速率下的温度和耗氧量随时间的变化关系曲线

2. 各组分燃烧行为及活化能测定

1）温度为 300 ～ 360℃时的拟组分

图 5-27 为温度为 300 ～ 360℃时的拟组分在三种不同升温速率下燃烧池中温度及二氧化碳＋一氧化碳生成量随时间的变化。由图可见，每条温度曲线上都有两个"驼峰"，第一个"驼峰"比较大，第二个比较小，这两个"驼峰"表示拟组分或原油与氧气发生的两个特征反应——低温氧化反应及高温燃烧反应。同时，在相应时刻，浓度曲线出现了相应的峰值。另外，升温速率越快，浓度峰越高。

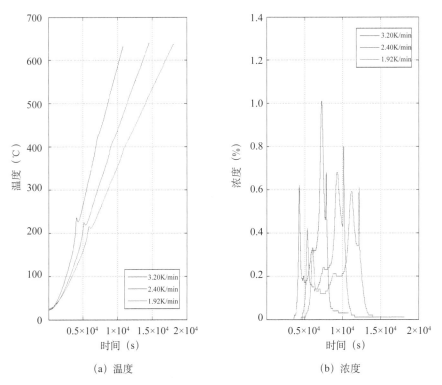

图 5-27　温度为 300 ～ 360℃时的拟组分反应体系温度及耗氧量随时间的变化关系曲线

图 5-28 为该拟组分计算的活化能随转化率的变化，在早期低温氧化反应阶段，反应的活化能较大，根据二氧化碳计算出的值为 500kJ/mol，反应速率较低；此时加氧反应活化能较低，平均值为 200kJ/mol。随后，活化能逐渐降低，在转化率为 0.13 左右达到最低（30kJ/mol）。随后，活化能又缓慢增加，在转化率达到 0.4 之前，活化能变化范围为 30 ～ 200kJ/mol。接着，活化能继续逐渐增大，这主要是由于随着拟组分被消耗，反应物浓度降低，导致反应速率降低，活化能增大。转化率达到 0.85 后，活化能为负值，这可能是由于反应物剩余较少，而氧气量不变，造成生成的二氧化碳、一氧化碳浓度急剧降低，即物质的浓度对反应起主要控制作用，造成拟组分燃烧行为偏离了原来的反应特征。

当以温度为横轴绘制反应指纹图（图 5-29）时，活化能值基本接近。加氧反应在 500 ～ 550K（263 ～ 313℃）和 600 ～ 650K（363 ～ 413℃）温度范围内有两个低谷区，表明加氧反应在这两个温度区间反应速率较快。

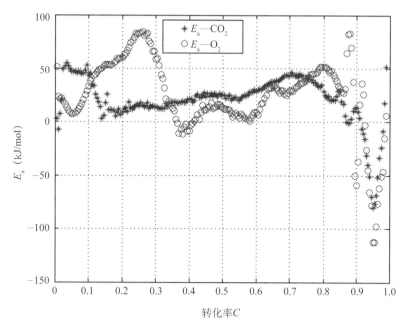

图 5-28　温度为 300 ～ 360℃时的拟组分活化能随反应进程变化的指纹图

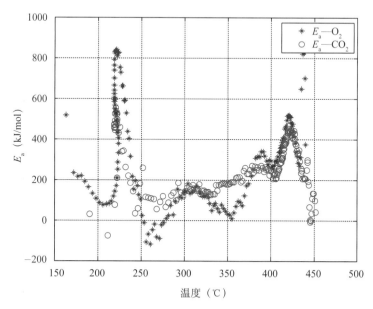

图 5-29　温度为 300 ～ 360℃时的拟组分活化能随反应进程变化的指纹图

2）温度为 360 ～ 450℃时的拟组分

图 5-30 为温度为 360 ～ 450℃时的拟组分温度及耗氧量随时间的变化。温度曲线上只能明显观察到一个"驼峰"，而浓度曲线上仍然分布着两个峰值，并且，随着升温速率的降低，其峰值越来越小。

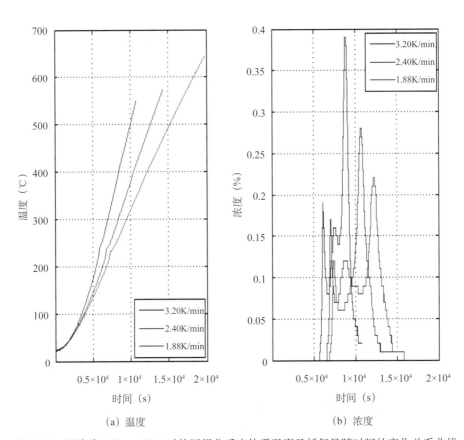

（a）温度 　　　　　　　　　　（b）浓度

图 5-30　温度为 360 ～ 450℃时的拟组分反应体系温度及耗氧量随时间的变化关系曲线

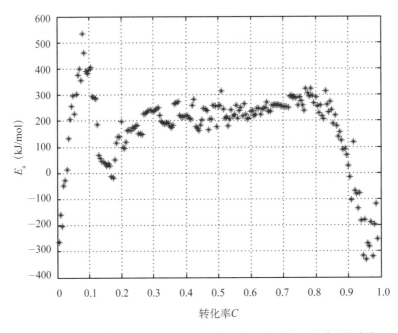

图 5-31　温度为 360 ～ 450℃时的拟组分活化能随反应进程的变化

图 5-31 为温度为 360 ~ 450℃时的拟组分的活化能指纹图，与前两个拟组分相同，在初始反应阶段（即低温氧化反应阶段），反应速率较慢，活化能较高，为 300 ~ 550kJ/mol；随着温度升高，参与反应的拟组分量增加，反应速率增大，活化能降低。由图 5-32 可见，在转化率约为 0.17 左右时，活化能达到最低值，为 -10kJ/mol。在转化率在 0.25 ~ 0.8 范围内时，活化能波动较小，为 200 ~ 300kJ/mol。

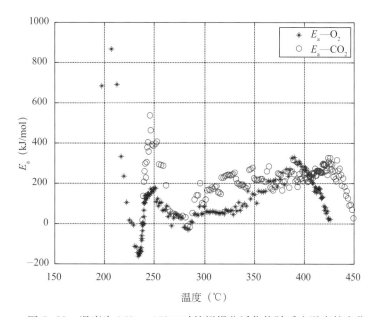

图 5-32 温度为 360 ~ 450℃时的拟组分活化能随反应温度的变化

图 5-32 为活化能随温度的变化，且分别根据二氧化碳和氧气的浓度变化计算出了活化能。由图可见，体系在反应过程中也分为低温加氧反应区和高温氧化反应区两个温度区。与温度为 360 ~ 450℃时的拟组分的活化能指纹图相比，其低温加氧反应区和高温氧化反应区的温度范围均相同，低温加氧反应区为 220 ~ 280℃，高温氧化反应区为 330 ~ 380℃；并且，温度为 300 ~ 360℃时的拟组分活化能的平均值和最低值均大于温度为 360 ~ 450℃时的拟组分对应的值。

3）温度为 450 ~ 500℃时的拟组分

图 5-33 为温度为 450 ~ 500℃时的拟组分温度及耗氧量随时间的变化。温度曲线上能明显观察到一个"驼峰"，而浓度曲线上分布着三个峰值，并且，随着升温速率的降低，其峰值越来越小。

图 5-34 为温度为 450 ~ 500℃时的拟组分的活化能指纹图，与前两种拟组分不同，该拟组分在与氧气反应过程中活化能一直较为稳定，为 300 ~ 400kJ/mol。反应到了后期阶段，即转化率不小于 0.7 时，活化能才明显增大，这是由于拟组分被大量消耗造成了反应速率降低，活化能增大。

图 5-35 为活化能随温度的变化，由图可见，相比于前文研究的两个拟组分，温度为 450 ~ 500℃时的拟组分两个温度区间活化能的最低值和平均值均更高。

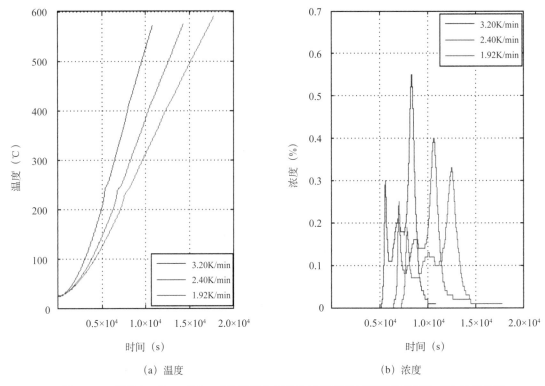

（a）温度 （b）浓度

图 5-33 温度为 450 ～ 500℃时的拟组分反应体系温度及耗氧量随时间的变化关系曲线

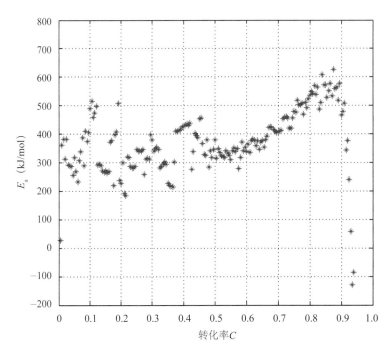

图 5-34 温度为 450 ～ 500℃时的拟组分活化能随反应进程的变化

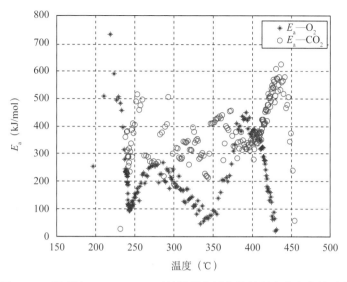

图 5-35   温度为 450 ～ 500℃时的拟组分活化能随温度的变化关系曲线

4）温度为 500℃以上时的拟组分

图 5-36 为温度为 500℃以上时的拟组分温度及耗氧量随时间的变化。温度曲线上也能观察到一个不太明显的"驼峰"，而浓度曲线上分布着两个峰值，并且，随着升温速率的降低，其峰值越来越小。

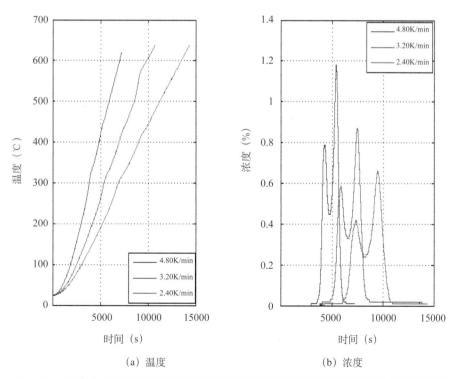

(a) 温度   (b) 浓度

图 5-36   温度为 500℃以上时的拟组分反应体系温度及耗氧量随时间变化的关系曲线

图 5-37 为温度为 500℃ 以上时的拟组分的活化能指纹图，与前三个拟组分相比，该拟组分与氧气反应的活化能最为稳定，转化率在 0.02 ~ 0.88 之间时，其活化能在 200 ~ 350kJ/mol 范围内。

另外，根据氧气和二氧化碳浓度变化计算得到活化能，其随温度变化的指纹图如图 5-38 所示，在低温加氧反应区（250 ~ 300℃）和高温氧化反应区（380 ~ 450℃）时，反应的活化能均比较低，表明在低温区的加氧反应和高温区的燃烧反应速率均比较大。

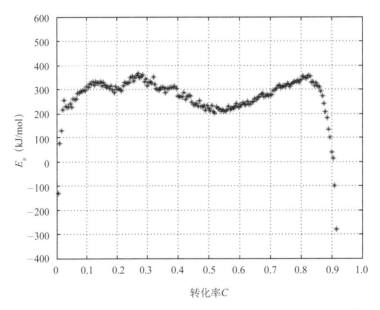

图 5-37 温度为 500℃ 以上时的拟组分活化能随反应进程的变化

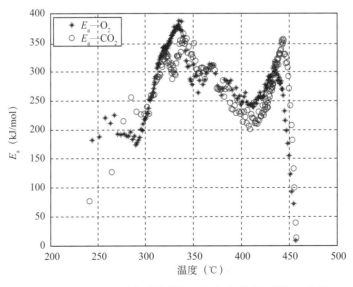

图 5-38 500℃ 以上时的拟组分活化能随反应温度的变化

3. 敏感组分的确定

通过研究四组不同拟组分的燃烧反应，得出了其反应活化能随反应进程的变化，将整个反应分成低温区的加氧反应和高温区的燃烧反应，不同阶段的活化能汇总至表 5-15 中。由表中数据可知，原油中反应最敏感的组分为温度为 360～450℃时的拟组分，其次为较轻的温度为 300～360℃时的拟组分。

表 5-15 不同拟组分的活化能分布特点

项目　　　拟组分	不同阶段反应活化能比较			
	低温区最低值（kJ/mol）	低温区平均值（kJ/mol）	高温区最低值（kJ/mol）	高温区平均值（kJ/mol）
室温至 160℃	—	—	—	—
160～300℃	—	—	—	—
300～360℃	-50	280～320	0	180～230
360～450℃	-180	20～40	-105	20～50
450～500℃	90	180～230	15	200～250
500℃以上	160	220～260	260	260～300

三、燃烧稳定性

1. 实验方法

首先，需要进行样品和设备的准备，具体操作过程如下：

（1）油砂样品的选取及称量：产出砂需要经过干燥处理后再进行称量。

（2）样品的混拌：将称量好的油、砂、水样品进行充分混拌后备用。

（3）样品的装填：把混拌好的样品装入到填砂管中。

（4）小心地装入热电偶及连接法兰，进一步检测密封性，连接线路。

（5）检查、检测热电偶是否正常工作，检查温度及流量控制是否正常。

（6）调好计算机记录程序，准备启动实验。

原油燃烧稳定性研究实验的具体实验步骤如下：

（1）用氮气冲洗燃烧管，完成氧气低浓度标定。

（2）用短流程完成氧气高浓度标定。

（3）继续用氮气冲洗，同时加热升温，用 96% 的功率加热，氮气的注入速度控制为 2000mL/min；当温度升至 70～85℃时，将加热功率调到 108%。

（4）当加热温度达到 410℃，燃烧管里油砂的温度达到 135.3℃时，转注空气，同时，注入速度调整为 3000mL/min。

为了研究燃烧过程中火焰传播的稳定性及影响因素，设计了两种不同渗透率实验，具体参数见表 5-16 和图 5-39。

表 5-16　填砂管及相关填充参数

长度 （m）	内径 （cm）	砂子质量 （g）	饱和油质量 （g）	总气体注入量 （m³）	总产油量 （g）	总产水量 （g）	总提高 采收率 （%）	高温区域提高 采收率（%）
1.15	7.5	7365	1312.6	1.875	401	245	30.6	50.9

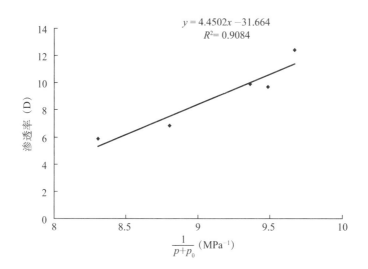

图 5-39　不同压力条件下的填砂管渗透率

2. 实验结果与分析

1）热量变化

根据燃烧管的体积（5080.556cm³）及填充的油砂质量（8.6776kg），结合前文对砂粒径分布特征的研究，估算得到渗透率为 4.5 ~ 5.5D。由温度曲线（图 5-40）可知：（1）火焰传播到第 11 个热电偶处（CH11）停止燃烧（用氮气灭火）；（2）各条温度曲线的最高值有一定的波动，注入端附近至 30cm 处，燃烧温度较高，为 650 ~ 700℃，在 30cm 以后，火线前缘的温度下降，基本维持在 600 ~ 650℃之间；（3）由于填充的不均匀性，温度曲线的间隔是不相等的。

2）产物浓度变化

分析产出物浓度变化（图 5-41）可知：（1）燃烧产生了大量的二氧化碳，其浓度最高达到 15.7%，实验结果说明在这种填充方式下，大量的原油被燃烧，根据燃烧后二氧化碳气体浓度可以估算出，有 15% ~ 18% 的原油被燃烧掉；（2）燃烧过程中氧气和二氧化碳的浓度始终在波动，反应过程中甲烷气体持续产生，且浓度逐渐增大，最后趋于稳定（2% 左右），表明原油反应过程中发生了一定程度的裂解。

由于在燃烧前的升温过程中先注入氮气，因此，注入端附近由于电阻加热，发生了裂解和脱氢反应，生成了焦炭，此部分焦炭在转注氧气后仍不能发生反应。

3）饱和度变化

火线扫过区域，含油饱和度几乎为 0，而前期前缘区域由于轻组分的加入，使得含油饱和度略有增加。

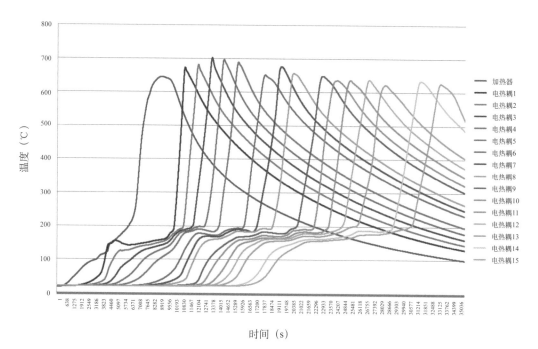

图 5-40　燃烧过程中各测温点温度的变化

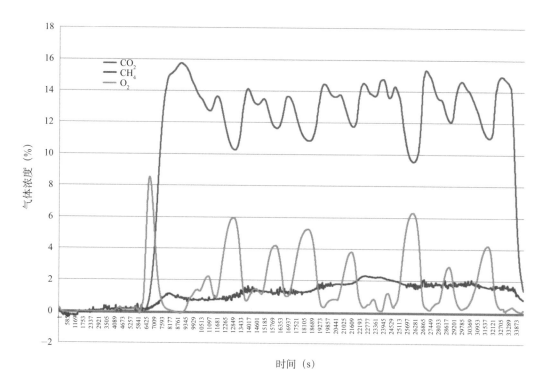

图 5-41　燃烧过程中产出气体浓度的变化

4）燃烧稳定性及驱油效果评价

将反应完成后的燃烧管拆开，并将油砂按顺序倒出观察可见，火焰前缘移动的位置在约65cm处。在0～65cm之间，绝大部分原油被驱替出来，同时也燃烧掉了一部分原油。

图5-42为燃烧前后原油黏度的变化，由图可见，燃烧后原油黏度明显下降，即原油发生很大程度的改质，其黏度由12892mPa·s大幅降至2344mPa·s，API值从12.6°API增加到13.9°API，显示出了明显的改质效果。

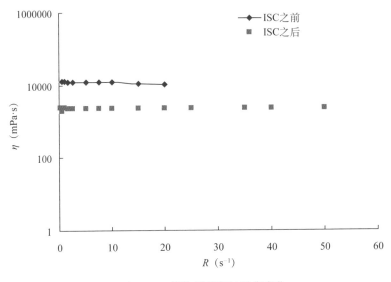

图5-42　燃烧前后稠油黏度变化

第六章　原油氧化相态特征

空气泡沫驱技术是一项极具发展前景的三次采油技术，它综合了空气驱与泡沫驱的优点，且成本低廉，不受气源和输运限制。与化学驱不同，该项技术的应用不受储层高温、高矿化度及水中活性杂质等因素的影响，既能满足低渗透油藏注气的需要，又能满足水驱后油藏进一步提高采收率的需要。空气驱具有特殊的驱油机理，因其氧化后形成烟道气，产生热效应和重质油裂解，导致驱替过程中的相态和驱油机理与注氮气不同。本章针对大港油田港东二区五断块地层原油，开展了原油与空气和减氧空气的 $p—X$ 相图研究，并对空气（减氧空气）与原油多次接触过程中气液相组成、性质的变化进行分析，绘制了拟三元相图，其目的在于为大港油田港东二区五断块注空气 / 空气泡沫驱的现场应用提供进一步的理论支持。

第一节　$p—C$ 二元相态特性

进行空气（减氧空气）驱过程中，空气溶解于原油后会改变原油的性质，本节通过对溶解了不同量空气和减氧空气的原油的泡点压力进行测量，绘制了原油泡点压力—空气（减氧空气）组成相图。

一、原油高压物性

首先通过气相色谱仪对实验用空气及大港油田港东二区五断块脱气原油组分进行分析；然后按照目前油藏条件（地层温度 65℃、地层压力 16.5MPa、泡点压力 14.5MPa、气油比 44m³/m³）配制地层原油；最后通过加拿大 DBR 公司生产的 JEFRI 无汞油气藏流体 PVT 分析系统、Ruska 气量计和分离器确定不同压力条件下原油性质的变化，以及不同空气（减氧空气）含量条件下原油性质的变化，从而为后续相态研究提供依据。

1. 空气及原油组分分析

组分分析是各类相态研究的第一步，也是最重要的一步。获得准确的气相、液相组分，能够为配制地层原油、计算原油及气相组分变化提供数据基础。气相、液相组分的评价工作可以利用气相色谱仪、元素分析仪及红外光谱仪进行。

1）空气组分分析

在室内环境下，利用美国 HP-6890 气相色谱仪（图 6-1）对实验所用空气组分含量进行测定。气相色谱仪的工作原理为色谱分离效应，色谱分离能够实现的内因是固定相与空气中各组分发生吸附作用的差别，外因是流动相的不间断流动。实验所用空气组分含量测试结果见表 6-1。

由表 6-1 中的数据可以看出，实验所用空气中氮气含量占 78.903%，氧气占 20.046%，二氧化碳占 0.547%，并含少量 $C_2—C_6$ 组分，占 0.504%。

图 6-1　美国 HP—6890 气相色谱仪

表 6-1　空气组分含量

组分名称	O_2	CO_2	N_2	C_2	C_3	iC_4	nC_4	iC_5	nC_5	C_6
组分含量（mol%）	20.046	0.547	78.903	0.717	0.0470	0.0178	0.0223	0.0661	0.0334	0.0867

2）油相组分分析

在常温常压条件下，通过红外光谱仪和元素分析仪对港东二区五断块脱气原油四组分组成和元素组成进行分析，结果见表 6-2 和图 6-2。

表 6-2　港东二区五断块脱气原油组成分析数据

SARA 分析（%）			元素分析（%）			
饱和烃	芳香烃	脂类与沥青质	C	H	N	S
83.72	14.37	1.12	84.71	14.33	0.02	0.21

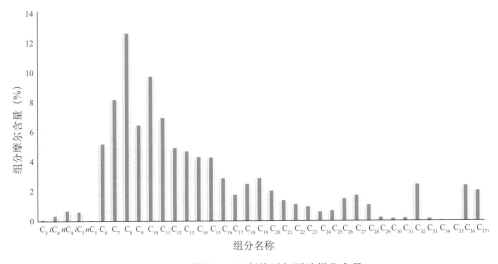

图 6-2　港东二区五断块脱气原油组分含量

　　由表 6-2 和图 6-2 可知，港东二区五断块地层原油属于轻烃油，原油脱气之后在常温、常压条件下的黏度为 14.5mPa·s，原油中饱和烃和芳香烃分别占 83.72% 和 14.37%。由气相色谱分析可知，原油中以 C_6—C_{15} 组分为主。值得注意的是，虽然原油为轻烃油，但是 C_{32}、C_{36} 及 C_{37} 以上的组分含量也比较高，分别占 2.5%、2.4% 和 2.1%。一定含量的重烃组分能够在注空气原油低温氧化反应过程中产生足量的燃料沉积，弥补轻质原油在该阶段由于裂解和蒸馏作用造成的燃料不足。

　　3）压力与含气原油黏度关系

　　利用 Ruska 落球黏度仪对港东二区五断块含气原油黏度进行测定，实验步骤如下：

　　(1) 清洗黏度计，选择合适尺寸的钢球放入测试腔内。

　　(2) 将黏度计升温至地层温度并恒定 4h 以上，将黏度计抽空至 200Pa 后继续抽 30min。

　　(3) 将原油样品转入黏度计中，调整到实验测定压力。

　　(4) 反复翻转黏度计，搅拌油样使其达到单相平衡，关闭脱气室阀。

　　(5) 选定测量角度，按测试规程测定落球时间，落球时间介于 10～80s 间为宜。

　　(6) 每个压力级至少测两个角度，每个角度平行测定 5 次，要求相对误差小于 1%。

　　(7) 将脱气室朝上，打开脱气室阀，缓慢降压脱气到下一级压力，关闭脱气室阀，反复翻转黏度计，搅拌油样使其达到平衡，重复实验步骤 (5) 至 (7)。

　　在常温、常压条件下测得脱气原油黏度为 14.5mPa·s。在油藏温度 65℃ 的条件下，通过 Ruska 落球黏度仪测得不同压力条件下含气原油黏度数据如图 6-3 所示。

　　由图 6-3 中数据可知，当测试压力低于泡点压力（14.5MPa）时，原油黏度随压力降低呈线性增加。这是由于压力降低，原油中的溶解气不断分离而逃逸出去，导致原油黏度逐渐增大。

　　4）压力与含气原油密度关系

　　利用 DBR 公司生产的 JEFRI – PVT 分析系统测得不同压力条件下港东二区五断块含气原油密度的数据如图 6-4 所示。

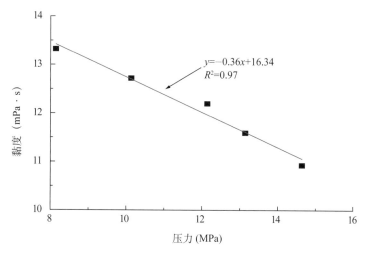

图 6-3　含气原油黏度与压力的关系

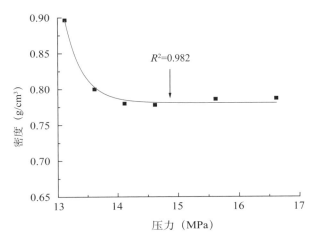

图 6-4　含气原油密度与压力关系

由图 6-4 可知，当测试压力低于含气原油泡点压力（14.5MPa）时，原油密度随压力增加明显减小；而当测试压力高于泡点压力时，原油密度随压力增加略有增加。这是因为测试压力在泡点压力以下时，随压力增加，含气原油溶解气的能力不断提高，即有更多的气体进入油相，导致原油密度减小；而测试压力在泡点压力以上时，原油溶解气量已饱和，随着压力的增加，原油的压缩效应占主导作用，从而使得原油密度有所增加。

2. 高压条件下气体对原油性质的影响

首先通过配样器模拟地层含气原油，再向其中注入空气或减氧空气达到不同压力，然后通过 PVT 装置、Ruska 落球黏度仪测定原油在不同温度、不同压力下的黏度、气体溶解性以及膨胀性变化情况。

1）实验仪器及材料

（1）实验所用气体包括空气（组分见表 6-1）、减氧空气（95%N_2+5%O_2）和天然气（模拟含气原油时使用，组分见表 6-3）。

表 6-3　天然气组分分析结果

组分 摩尔含量（%）	N_2	C_1	C_2	CO_2	C_3	iC_4	nC_4	iC_5	nC_5	C_6
大港天然气	0.295	95.22	3.812	0	0.451	0.121	0.054	0.032	0	0.015
配样所用天然气	2.154	96.281	1.28	0	0.571	0.22	0.035	0.03	0	0

（2）加拿大 DBR 公司 JEFRI – PVT 分析系统，PVT 室体积：150mL，PVT 室结构：整体可视；测试温度范围：30 ～ 200℃，温度测试精度：0.1℃；测试压力范围：0.1 ～ 70MPa，压力测试精度：0.007MPa。

（3）气相色谱仪为美国 HP—6890 和日本岛津 GC—14A 色谱仪，控温范围：0 ～ 399.0℃，最低能检度：3×10^{-2}g/s，最高灵敏度：1×10^{-12}A/mV。

（4）黏度仪为 Ruska 落球黏度仪，工作压力：0 ～ 70MPa，工作温度：0 ～ 150.0℃，落球角度：23°、45°、70°。

（5）Ruska 全自动泵，工作压力 0 ～ 70MPa，工作温度 0 ～ 40.0℃，分辨率 0.001mL。

（6）配样容器，中间容器。

2）实验步骤

（1）按图 6-5 所示连接实验流程，取 500mL 地面原油，再按原始生产气油比计算所需天然气气量，然后在配样容器中按原始地层压力（17.2MPa）和原始生产气油比（47m³/m³）进行样品配制。采用气体增压泵将处于分离器温度下的天然气转入活塞式高压容器中，并增压到配样压力；油、气样品转入配样器后升温、升压至地层温度和配样压力，进行搅拌，形成原始地层中未脱气的原油样品。

（2）将配样器中的含气原油在地层条件下恒温、恒压 6h 后充分搅拌，然后保持相同的压力和温度进行原油的单次脱气实验，平行测试 3 次。主要测定脱气后油相和气相组成、闪蒸气油比和含气原油密度，并计算复配后的原始地层含气组成。配制的地层原油应与按气油比计算的地层中各组分的组成一致，其中甲烷含量相差不大于 3% 为合格，合格后进行实验。

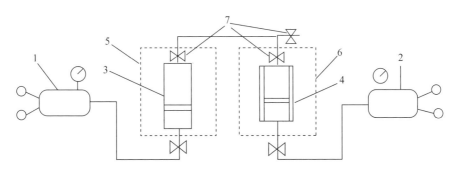

1,2—高压计量泵；3—分离器油（或气）贮样瓶；4—配样容器；5,6—恒温浴；7—阀门

图 6-5 配样流程图

（3）将 30mL 配制好的含气原油转入 DBR-PVT 筒中，按 PVT 分析实验测试行业标准即 SY/T5534—2002，进行复配后含气原油的 PVT 实验分析。

（4）按图 6-6 所示连接实验流程，在地层温度条件下，分别向含气原油中注入不同含量的空气和减氧空气，并充分搅拌使其成为单相。待压力稳定后，记录压力值和样品体积，并采用 Ruska 落球黏度仪分别测试含空气原油和含减氧空气原油的黏度。

（5）用计量泵在恒压条件下将一定体积的含空气（减氧空气）原油放出，计量脱出气体积，称量原油质量，记录样品体积、大气压力和室内温度。平行测试三次，要求气油比相对误差小于 2%。

3）实验结果与分析

（1）空气对原油性质的影响。

空气中含氮气约 79%、氧气约 21%，空气与原油在一定压力下混合后，一部分氧气和氮气将溶解到原油中，引起原油黏度、溶解气油比及体积发生变化。

①不同压力条件下原油的黏度。

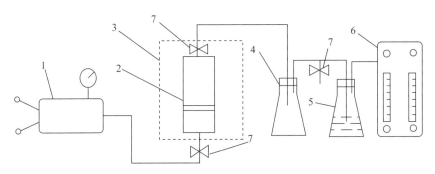

1—高压计量泵；2—PVT容器；3—恒温浴；4—分离瓶；5—气体指示瓶；6—气量计；7—阀门

图 6-6 PVT 实验流程图

由图 6-7 可知，随压力增加，溶于原油中的空气体积增加，导致了原油黏度呈线性下降趋势，但下降幅度较小，当压力为 15MPa 时，原油黏度为 10.1mPa·s；当压力为 24MPa 时，黏度为 9.67mPa·s，压力增加 9MPa，黏度只降低 0.43mPa·s。

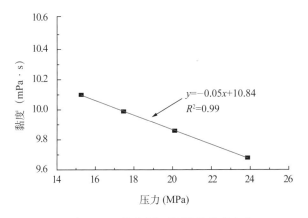

$y=-0.05x+10.84$
$R^2=0.99$

图 6-7 不同压力下原油的黏度变化

②不同压力条件下原油的溶解气油比。

地层温度（65℃）条件下，通过测定不同压力时原油溶解气量来衡量原油对氮气和氧气（空气）的溶解能力，实验结果见表 6-4 和图 6-8。

表 6-4 溶解气油比与压力的关系数据

压力（MPa）	14.2	16.2	19.2	22.2	24.7
气油比（m³/m³）	1.65	4.95	8.25	11.55	14.85

图 6-8 中数据表明，在地层温度条件下，随着压力的升高，原油溶解空气的能力不断加强，溶解的空气体积不断增大，原油对空气的溶解气油比与压力基本呈线性关系变化。

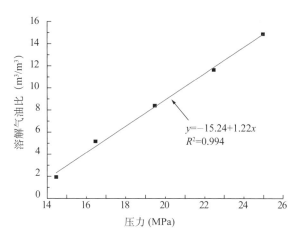

图 6-8　不同压力条件下溶解气油比变化

③不同压力条件下原油的膨胀性。

地层温度（65℃）条件下，向原油中注入一定量的空气至不同的预定压力，并在各预定压力下测定原油的体积，进而计算空气溶解引起的原油膨胀率，实验结果见表 6-5 和图 6-9。

表 6-5　膨胀率与压力的关系数据

压力（MPa）	14.2	16.2	19.2	22.2	24.5
膨胀率（%）	3.67	3.91	4.83	7.21	10.53

由图 6-9 可知，在地层温度条件下，注入空气后，原油的膨胀率不断增大，且随压力增大呈二次函数变化。这是因为压力越高，原油溶解气体的能力越大，溶解的气量越多，从而引起原油体积增大。因此，向地层中注入空气可使原油体积膨胀，有利于原油的采出。

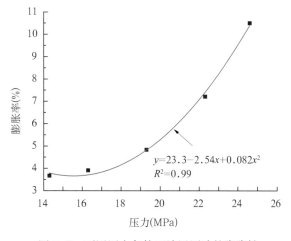

图 6-9　不同压力条件下地层原油的膨胀性

（2）减氧空气（95%N_2+5%O_2）对原油性质的影响

①不同压力条件下原油的黏度。

由图 6-10 可知，与注空气时相同，由于气体在原油中的溶解，原油黏度随压力增大呈线性下降趋势。当压力为 14MPa 时，原油黏度为 10.83mPa·s；压力为 24.8MPa 时，原油黏度为 10.12mPa·s。但是，由于减氧空气中氮气含量高达 95%，而氮气较难溶于原油，溶解气对原油的降黏效果较差，因此，相同压力条件下，注减氧空气时原油黏度高于注空气时的原油黏度（图 6-11）。

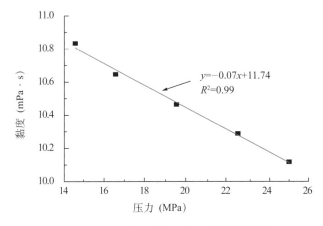

图 6-10　不同压力下地层原油黏度变化

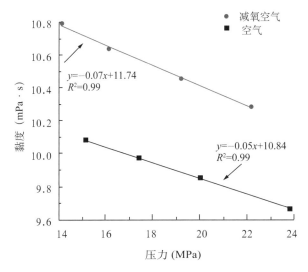

图 6-11　注不同气体时地层原油黏度随压力变化

②不同压力条件下原油的溶解气油比。

通过测定不同压力条件下原油溶解减氧空气量来衡量原油对减氧空气的溶解性，通过实验得到以下数据，实验结果见表 6-6 和图 6-12。

表 6-6　压力与气油比的关系数据

压力（MPa）	15.1	16.2	19.2	22.2	24.7
气油比（m³/m³）	1.65	3.1	7.2	10.2	12

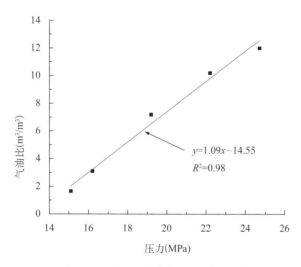

图 6-12　不同压力条件下原油的溶解性

由图 6-12 可知，在地层温度条件下，压力升高，原油溶解气体的能力增强，因此，原油的溶解气油比随压力增加呈线性增长趋势。与空气相比，减氧空气中较难溶于原油的氮气含量高达 95%，注减氧空气过程中的溶解气油比低于注空气过程（图 6-13）。

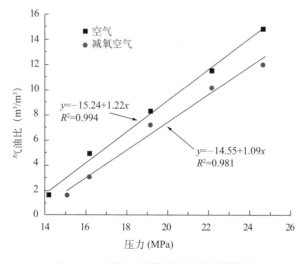

图 6-13　注不同气体时原油的溶解气油比

③不同压力条件下原油的膨胀性。

地层温度（65℃）条件下，向原油中注入一定量的减氧空气至不同的预定压力，并在各预定压力下测定原油的体积，进而得到原油膨胀率的变化情况，实验结果见表 6-7 和图 6-14。

表 6-7　压力与膨胀率的关系数据

压力（MPa）	15.1	16.2	19.2	22.2	24.7
膨胀率（%）	2.1	2.57	3.5	5.67	7.83

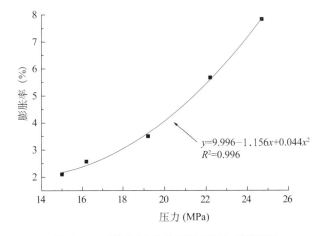

图 6-14　不同压力条件下地层原油的膨胀性

由图 6-14 可知，同一温度条件下，随着压力的升高，原油的膨胀率不断增大，并呈现出二次函数递增趋势。这是因为压力越高，原油溶解减氧空气的能力越强，溶解的气体量越大，从而引起原油自身体积增大。但与注空气相比（图 6-15），由于减氧空气中较难溶于原油的氮气含量更高；因此，同一压力条件下，注减氧空气引起的原油膨胀率较小。由此可见，与减氧空气相比较，氧气含量更高的空气对原油高压物性的改善效果更强。

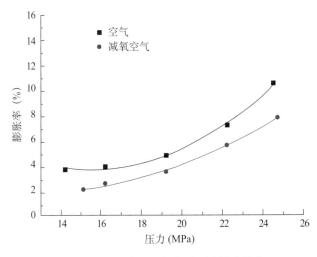

图 6-15　注不同气体时原油的膨胀率

二、压力—空气（减氧空气）组成 p—C 相图

大港油田港东二区五断块目前油藏条件为：地层温度 65.7℃、原始地层压力 17.2MPa、地层压力 16.5MPa、泡点压力 14.5MPa、气油比 47m³/m³。

1. 实验概述

1）配样用分离器气、地面脱气油样色谱组成分析

（1）分离器气组成分析。

（2）地面脱气油组成分析。

（3）数据整理、目前采出井流物（地层含气原油）组成及配样计算。

（4）配样条件：地层温度 65.7℃，原始地层压力 17.2MPa，目前生产气油比 47m³/m³。

2）地层原油样品配制

该油田目前处于中期生产阶段。可利用所取得的采出井流物地面油样和分离器气样，按原始生产气油比进行原始含气原油样品配制，复配后得到原始地层含气原油样品，以便用于 PVT 相态分析。具体实验步骤如下：

（1）分别取地面油样和分离器气样进行色谱组成分析，测定 x_i 和 y_i。

（2）采用实验室地层原油流体样品配制方法，取 500mL 地面原油，再按原始生产气油比计算所需的分离器气量，进行样品配制计算，然后按原始地层压力（17.2MPa）和原始生产气油比（47m³/m³）在配样器中进行样品配制，将油、气样品转入配样器后升温至地层温度和配样压力，进行搅拌，形成原始地层原油样品。

（3）将配样器中的含气原油稳定在地层温度和压力下继续恒温搅拌 6h 后，进行含气原油单次闪蒸测试，测定分离后油、气组成，闪蒸气油比及稳定油密度，并计算复配后的含气原油组成。

3）实验步骤

将一定体积配制好的地层原油（参考值为 100mL）转入 DBR-PVT 筒中，按以下步骤进行测试：

（1）按空气（减氧空气）与原油摩尔含量分别为 1%、3%、5%、7%、9% 等计算每次需加入的气体体积。

（2）按计算好的气体加入量向 PVT 筒中加入空气（减氧空气），然后加压搅拌溶解，待气体完全溶解达到饱和后测定泡点压力。

2. 实验结果与分析

港东二区五断块平均地层压力为 24.5MPa，因此在该压力以下，对溶解了不同量空气和减氧空气的原油的泡点压力进行测量，并绘制泡点压力—空气（减氧空气）组成相图（图 6-16）。

由图 6-16 可知，无论注入空气还是减氧空气，随着气体含量的增加，溶解气体量增大，体系需要更高的压力溶解气体并保持平衡，从而导致原油的泡点压力均不断上升，且上升的速率较为稳定；即在注气过程中，随着油藏能量的补充，地层压力不断增大，注入的气体可以部分溶解于原油中，使原油体积膨胀，黏度降低，流动性能增强。同时，在相同压力条件下，空气溶于原油的能力较减氧空气更强（图 6-16）。例如，当压力达到 24.5MPa

左右时，原油中可溶解 9% 的空气，然而仅能溶解 7% 的减氧空气。空气与减氧空气的差别仅在于空气中较减氧空气中的氧含量高 16%；实验结果说明，相同压力条件下，氧气在原油中的溶解能力较氮气更强。

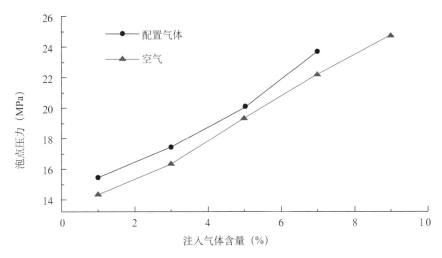

图 6-16　压力—空气（减氧空气）组成相图

第二节　拟三元组分相态特征

注入空气进入地层后与地层含气原油接触时，一方面，空气中的一部分组分在高温、高压条件下溶解于地层原油，使得原油体积膨胀，黏度降低，改变了原油性质；另一方面，地层原油中的中轻质组分会被萃取抽提进入空气中，使得注入气被富化，从而形成新的油气平衡体系。随着注入空气不断向前推进，被富化的气相不断接触地层中的新鲜原油，并继续萃取抽提油相中的组分，同时，气相中的部分组分也会溶解进入油相中。由此可见，空气驱过程中油气体系的组分是不断变化的，为了研究空气驱过程中的三元组分相态特征，设计实验对空气（减氧空气）和原油在油藏中多次接触的过程进行了模拟，获得了多次接触过程中油气相中各组分的变化，并绘制了空气（减氧空气）驱的拟三元相图。

拟三元组分相态特征实验研究的具体步骤如下：

（1）分别采用氧气含量为 5% 的减氧空气及纯空气作为注入气体。

（2）按计算好的空气加入量（油气体积比 3∶1）向已装有地层原油的 PVT 筒中注入空气或减氧空气，然后加压搅拌溶解，使气体完全溶解达到饱和后测定泡点压力和膨胀后的体积，在常温、常压条件下取出反应后的气样和油样，测定气样中氮气、氧气、一氧化碳和二氧化碳的含量及油样中 C_2—C_6 各组分的含量。

（3）保留 PVT 筒中的气体，排尽原油。

（4）向 PVT 筒中重新注入配置好的地层原油，注入空气或减氧空气后加压搅拌溶解，使气体完全溶解达到饱和后测定泡点压力和膨胀后的体积，取出反应后的气样和油样，测定气样中氮气、氧气、一氧化碳和二氧化碳的含量及油样中 C_2—C_6 各组分的含量。

一、空气—原油拟三元相图

1. 平衡气相的组分变化

由图 6-17 可见，在向前多次接触过程中，空气原始组分中含量最高的氮气和氧气的含量呈下降的趋势。在多次接触过程中，由于氧气不断氧化新注入的原油中的轻质组分，作为低温氧化反应主要消耗物的氧气含量不断降低；第七次接触后，氧气含量已经下降到 1.18%，远小于爆炸的氧气含量安全值，保障了注空气技术的安全性。而氮气作为注入过程中压力保持的主要载体，本身不会被消耗，但是由于部分氮气会溶解于原油中，并且原油中的轻质组分在油藏温度、压力条件下会被抽提到气相中，导致气相中氮气比例的降低。

由图 6-18 可见，在多次接触过程中，气相中的二氧化碳和一氧化碳的组分含量都发生了很大的变化。对于二氧化碳，空气中本身含有少量的二氧化碳，且在低温氧化反应过程中原油的氧化也会生成一定的二氧化碳，但是在实验过程中二氧化碳的含量却非常低，并且呈现出下降趋势。这是由于二氧化碳能够溶于原油，形成混相；另外，二氧化碳的生成发生在低温氧化反应后期，而多次接触是以新鲜油替换老油的过程，不能进行足够时间的低温氧化反应，因此，气相中的二氧化碳量很少。相反，由于氧化反应及生成反应相对容易发生，气相中一氧化碳的含量虽然较小，但依然呈现波动上升趋势。

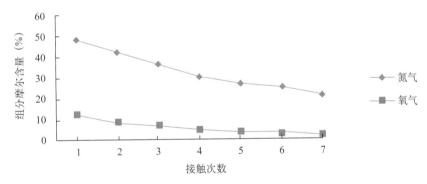

图 6-17 空气与原油多次接触过程中气相中氮气和氧气含量变化

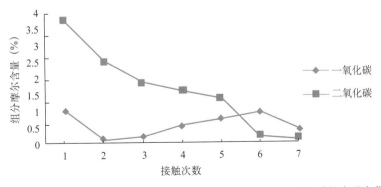

图 6-18 空气与原油多次接触过程中气相中二氧化碳和一氧化碳的含量变化

从图 6-19 中可以看到，烃类组分在气相中的变化也十分明显。在注入的空气中，烃类组分的含量可以忽略不计，但是在多次接触实验过程中，由于原油中的轻质组分不断蒸发到气相中，因此导致了气相组分中的烃类物质的增加。在气相中，碳数越少的组分含量越高；这是因为碳数越少的组分，相对分子质量就越小，在高温情况下越容易由油相中挥发至气相中。

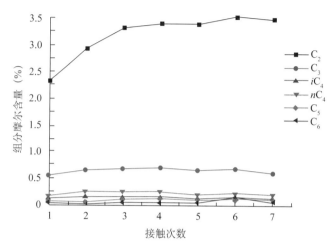

图 6-19　空气与原油多次接触过程中气相中烃类组分的含量变化

2. 原油的组分变化

高温、高压条件下气相中组分在原油中的溶解导致油相中含有相当一部分的气相中的组分，并且随着接触次数的增加，各组分在原油中的溶解量有一定的变化，但由于其含量较低，因此变化未呈现明显的规律性。由图 6-20 可见，气相中二氧化碳组分的含量偏少，这是由于大量的二氧化碳溶解于原油中，与原油形成了混相；同样可以发现，有部分氧气溶解到了原油中，但是由于低温氧化反应进行缓慢，因此在油相中也有氧气存在。虽然原油与氮气的混相压力较高，氮气又属于惰性气体，但是仍有少量的氮气溶解于原油中，因此，油相中也会有氮气的存在。

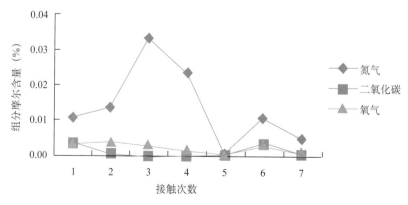

图 6-20　空气与原油多次接触过程中原油中氮气、二氧化碳和氧气的组分变化

由图 6-21 可知，在空气与原油多次接触的过程中，由于原油与空气发生低温氧化反应，导致原油中重质组分（C_{26+}）相对减少，相应的中质组分（C_{16}—C_{25}）含量增加，部分

轻质组分（C_2—C_6）被空气抽提到气相中，但由于气相对轻质组分的抽提能力有限，因此轻质组分含量的变化幅度不大。

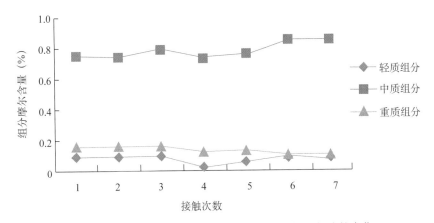

图 6-21 空气与原油多次接触过程中原油中烃类组分的变化

图 6-22 为空气与原油多次接触的拟三元相图，其中 G 为氮气、氧气、二氧化碳 / 一氧化碳、C_1。由图可见，气相中的氮气、二氧化碳和氧气进入了油相中，使原油膨胀，降低了原油黏度，但是由于气相中绝大部分组分为氮气，且原油本身属于轻质油，因此，原油的黏度降低程度有限。在原油的低温氧化反应过程中，由于原油的低温氧化反应原油的重烃组分发生裂解，但是因为反应本身需要一定的时间，所以在相图中很难体现重质组分减少的现象；同理，也较难观察到中质和轻质组分的增加。由于空气中氮气含量较高，接触过程中组分含量变化的趋势类似于氮气接触过程，氮气抽提萃取能力有限，因此气液相组分含量变化不大，组分含量变化与注气过程中向后接触过程类似。

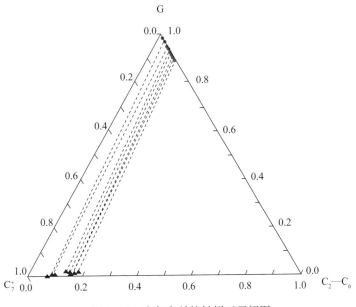

图 6-22 空气向前接触拟三元相图

二、减氧空气—原油拟三元相图

1.平衡气相的组分变化

通过测定每次接触后气相中的气体组分，研究多次接触过程中减氧空气组分的变化情况。实验发现，在多次接触过程中，气相组分的成分及含量都发生了很大的变化。

由图6-23可见，在减氧空气与原油向前多次接触过程中，作为气相中主要组分的氮气和氧气的含量呈下降趋势，这一变化规律与纯空气和原油的接触过程相同。在多次接触过程中，氧气作为低温氧化反应的主要消耗物，由于不断氧化新注入的原油中的轻质组分，其含量不断降低；到第七次接触时，其含量已经下降到0.32%。氮气作为注气过程中压力保持的主要载体，本身不会被消耗，但是由于部分氮气会溶解于原油中，并且原油中的轻质组分在油藏温度、压力条件下不断被抽提到气相中，导致气相中氮气比例的降低。

由图6-24中可见，烃类组分在气相中的变化也是比较明显的。在注入的减氧空气中烃类组分的含量几乎可以忽略不计，但是在多次接触实验中，由于原油中的轻质组分不断蒸馏到气相中，因此气相中轻质组分总量逐渐增多。

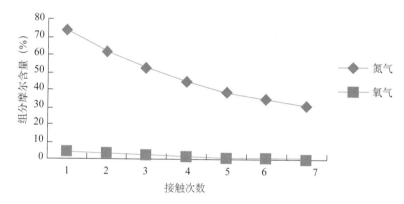

图6-23　减氧空气与原油多次接触过程中气相中氮气和氧气的含量变化

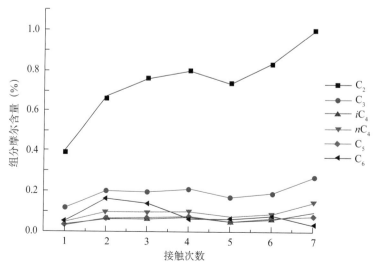

图6-24　减氧空气与原油多次接触过程中气相中烃类组分的含量变化

2. 原油的组分变化

高温、高压条件下气相中组分在原油中的溶解导致油相中含有相当一部分的气相中的组分，并且随着接触次数增加，各组分在原油中的溶解量有一定的变化。由图 6-25 可见，气相组分中二氧化碳的含量偏少，这是由于大量的二氧化碳溶解于原油中，与原油形成了混相；同样可以发现，有部分氧气溶解到了原油中，但由于低温氧化反应进行缓慢，因此在油相中也有氧气的存在。虽然原油与氮气的混相压力较高，氮气又属于惰性气体，但是仍会有少量的氮气溶解于原油中，因此在油相里也会有氮气的存在。

由图 6-26 可见，在减氧空气与原油多次接触的过程中，由于气相中仍然含有一定量的氧气，其能够与地层中的原油发生氧化反应，因此，气相的抽提作用与氧化裂解作用仍然会改变原油的组分。

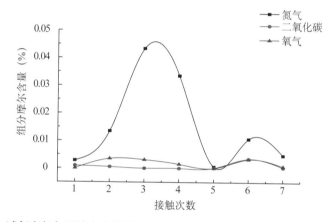

图 6-25　减氧空气与原油多次接触过程中原油中氮气、二氧化碳和氧气的组分变化

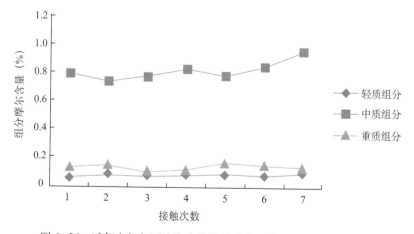

图 6-26　减氧空气与原油多次接触过程中原油中的烃类组分变化

图 6-27 为减氧空气向前接触拟三元相图，其中 G 为氮气、氧气、二氧化碳 / 一氧化碳、C_1，减氧空气—原油的相图与空气—原油多次接触的相图存在一定的差别。由于减氧空气中的氧气含量较低，且大量的烃类组分在多次接触过程中被抽提到气相中，因此分离气的烃类组分的含量增加。由于低温氧化反应，原油中的 C_{7+} 的含量减少，C_2—C_6 的含量增

加。对比图 6-22 和图 6-27，减氧空气的三元相图系线倾角更大，表明减氧空气的三元相图中平衡气相中含有的 C_2—C_6 组分量较少，即减氧空气抽提 C_2—C_6 组分的能力较空气更弱。

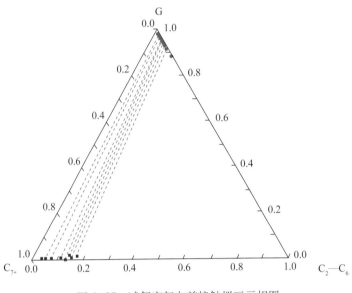

图 6-27　减氧空气向前接触拟三元相图

三、原油性质变化

1. 空气的多级前接触实验

由于在多次接触实验中，使用新鲜原油替换已被抽提过的老油，因此可以很清楚地观察到原油性质随着气相组分的变化而变化的过程（表 6-8）。

表 6-8　空气与原油多次接触实验过程中原油性质变化

接触次数	体积系数	气油比（m³/m³）	地层油密度（g/cm³）	脱气油密度（g/cm³）
0	1.14	47	0.8502	0.9015
1	1.01	20.66	0.8121	0.91074
2	1.03	30.17	0.8219	0.90759
3	1.05	34.05	0.8225	0.86042
4	1.08	38.1	0.8309	0.86006
5	1.08	40.48	0.833045	0.84358
6	1.07	46.62	0.8352	0.83697
7	1.11	49.14	0.8423	0.81826

由图 6-28 可见，随着接触次数的增加，一定量的气体会溶于原油中，原油的体积系数呈上升的趋势。在第七次接触时，已接近原始油的体积系数。

　　由图 6-29 可见，随着注入气组分的变化，原油的溶解气油比呈现上升的趋势。这是由于随着接触次数的增加，越来越多的烃类组分被抽提蒸发到气相中，因此气相中能溶于原油的组分的比例增加，随着接触次数的增加，气相中有更多的组分溶于原油之中，导致原油的溶解气油比不断上升。

　　图 6-30 表明，由于气相的抽提和溶解，多次接触实验过程中，地面活油和地面脱气油的密度都有一定变化。脱气原油随油相、气相接触次数的增加，原油密度降低（以溶解为主）；地层活油（未脱气油）随油相和气相接触次数增加，地层含气原油密度增加（以抽提为主）。

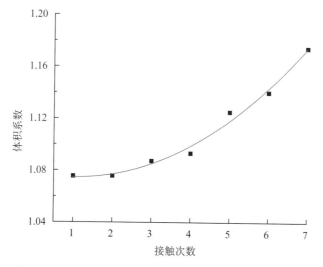

图 6-28　空气与原油多次接触实验过程中原油体积系数变化

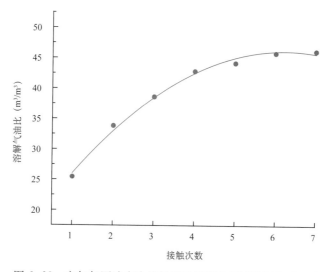

图 6-29　空气与原油多次接触实验过程中原油溶解气油比变化

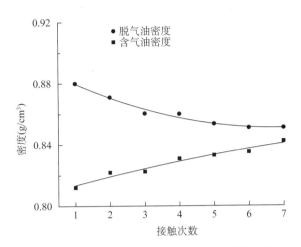

图 6-30　空气与原油多次接触实验过程中含气原油密度与脱气原油密度的变化

2. 减氧空气的多级接触实验

减氧空气与原油多次接触实验中原油的性质变化，见表 6-9。

表 6-9　减氧空气与原油多次接触实验过程中原油的性质变化

接触次数	体积系数	气油比（m³/m³）	地层油密度（g/cm³）	脱气油密度（g/cm³）
0	1.1356	47	0.8902	0.9615
1	1.0755	25.45	0.8976	0.9565
2	1.0758	33.84	0.8983	0.9425
3	1.0872	38.62	0.8999	0.9344
4	1.0932	42.82	0.901	0.9349
5	1.1251	44.18	0.9005	0.9296
6	1.1401	45.81	0.9019	0.9306
7	1.17424	46.15	0.9021	0.9297

由图 6-31 和图 6-32 可见，随着接触次数的增加，地层原油的体积系数和溶解气油比不断升高。初始接触过程中，注入气体对原油的抽提相对容易，所以气油比变化幅度较大；随着接触次数的增加，原油中的轻质组分越来越少，抽提效率变低，所以气油比变化较为平缓。

由图 6-33 可见，多次接触实验过程中含气原油的密度变化不大；而对于脱气原油，由于油气分离时气相会带走原油中部分轻质和中质组分，经过多次接触后，气相组分能够溶解到油相中，导致脱气油的密度随接触次数的增加而有所降低。对于含气原油来说，其密度的变化主要取决于气相组分的变化，随着接触次数的增加，烃类组分不断地被抽提到气相中，而后又溶入新鲜油中，因而含气油密度变化不大。

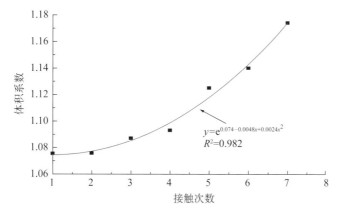

图6-31　减氧空气与原油多次接触实验过程中原油体积系数变化

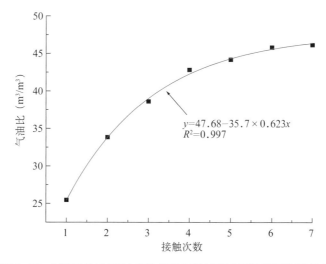

图6-32　减氧空气与原油多次接触实验过程中原油溶解气油比变化

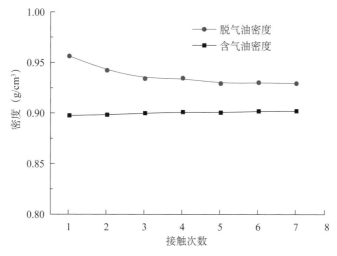

图6-33　减氧空气与原油多次接触实验过程中地层原油密度和脱气油密度变化

参考文献

[1] 郭万奎，廖广志，邵振波. 注气提高采收率计算 [M]. 北京：石油工业出版社，2003.

[2] 王增林. 强化泡沫驱提高原油采收率技术 [M]. 北京：中国科技出版社，2007.

[3] 于洪敏，任韶然，王杰祥，等. 胜利油田注空气提高采收率数模研究 [J]. 石油钻采工艺，2008，30（3）：105−109.

[4] 任韶然，于洪敏，左景栾，等. 中原油田空气泡沫调驱提高采收率技术 [J]. 石油学报，2009，30（3）：413−416.

[5] 徐国瑞. 胡12块空气泡沫驱提高采收率实验研究 [D]. 东营：中国石油大学（华东），2008.

[6] 王大钧编译. 氮气和烟道气在油气田开发中的应用 [M]. 北京：石油工业出版社，1991.

[7] 关密生. 准噶尔盆地石西油田注空气二次采油方式探讨 [J]. 新疆石油地质，1997，18（2）：165−169.

[8] 白凤瀚，申友清，孟庆春，等. 雁翎油田注氮气提高采收率现场试验 [J]. 石油学报，1998，19（4）：61−68.

[9] 翁高富. 百色油田上法灰岩油藏空气泡沫驱油先导性实验 [J]. 油气采收率技术，1998，5（1）：6−10.

[10] 齐笑生，汪斌. 中原油田高含水轻质油藏注空气提高采收率技术探讨 [J]. 断块油气田，2005，12（2）：83−84.

[11] 马涛，王海波，邵红云. 烟道气驱提高采收率技术发展现状 [J]. 石油钻采工艺，2007，29（5）：79−82.

[12] Mast R F. Microscopic Behavior of Foam in Porous Media [C]. SPE 3997，1972.

[13] 姚普华，王晓苏. 乳化炸药中敏化气泡的稳定性 [J]. 爆破器材，1996，25（2）：10−13.

[14] 庞占喜，刘慧卿，刘喜林. 多孔介质中流动泡沫的压力分布计算 [J]. 化学工程，2009，37（6）：20−23.

[15] 庞占喜，刘慧卿，刘喜林. 多孔介质中气泡的生成机理及流动特性研究 [J]. 应用力学学报，2009，26（2）：207−211.

[16] 王庆. 空气泡沫驱油机理及影响因素研究 [D]. 东营：中国石油大学（华东）. 2007.

[17] 王蕾. 轻质油藏注空气低温氧化模型和热效应研究 [D]. 东营：中国石油大学（华东），2013.

[18] 王伟，程林，朱庆华. 低渗透油藏空气驱影响因素实验研究 [J]. 中国信息化，2013，（8）：237−238.

[19] 张旭，刘建仪，孙良田. 注空气低温氧化提高轻质油气藏采收率研究 [J]. 天然气工业，2004，96−101.

［20］李玥洋.低氧空气泡沫驱应用基础及数值模拟研究［D］.西南石油大学，2014.

［21］贾虎.空气驱氧化机理及防气窜研究［D］.西南石油大学，2012.

［22］K. Aziz and A. Settari.Petroleum Reservoir Simulation.Applied Science Publishers Ltd，London，UK，1979.

［23］Dasari Ram Babu and Donald E. Cormack.E_ect of low−temperature oxidation on the composition of athabasca bitumen. Fuel, 63（6）：858−861, 1984.

［24］J.H. Bae. Characterization of crude oil for _reooding using thermal analysis methods. SPE Journal, 17（3）：211−218, 1977.

［25］C. J. Baena, L. M. Castanier, and W. E. Brigham.E_ect of metallic additives on in situ combustion of huntington beach crude experiments. Us doe report, Stanford University, Stanford, California, February 1990. DOE/BC/14126−26; SUPRI−TR−78.

［26］L.E. Baker. Three−phase relative permeability correlations. In SPE Enhanced Oil Recovery Symposium, 16−21 April 1988, Tulsa, Oklahoma.

［27］C. Barker. Organic geochemistry in petroleum exploration. Education Course Note Series：10, American Association of Petroleum Geologists, 1979.

［28］M. Bazargan. Supri−a annual report. Technical report, Stanford, CA, USA, April 2010.

［29］J.D.M. Belgrave, R.G. Moore, M.G. Ursenbach, and D.W. Bennion.A comprehensive approach to in−situ combustion modeling. SPE Advanced Technology Series, 1（1）：98−107, April 1993.

［30］A.L. Benham and F. H. Poettman. The thermal recovery process an analysis of laboratory combustion data. Journal of Petroleum Technology, 10（9）：83−85, September 1958.

［31］R.B. Bird, W.E. Steward, and E.N. Lightfoot. Transport Phenomena. Wiley, New York, USA, 2007.

［32］I. I. Bogdanov, V. M. Entov, and V. P. Stepanov. Thermal decomposition of carbonate rocks under in situ combustion. Journal of Engineering Physics and Thermophysics, 58：644−650, 1990. 10.1007/BF00873185.

［33］P.P. Borisov, M.S Eventova, and Y.E. Semenido.The inuence of temperature and oxygen on the oxidation of oil in bulk and in thin _lms.In N.M. Emanuel, editor, The Oxidation of Hydrocarbons in Liquid Phase, pages 382−389.Pergamon Press, MacMillan Co, New York, 1965.

［34］I.S. Bousaid and H.J. Ramey Jr. Oxidation of crude oil in porous media. SPE Journal, 8（2）：137−148, 1968.

［35］D. Briggs and J. T. Grant. Surface Analysis by Auger and X−Ray Photoelectron Spectroscopy. IM Publications, Chichester, U.K, 2003.

［36］J. G. Burger and B. C. Sahuquet.Chamical aspects of in−situ combustion heat of combustion and kinetics. SPE Journal, 253：410−422, 1972.

[37] R. M. Butler. Thermal Recovery of oil and bitumen. Prentice—Hall, USA, 1991.

[38] Cao R, Yang H, Sun W, et al. A new laboratory study on alternate injection of high strength foam and ultra—low interfacial tension foam to enhance oil recovery [J]. Journal of Petroleum Science and Engineering, 2015, 125: 75—89.

[39] Zhao R B, Wei Y G, Wang Z M, et al. Kinetics of Low—Temperature Oxidation of Light Crude Oil [J]. Energy & Fuels, 2016, 30 (4): 2647—2654.